装配式建筑丛书

现代木结构设计指南

江 苏 省 住 房 和 城 乡 建 设 厅
江苏省住房和城乡建设厅科技发展中心 编著

东南大学出版社
SOUTHEAST UNIVERSITY PRESS
·南京·

内 容 提 要

本书聚焦现代木结构设计中的难点和关键问题，结合现行国家标准和最新研究成果，重点阐述了设计选材、异形及组合构件设计、连接节点设计、抗震和防火设计等基本理论。同时，针对典型现代木结构体系，阐述了其受力特点、设计要点和构造要求，并通过工程实例及实例分析，系统说明其结构分析与设计方法。

本书可作为现代木结构设计人员、科研人员的参考用书，以及土木工程相关专业本科生和研究生的参考教材，还可用于本科生课程设计、毕业设计和其他教学实践环节的指导用书。

图书在版编目(CIP)数据

现代木结构设计指南 / 江苏省住房和城乡建设厅，江苏省住房和城乡建设厅科技发展中心编著. —南京：东南大学出版社，2021. 10

(装配式建筑丛书)

ISBN 978-7-5641-9668-4

Ⅰ. ①现… Ⅱ. ①江… ②江… Ⅲ. ①木结构-结构设计-高等学校-教材 Ⅳ. ①TU366. 204

中国版本图书馆 CIP 数据核字(2021)第 186010 号

现代木结构设计指南

Xiandai Mujiegou Sheji Zhinan

江苏省住房和城乡建设厅
江苏省住房和城乡建设厅科技发展中心 **编著**

出版发行 东南大学出版社
社　　址 南京市四牌楼 2 号　邮编：210096
出 版 人 江建中
责任编辑 丁　丁
编辑邮箱 d. d. 00@163. com
网　　址 http://www. seupress. com
电子邮箱 press@seupress. com
经　　销 全国各地新华书店
印　　刷 南京玉河印刷厂
版　　次 2021 年 10 月第 1 版
印　　次 2021 年 10 月第 1 次印刷
开　　本 787 mm×1 092 mm　1/16
印　　张 12. 5
字　　数 279 千
书　　号 ISBN　978-7-5641-9668-4
定　　价 79. 00 元

本社图书若有印装质量问题，请直接与营销部联系。电话(传真)：025-83791830

序

建筑业是国民经济的支柱产业，建筑业增加值占国内生产总值的比重连续多年保持在6.9%以上，对经济社会发展、城乡建设和民生改善做出了重要贡献。但传统建筑业大而不强、产业化基础薄弱、科技创新动力不足、工人技能素质偏低等问题较为突出，越来越难以适应新发展理念要求。2020年9月，国家主席习近平在第七十五届联合国大会一般性辩论上表示，中国将提高国家自主贡献力度，采取更加有力的政策和措施，二氧化碳排放力争于2030年前达到峰值，努力争取2060年前实现碳中和。推进以装配式建筑为代表的新型建筑工业化，是贯彻习近平生态文明思想的必然要求，是促进建设领域节能减排的重要举措，是提升建筑品质的必由之路。

作为建筑业大省，江苏在推进绿色建筑、装配式建筑发展方面一直走在全国前列。自2014年成为国家首批建筑产业现代化试点省以来，江苏坚持政府引导和市场主导相结合，不断加大政策引领，突出示范带动，强化科技支撑，完善地方标准，加强队伍建设，稳步推进装配式建筑发展。截至2019年底，全省累计新开工装配式建筑面积约7 800万m^2，占当年新建建筑比例从2015年的3%上升至2019年的23%，有力促进了江苏建筑业迈向绿色建造、数字建造、智能建造的新征程，进一步提升了“江苏建造”影响力。

新时代、新使命、新担当。江苏省住房和城乡建设厅组织编写的“装配式建筑丛书”，采用理论阐述与案例剖析相结合的方式，阐释了装配式建筑设计、生产、施工、组织等方面的特点和要求，具有较强的科学性、理论性和指导性，有助于装配式建筑从业人员拓宽视野、丰富知识、提升技能。相信这套丛书的出版，将为提高“十四五”装配式建筑发展质量、促进建筑业转型升级、推动城乡建设高质量发展发挥重要作用。

是以为序。

清华大学土木工程系教授（中国工程院院士） 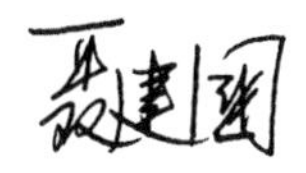

2020年11月

丛书前言

江苏历来都是理想人居地的代表，但同时也是人口、资源和环境压力最大的省份之一。作为全国经济社会的先发地区，截至2019年底，江苏的城镇化水平已达到70.6%，超过全国同期水平10个百分点。江苏还是建筑业大省，2019年江苏建筑业总产值达33 103.64亿元，占全国的13.3%，产值规模继续保持全国第一；实现建筑业增加值6 493.5亿元，比上年增长7.1%，约占全省GDP的6.5%。江苏城乡建设将由高速度发展向高质量发展转变，新型城镇化将由从追求“速度和规模”迈向更加注重“质量和品质”的新阶段。

自2015年以来，江苏通过建立工作机制、完善保障措施、健全技术体系、强化重点示范等举措，积极推动了全省装配式建筑的高质量发展。截至2019年底，江苏累计新开工装配式建筑面积约7 800万m^2，占当年新建建筑比例从2015年的3%上升至2019年的23%；同时，先后创建了国家级装配式建筑示范城市3个、装配式建筑产业基地20个；创建了省级建筑产业现代化示范城市13个、示范园区7个、示范基地193个、示范工程项目95个，建筑产业现代化发展取得了阶段性成效。

目前，江苏建筑产业现代化即将迈入普及应用期，而在推进装配式建筑发展的过程中，仍存在专业化人才队伍数量不足、技能不高、层次不全等问题，亟需一套专著来系统提升人员素质和塑造职业能力。为顺应这一迫切需求，在江苏省住房和城乡建设厅指导下，江苏省住房和城乡建设厅科技发展中心联合东南大学、南京工业大学、南京长江都市建筑设计股份有限公司等单位的一线专家学者和技术骨干，系统编著了“装配式建筑丛书”。丛书由《装配式建筑设计实务与示例》《装配整体式混凝土结构设计指南》《装配式混凝土建筑构件预制与安装技术》《装配式钢结构设计指南》《现代木结构设计指南》《装配式建筑总承包管理》《BIM技术在装配式建筑全生命周期的应用》七个分册组成，针对混凝土结构、钢结构和木结构三种结构类型，涉及建筑设计、结构设计、构件生产安装、施工总承包及全生命周期BIM应用等多个方面，系统全面地对装配式建筑相关技术进行了理论总结和项目实践。

限于时间和水平，丛书虽几经修改，疏漏和错误之处仍在所难免，欢迎广大读者提出宝贵意见。

编委会

2020年12月

前　　言

我国传统木结构建筑源于上古、兴于秦汉、盛于唐宋，明清已至巅峰，木结构建筑文化是中华文明的重要组成部分。然而由于种种原因，我国木结构科研与应用中断了几十年，而欧洲、北美和日本等发达国家和地区的木结构取得了很大进步，目前世界上已建成的最高木结构建筑已达 18 层 85.4 m，木结构最大跨度已达 178 m。进入 21 世纪，我国国民经济快速发展，可持续发展理念深入人心，健康宜居建筑需求日益强烈，国家绿色建筑和装配式建筑发展政策相继出台，木结构标准编制工作跨越发展，现代木结构的发展迎来契机。

为了配合国家现行木结构标准的应用和实施，促进我国现代木结构技术的高水平、可持续发展和应用，江苏省住房城乡建设厅和江苏省住房城乡建设厅科技发展中心组织编著了“装配式建筑丛书”——《现代木结构设计指南》分册。本指南可作为工程设计人员、管理人员或其他技术人员的参考用书，也可作为土木工程专业研究生和高年级本科生的学习用书。

本指南在编写过程中主要突出如下几个特点：

1. 以木结构设计中的难点和关键问题为主线，着重阐述了设计选材、异形及组合构件设计、连接节点设计、抗震和防火设计等，内容全面且系统。

2. 编写过程中纳入了最新规范和标准的要求，吸收了最新研究和实践成果，适当列入了新材料、新技术和新方法。

3. 第 5～7 章介绍了几类典型木结构体系的特点、设计要点和构造要求，且均给出了工程案例的完整设计过程，可指导工程实践，也可用于本科生和研究生教学指导，还可用于本科生课程设计、毕业设计和其他教学实践环节的指导。

本指南由南京工业大学杨会峰教授和刘伟庆教授任主编，南京工业大学孙小鸾博士、陆伟东教授和岳孔教授，东南大学张晋教授任副主编。具体编写分工为：第 1 章由刘伟庆教授编写，第 2 章由岳孔教授编写，第 3 章由杨会峰教授和刘伟庆教授编写，第 4 章由杨会峰教授和张晋教授编写，第 5～6 章由孙小鸾博士、陆伟东教授和杨会峰教授编写，第 7 章由杨会峰教授、孙小鸾博士和陆伟东教授编写。全书由南京工业大学杨会峰教授统稿。

本指南部分内容出自国家自然科学基金项目(51878344;51578284)，感谢国家自然科学基金委员会的资助。苏州昆仑绿建木结构科技股份有限公司提供了轻型木结构工程案例素材，南京工业大学史本凯博士和东南大学陶昊天博士在木—混凝土组合构件方面的研究工作为本指南提供了大量素材，加拿大木业协会的孙莉丽协助联系加拿大林业创新投资有限公司(Forestry Innovation Investment，简称 FII)提供了部分加拿大工程照片，山西警察学院的肖昆提供了太原植物园木结构工程照片，南京工业大学硕士研究生吴明旺、全成杰、陈思见和黄博文参与了案例材料的整理，谨向他们致以衷心的感谢。

限于笔者的学识水平，书中难免仍存在谬误之处，敬请批评指正。

笔　者

目　录

1 概述

1.1 木结构发展历史简述

1.1.1 中国木结构发展历史简述

木结构在我国历史悠久，传统木结构建筑文化在我国源远流长，其源于上古、兴于秦汉、盛于唐宋，明清已至巅峰。

据考古发现，早在河姆渡时期，我国就已出现木结构建筑并形成榫卯连接的雏形。秦代的传统木结构普遍用作殿宇建筑，其后至汉代，随着斗拱和雀替等木结构构件的出现，以及结构技术的相对成熟，传统木结构形成了三种典型结构形式：穿斗式、抬梁式和井干式，使得木结构得到广泛应用。唐宋时期堪称我国木结构的鼎盛时期，这一时期内的木结构建筑技术更趋成熟、构件尺寸更加精准、结构体系愈发清晰。建于公元 1056 年的应县木塔(图 1.1)即为此时期的典型木结构工程案例，其高度达 67.31 m。1091 年，宋代官方出版的《营造法式》一书，实际上是针对传统木结构设计和施工的一部标准。《营造法式》的制订，对推动我国木结构建筑的发展具有重要作用，同时也对东亚国家的建筑技术产生了重要影响。明清时期，相继颁布了《鲁班营造正式》和《工程做法则例》，木结构建筑向着标准化和规模化进一步发展，典型建筑是建于公元 1406 年的北京故宫(图 1.2)，是世界上现存规模最大、保存最为完整的古建筑木结构之一。

图 1.1 应县木塔

图 1.2 北京故宫
(图片来源：周乾摄)

新中国初期，由于木材和黏土砖均具有就地取材、性价比高等优点，很多工业与民用建筑采用砖木混合结构；同时，也从西方引入胶合木结构技术，开展了大跨木结构方面的工程实践。1955年，我国颁发了第一本木结构设计规范——《木结构设计暂行规范》(规结-3—55)，对我国木结构工程设计具有深远影响，此后直到1973年才完成其修订，并发布《木结构设计规范》(GBJ 5—73)。到了20世纪80年代，木材资源日趋短缺，钢材和水泥产量大幅增加，木结构建筑的发展基本处于停滞状态，但仍对《木结构设计规范》进行了再次修订并发布实施了《木结构设计规范》(GBJ 5—88)。

进入21世纪后，我国经济社会高速发展，进口优质结构材不断增加，低碳建筑理念深入人心，这些都对木结构的复苏起到了较大的推动作用。由于国家政策的不断倾斜，高校和科研院所的木结构教学和科学研究活动日趋活跃，木结构人才培养质量得到了不断提高。值得一提的是，我国木结构相关规范标准也得到了跨越发展。① 木结构设计规范先后经历了《木结构设计规范》(GB 50005—2003)的2003版和2005版；而最新修订后的《木结构设计标准》(GB 50005—2017)，在材料强度等级、国产结构材引入、正交胶合木(cross laminated timber，简称CLT)构件设计与构造、销连接的通用计算、抗震设计规定和结构体系完善等方面进行了补充和完善。② 专门针对胶合木结构的《胶合木结构技术规范》(GB/T 50708—2012)于2012年发布，针对胶合木结构的材料性能、加工制造、设计、施工等方面给出了具体规定，极大促进了我国现代木结构建筑的发展。③《多高层木结构建筑技术标准》(GB/T 51226—2017)的发布实施，突破了木结构仅能建造低层建筑的限制，使得多高层木结构建筑在我国的实施成为可能。

在上述工作的基础上，我国不断涌现出优秀的木结构工程案例。典型的工程案例包括：① 2013年在苏州建成的木结构人行桥——胥虹桥(图1.3)，采用胶合木桁架拱结构，跨度为75.7 m，下拱截面高达1.2 m；② 2018年建成的江苏第十届园艺博览会木结构主展馆(图1.4)，建筑面积达13 750 m^2，其中凤凰阁采用桁架顶接异形木刚架结构，跨度13.6 m、单层高度达26 m；③ 山东鼎驰木业有限公司研发中心办公楼于2020年10月建成，是目前国内建成的高度最高(23.55 m)、层数最多(6层)的木结构建筑(图1.5)。

图1.3　苏州胥虹桥

图 1.4 江苏第十届园艺博览会木结构主展馆

图 1.5 建设中的鼎驰木业木结构办公楼

1.1.2 欧美木结构发展历史简述

西方木结构建筑也经历了一千多年的发展，其与我国木结构建筑发展的最大不同在于，西方木结构主要用于普通民居而非宫殿建筑或宗教建筑，因此很长一段时期内其木结构建筑规模相对较小。

15 世纪末，欧洲移民涌入北美大陆，就地取材开创了轻型木结构建筑形式，目前这种木结构主要由采用规格材、木基结构板或石膏板制作的墙体、楼板和屋盖系统构成，具有抗震防火性能好、加工安装便捷、保温隔热性能优良、经济性好等诸多优点，北美新建住宅的 80%以上均为轻型木结构建筑。

19 世纪末和 20 世纪中叶，层板胶合木(glued laminated timber，简称 glulam)和结构用木材胶黏剂技术相继取得突破，使得木结构的应用领域和规模均得到跨越发展，随后的几十年中，以旋切板胶合木(laminated veneer lumber，简称 LVL)为代表的多个工程木产品相继问世。上述木结构材料的创新极大促进了现代木结构的发展。

目前，现代木结构在北美、欧洲和日本等国家得到了广泛应用，应用领域涵盖居住建筑、体育建筑、宗教建筑、商业建筑、办公建筑和桥梁结构等。其中大跨木结构的典型案例为塔科马体育馆(图 1.6)，1981 年建于美国华盛顿州塔科马市，采用胶合木穹顶结构，穹顶直径 162 m，距地面高度 45.7 m，共有 414 个高度为 762 mm 的弧形胶合木梁，建筑面积 13 900 m^2。高层木结构的典型案例为 Mjøstårnet 大楼(图 1.7)，2019 年建于挪威的布鲁蒙德尔市，采用全木结构建造，共 18 层，85.4 m 高，是一栋内含公寓、酒店、游泳池、办公室和餐厅的混合用途建筑，目前是全球最高的木结构建筑。

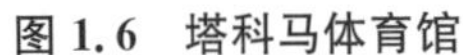

图 1.6 塔科马体育馆

图 1.7 Mjøstårnet 大楼

1.1.3 日韩木结构发展历史简述

日本、韩国等东亚国家的木结构建筑，主要是在中国的唐宋时期从中国引入。日本奈良的法隆寺，据传始建于 607 年，寺内的五重塔(图 1.8)类似于楼阁式塔，但塔内没有楼板，平面呈方形，塔高 31.5 m，是日本最古老的塔，属于中国南北朝时期的建筑风格。

日本在 20 世纪 70 年代引入北美轻型木结构房屋，到了 80 年代，胶合木结构得到了广泛应用。目前，日本木结构住宅占比达 65%以上，公共建筑中采用木结构建造的也比较多，还有许多大跨木结构建筑，例如小国町民体育馆、丝绸之路博物展览会馆、出云穹顶、大馆树海体育馆等标志性大跨木结构建筑。1997 年建成的大馆树海体育馆坐落于日本秋田县大馆市，是迄今为止跨度最大的木结构建筑，建筑面积 23 219 m^2，场馆椭圆形平面长短轴分别为 178 m、157 m，竖向高度为 52 m，胶合木材料为秋田杉，构件尺寸达 2-285 mm×(630～1 020) mm。其结构构造如图 1.9 所示，屋面构件在檐口处与钢筋混凝土斜杆连接，将竖向荷载和水平荷载传递到基础上。

图 1.8 日本法隆寺五重塔

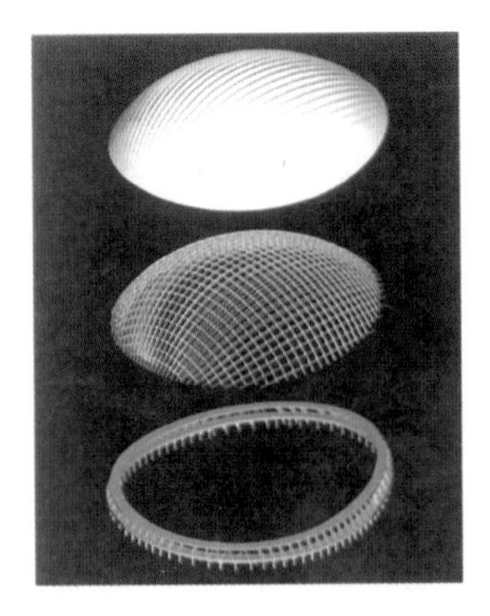

图 1.9 日本大馆树海体育馆结构构造

1.2 现代木结构的特点与发展趋势

1.2.1 现代木结构特点

木结构历经数千年的发展和演化，逐步形成了现代木结构体系。现代木结构具有如下特点：

(1) 生态环保。木材作为绿色建筑材料，其生长过程是吸收二氧化碳、释放氧气和美化环境的过程；木构件的加工制造和运输能源消耗少；木结构建筑保温隔热效果好、能源消耗低；木结构建筑的拆除回收利用率高，对环境影响小。因此，现代木结构在全生命周期都体现出生态环保的特征。

(2) 健康宜居。木材可以吸收阳光中的紫外线、反射红外线，使人视觉上感到温馨、沉静和舒畅。木材的导热系数适中，符合人类活动的需要，给人以触觉上的温暖舒适。声波作用到木材表面，柔和的中低频声波被反射，刺耳的高频声波被木材本身的振动吸收，还有一部分被透过，给人以听觉上的和谐悦耳。当周围环境湿度发生变化时，木材能够吸收或放出水分，起到调节室内湿度的作用。木材还能散发出芬多精等物质，改善室内空气品质。木结构建筑给人以健康宜居的环境。

(3) 装配化程度高。现代木结构采用工程木建造；工程木构件工厂加工，自动化程度和生产效率高，产品质量优，对环境影响小；材料利用率高，材质均匀、强度设计指标高；成品规格灵活、尺寸稳定性好；采取现场装配化安装，节省劳动力资源，提高建造进度，完全符合装配式建筑的发展要求。

(4) 结构体系丰富。经过长期的发展和演化，逐步形成井干式木结构、轻型木结构、木框架—剪力墙结构、木框架—支撑结构、正交胶合木剪力墙结构、混凝土核心筒木结构及大跨木结构等结构体系，可以满足低层、多层、大跨到高层现代木结构的建设需求，结构体系清晰，技术经济性好。

(5) 抗震性能好。历次地震灾害表明，木结构建筑具有良好的抗震能力。这是因为木结构房屋本身质量相对较轻，结构受到的地震作用相对较小；木结构体系，尤其是轻型木结构，结构冗余度大，结构具有良好的变形和耗能能力。

1.2.2 现代木结构的发展趋势

大力发展现代木结构，符合可持续发展的基本国策、装配式建筑的发展战略以及人民群众对生态宜居的现实需求。现代木结构领域的发展趋势有以下几点。

1. 培育优质速生树种

我国自 2016 年起全面停止天然林商业性采伐，今后相当一段时间内木结构的发展将基本依赖木材进口，俄罗斯、北美、新西兰、欧洲等结构材资源丰富，近期可以满足我国木结构发展的需要。但是，结构材作为一种大宗建筑材料，从可持续发展的角度看，国产化是大规模推广应用现代木结构的物质基础。可以从三方面来考虑:一是将我国以提高森林覆盖率为主的“绿化理念”提升到大面积种植高附加值的“经济林”,实现绿化与结构材的完美统一;二是加大国产优质速生树种的培育力度,培育出适合我国地理气候特点、材质优、生长周期短、抗病虫、树干挺拔的优质结构树种;三是改天然林的“全面禁伐”为“有序采伐”,提高森林资源的利用率,确保森林资源的可持续发展。

2. 发展多层建筑和大跨建筑

据统计,北美木结构住宅占比达80%,日本木结构住宅占比达65%,低层轻型木结构住宅仍将占据主导地位。而我国的基本国情是地少人多,加上国际上采用多层木结构建筑的历史悠久,技术成熟度较高,因此,今后多层木结构建筑将成为我国重要发展方向之一。大跨建筑采用木结构建造,给人以强烈的视觉震撼、柔和的声学效果;结构—装修一体化,降低了建筑造价;采用木结构建造大跨游泳馆,可以有效抵御消毒水汽的侵蚀。因此,木结构在大跨体育建筑、展览建筑、工业建筑中有重要的应用前景。

3. 采用组合构件和混合结构

采取钢—木组合、木—混凝土组合以及FRP—木组合等方式,可以显著提高木构件的承载力、降低变形、减少蠕变,能满足高层和大跨木结构建筑“高承载、低变形”的需要。多高层木结构建筑首层采用混凝土结构,有利于提高结构耐久性;多高层木结构建筑采用钢筋混凝土剪力墙和核心筒,既有利于建筑防火,又提供结构强大的抗侧力体系;大跨木结构建筑采取钢—木混合结构体系或木—混凝土组合结构体系,可以大幅度降低结构造价。

4. 突出“绿色建筑”和“装配式建筑”发展理念

木材是绿色建筑材料,木结构属于可持续发展的建筑结构;木结构建筑的设计与运行维护都应充分贯彻“绿色建筑”理念。现代木结构从加工制造、施工安装到运行维护的各个环节,都要充分体现“装配式建筑”理念。

综上所述,现代木结构具有诸多优点和特色,能够适应国家对绿色建筑和装配式建筑的重大需求,随着我国木结构在材料培育、体系创新和产业化配套等方面的不断发展和完善,今后木结构在我国房屋建筑和桥梁领域将具有很大的发展空间,是未来结构体系的重要组成部分。

2 结构用木材

结构用木材按照树种可分为针叶材和阔叶材两大类。考虑加工难易程度、材料成本、材料工作性能等因素，木结构中主要承重构件宜采用针叶材，重要的木制连接件应采用细密、直纹、无节并无其他天然和加工缺陷且耐腐的硬质阔叶材。但能完全符合这些条件的树种是有限的，因此在设计中，应按就地取材的原则，结合实际经验，在确保工程质量的前提下，以积极、慎重的态度，逐步扩大树种的利用。

目前用于木结构的针叶材树种，国产材主要有红松、白松、马尾松、云杉、柏木等，进口木材主要有花旗松（黄杉）、铁杉、南方松、云杉、S—P—F（云杉—松—冷杉）、新西兰辐射松、樟子松、赤松等；阔叶材树种主要有榆木、水曲柳、柞木、榉木、槐木、桦木和椿木等。

2.1 木材的构造及其物理性能

针叶材主要的构成细胞类型较单一，细胞排列也较规则。其中，管胞是组成全部针叶材的主要细胞，约占木材体积的 90%以上。

阔叶材与针叶材不同，它由至少四种主要细胞构成，其中木纤维占比最大，常占木材总体积 50%以上；其他主要构成细胞还有导管、轴向薄壁组织和木射线，在常用树种中的含量均在 15%左右。

通常从宏观和微观两个角度对木材的构造进行讨论。

2.1.1 木材的宏观构造

木材的宏观构造是指用肉眼或借助放大镜所能观察到的构造特征。木材是各向异性材料，通常从树干的三个切面对它的宏观构造进行观察（图 2.1），即横切面（垂直于树轴的切面）、径切面（通过树轴的纵切面）和弦切面（平行树轴的纵切面）。木材的宏观构造见图 2.2 所示。

从横切面上可以看到，树木是由树皮、韧皮部、木质部（包括心材和边材）和髓心构成。树皮是树木生长的保护层，一般无使用价值，只有少数树种（如黄菠萝、栓皮栎）的树皮可用作保温隔热材料。木质部是树皮和髓心之间的部分，是建筑上使用木材的主要部分。木质部靠近树皮的部分颜色较浅，水分较多，易翘曲，称为边材；靠近髓心的部分颜色较深，水分较少，不易翘曲，称为心材。边材在立木时期，易被腐蚀和虫蛀。心材无生理活性，材质较硬，密度较大，渗透性差，耐久性、耐腐蚀性均比边材好。

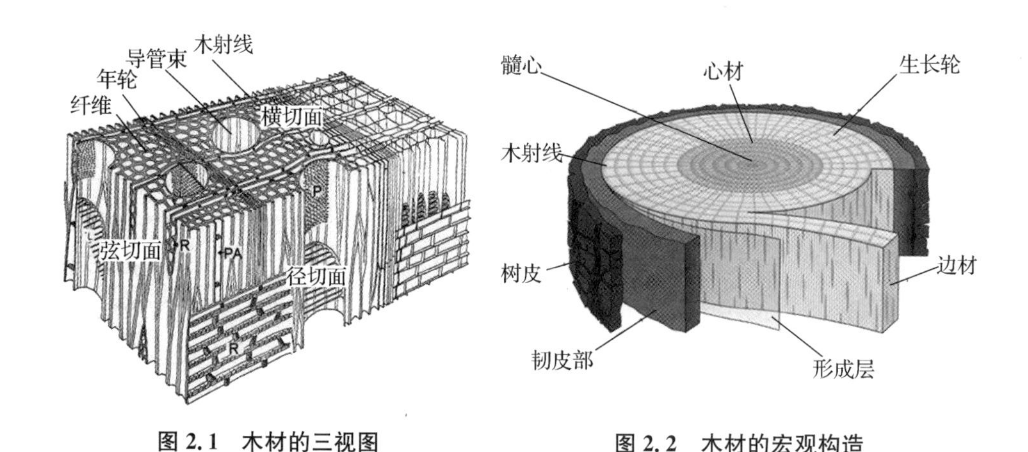

图 2.1　木材的三视图　　　　图 2.2　木材的宏观构造

在木质部的横切面上，有深浅相间的同心环，称为年轮，一般针叶树的年轮比阔叶树明显。在同一年轮里，春天生长的木质颜色较浅，木质较松软，强度低，称为早材；夏、秋两季生长的木质颜色较深，木质较硬，强度高，称为晚材。对于同一树种，年轮越密，分布越均匀，材质越好，晚材所占比例越高，木材强度越高。树干的中心称为髓心，是最早生成的木质部分，其材质松软，强度低，易腐朽。从髓心向外的辐射线称为木射线，木射线是木质部中连接较弱的部分，木材干燥时易沿木射线开裂。

2.1.2　木材的微观构造

木材的微观构造是指在显微镜下所能观察到的木材构造。在显微镜下可以看到木材是由无数管状细胞紧密结合而成，这些管状细胞绝大部分纵向排列，少数横向排列。每个细胞由细胞壁和细胞腔组成，细胞壁由细纤维组成，各细纤维间有微小的空隙，能吸附和渗透水分，且细纤维的纵向连接比横向牢固，所以宏观表现为木材沿不同方向力学性能不同，即木材的各向异性。另外，木材的细胞壁越厚，细胞腔就越小，细胞就越致密，宏观表现为木材的表观密度和强度也越大，但同时，细胞壁吸附水分的能力也很强，宏观表现为湿胀干缩性也越大。

针叶树的微观构造简单而规则，主要由管胞和木射线组成，其木射线较细且不明显，某些树种在管胞间还有树脂道，用来储藏树脂，如马尾松。阔叶树的微观构造较复杂，主要由导管、木纤维及木射线等组成，其木射线很发达，粗大而明显。

木材细胞壁主要由纤维素、木质素和半纤维素三种成分构成。

1. 纤维素

纤维素以分子链集成束和排列有序的微纤丝状态存在于细胞壁中，主要起骨架物质作用，相当于钢筋混凝土构件中的钢筋。

2. 木质素

木质素在木材细胞分化的最后阶段木质化过程中形成，渗透在细胞壁的骨架物质和基体物质之中，可使细胞壁硬化，又称结壳物质或硬固物质，相当于钢筋混凝土复合材料中的混凝土。

3. 半纤维素

半纤维素以无定型形态构件渗透在纤维骨架物质之中，起基体黏结作用，也称基体物质，相当于钢筋混凝土构件中的箍筋。

木材细胞壁各层的化学组成不同，据此可分为胞间层(M. L.)、初生壁(P)和次生壁(S)三层，见图 2.3 所示。

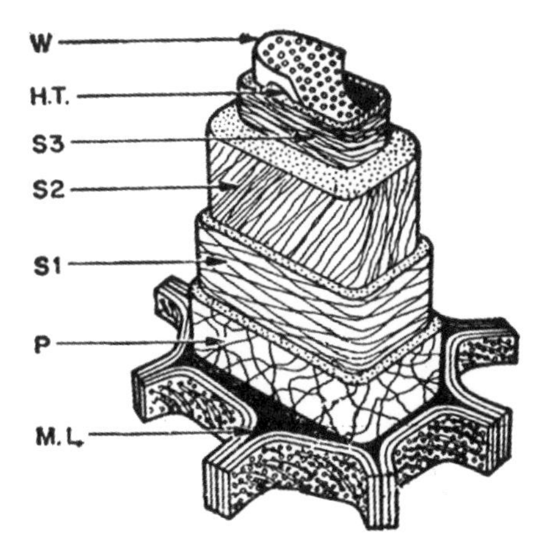

M. L.—胞间层　P—初生壁　S1—次生壁外层　S2—次生壁中层
S3—次生壁内层　H. T.—螺线加厚　W—瘤层

图 2.3　显微镜下管胞壁分层结构模式

4. 胞间层

胞间层厚度甚薄，是两个相邻细胞中间的一层，为两个细胞共有。实际上，通常将胞间层和相邻细胞的初生壁合在一起，称为复合胞间层。该层主要由木质素和果胶物质组成，纤维素含量很少，因此高度木质化，基本各向同性。

5. 初生壁

该层为细胞增大期间形成的壁层。初生壁形成初期，主要由纤维素构成，随着细胞增大速度的降缓，逐渐沉积其他物质，因此木质化后的细胞初生壁木质素浓度高。初生壁壁层薄，一般为细胞厚度的 1%左右。当细胞生长时，微纤丝呈网状沉积，从而限制细胞的侧面生长，细胞只能伸长，随着细胞的逐渐拉伸，微纤丝方向略微调整趋于与细胞长轴方向平行，但总体上微纤丝呈无定向的网状结构。

6. 次生壁

次生壁是在细胞停止增大后形成，此时细胞增大结束，壁层厚度迅速增加，直至内部原生质停止活动，次生壁停止沉积，细胞腔变为中空。次生壁在木材细胞壁厚度中占比最大，约为 95%或以上。主要由纤维素和半纤维素组成，后期含有木质素，高度各向异性。次生壁微纤丝整齐排列呈一定方向，根据其夹角的不同，又分为 S1、S2 和 S3 三层。S1 层微纤丝呈“S”或“Z”形交叉缠绕，并与细胞长轴方向呈 50°夹角，其厚度一般为细胞壁厚度的 10%～22%；S2 层是次生壁中最厚的一层，一般为细胞壁厚度的 70%～90%，微纤丝排列与细胞长轴呈 10°～30°或更小;S3 层一般只占细胞壁厚度的 2%～8%,其微纤丝与细胞长轴呈 60°～90°夹角排列。

2.1.3 木材的物理性能

1. 密度

木材的密度因树种或早晚材的差异而变化,如轻木密度为 0.12 g/cm³,而愈疮木的密度高达 1.3 g/cm³;落叶松早材密度为 0.36 g/cm³,晚材密度达 1.04 g/cm³。木结构中常用的结构用木材密度一般在 0.3～0.8 g/cm³范围内。

木材是由木材实质、水分及空气组成的多孔性材料,其中空气对木材重量的影响可以忽略不计,但木材中水分的含量与木材密度有密切关系。因此对应着木材的不同水分状态,常用的木材密度有气干密度和绝干密度。其中气干密度是指放在大气环境中自然干燥至水分平衡状态时木材的密度,绝干密度指的是在干燥箱内干燥至绝干(含水率为 0)的木材的密度。

2. 含水率

木材中存在的水分可以分为自由水和结合水(或吸着水)两类。自由水存在于木材的细胞腔和细胞间隙中,为液态水;结合水(吸着水)存在于细胞壁中,与细胞壁无定形区(由纤维素非结晶区、半纤维素和木素组成)中的羟基形成氢键结合。

木材中的水分含量通常用含水率来表示,即水分重量占木材绝干重量的百分率。伐倒后的木材,含水量随季节而异,一般冬季较多,达 80%～100%,且心边材差异甚大(3∶1),如云杉,边材含水率为 110%,心材为 33%。当木材浸入水中,被水充分浸泡后的木材称为湿材,其含水率高于生材。长期置于大气中的木材称为气干材,其内部的水分与大气相对湿度平衡。大小取决于周围环境的相对湿度,平均值各地不同,我国绝大部分地区的气干材含水率在 10%～18%范围内。经过人工干燥的木材称为窑干材,其含水率根据使用要求确定,一般在 6%～12%范围内。将木材置于(103±2)℃的烘箱反复干燥使含水率达到 0%时的木材称为绝干材,实际生产中较少使用。

木材的吸湿和解吸统称为木材的吸湿性。当空气中的蒸汽压力大于木材表面水分蒸汽压力时,木材自外吸收水分的现象,称为吸湿;当空气中的蒸汽压力小于木材表面水分蒸汽压力时,木材向外蒸发水分的现象,称为解吸。当外界的温湿度条件发生变化时,木材能相应地从外界吸收水分或向外界释放水分,直至吸收水分和散失水分的速度相等,即吸湿速度等于解吸速度时,木材与外界达到一个新的水分平衡状态,木材在平衡状态时的含水率称为该温湿度条件下的平衡含水率。对生材来说,细胞腔和细胞壁中都含有水分,把生材放在相对湿度为 100%的环境中,细胞腔中的自由水慢慢蒸发。当细胞腔中不含自由水,而细胞壁中结合水的量处于饱和状态时称为纤维饱和点,即木材中不包含自由水,且吸着水达到最大状态时的含水率。

当木材的含水率在纤维饱和点以下时,由于水分进出木材细胞壁非结晶区,引起非结晶区收缩或湿胀,导致细胞壁尺寸变化,最终木材整体尺寸变化,称为干缩湿胀,见图 2.4 所示。

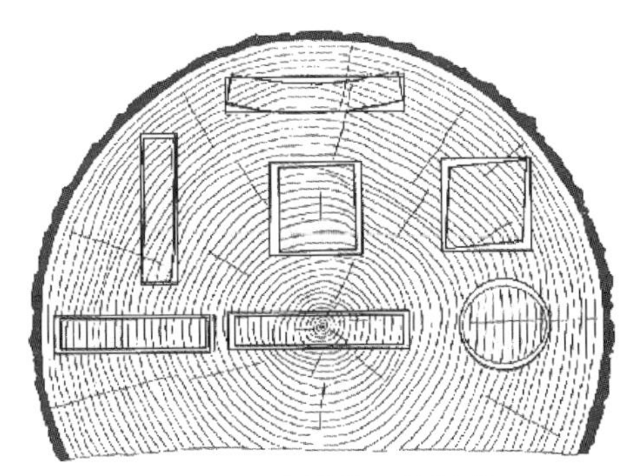

图 2.4　木材的干缩湿胀

在干缩湿胀过程中，木材细胞腔的尺寸几乎不变。这由木材细胞壁次生壁上三个壁层的微纤丝取向所决定。木材细胞壁中层 S2 层的微纤丝方向与细胞长轴几乎平行(夹角一般小于 30°)，而细胞壁外层 S1 层和细胞壁内层 S3 层的微纤丝取向与细胞长轴接近垂直，从而限制了 S2 层向内膨胀及向外过度膨胀。由于 S2 层比其他壁层厚得多(一般厚度占胞壁总厚度的 70%以上)，所以它的微纤丝取向对干缩湿胀起到决定性作用。由于它的微纤丝取向与细胞长轴接近平行，所以吸着水分时横向膨胀几乎随着含水率呈比例增长，而纵向尺寸变化不大。

木材的干缩率和湿胀率可以用尺寸(体积)变化与原尺寸(体积)的百分率表示。对于大多数的树种来说，顺纹方向干缩率一般为 0.1%～0.3%，而径向干缩率和弦向干缩率的范围分别为 3%～6%和 6%～12%。因此，轴向干缩率通常可以忽略不计，这个特征保证了木材或木制品作为建筑材料的可能性。

当木材尺寸较大时，常会发生一种现象，即木材表层部分和外界环境发生水分交换的速度远快于木材内部和表层部分的水分交换速度。以外界环境湿度低于木材平衡含水率为例，木材表层部分解吸的速度快于木材内部向表层迁移的速度，此时表层部分由于失水而收缩，但受到内部木材的抑制产生拉应力，易导致木材表层的开裂。木材开裂不仅影响其外观，还易滋生菌、虫，严重时导致力学性能降低，带来结构安全隐患。常见的结构用木材的开裂如图 2.5 所示。

(a) 原木横纹开裂(环裂和径裂)

(b) 原木顺纹开裂

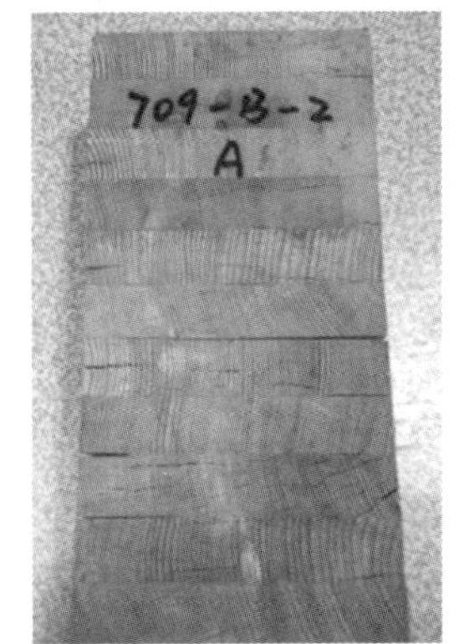

(c) 胶合木胶层开裂

图 2.5　结构用木材开裂

3. 环境学特性

木材的环境学特性主要包括木材的视觉、触觉、声学、调湿和生物体调节特性，以及室内环境调节特性。

木材的视觉特性主要包含木材颜色、木纹和木节；木材的触觉主要包括木材表面的冷暖感、粗滑感和软硬感；木材的声学性质指木材对声的吸收、反射和透射；木材的调湿特性就是依靠木材自身的吸湿和解吸作用，直接缓和室内空间湿度变化的能力；木材的生物调节特性主要是指木材率与视觉心理量、稳静感和舒畅感之间的关系。研究结果表明：随木材率增加，温暖感的下限值逐渐上升，而冷感逐渐减少，当木材率低于43%时，温暖感的上限随木材率的上升而增加，但当木材率高于43%时反而会下降；稳静感的下限值随木材率上升而提高，但其上限值与木材率无明显关系；随木材率上升，舒畅感下限逐渐升高。

4. 可黏结性能

目前，全部使用木质材料的产品约70%以上是利用胶黏剂的胶合作用形成的产品。因此，木材的可黏结性能在结构用木材利用方面具有重要地位。

由于木材为亲水性材料，木材用胶黏剂基本均为亲水性胶黏剂，常用到的胶黏剂主要有三聚氰胺-脲醛树脂(MUF)、间苯二酚-酚醛树脂(PFR)、聚氨酯(PUR)等，当木材需要与金属、纤维增强复合材料(简称FRP)进行黏结时，常用环氧树脂。木材之所以具备可黏结性，主要原因如下：

① 吸附理论认为，胶黏剂分子与被胶接物分子在界面层上相互吸附产生胶接作用；

② 机械结合理论认为，液态胶黏剂充满被胶接物表面的缝隙或凹陷处，固化后在界面区产生啮合连接，或投锚作用；

③ 扩散理论认为，胶黏剂和被粘物分子通过相互扩散而形成牢固的连接；

④ 静电理论认为，在胶接接头中存在双电层，胶接力主要来自双电层的静电引力；

⑤ 化学键理论认为，胶黏剂与被粘接物分子间产生化学反应而获得高强度的主价键结合。

一般情况下，木材中所含抽提物多为憎水性油类物质，在黏结前需要通过高温干燥、药剂浸泡等方法去除，以提高其可黏结性能，如南方松、落叶松、樟子松等；刨削过的木材长时间放置，木材内部的小分子物质和空气中的惰性分子会聚集在木材表面，从而造成黏结不良的后果。

5. 天然防腐性能

木材在长期进化的过程中，根据外界环境条件等的变化情况，通过应激反应积累逐渐形成了能够抵御外界侵害、抑制木材腐朽菌生长的化学物质。某些具有天然耐腐性的木材，其防腐性能与其所含多种类型提取物有密切关系，如树脂、脂肪酸、色素、芳香油、单宁等，这些物质多数对木材腐朽真菌具有不同程度的抑制和毒杀作用。这些物质往往不是某种单一组成，而是一类由性质相似的物质组成的混合物。

随着全球气候变暖，温度上升情况加剧，我国除华北和东北局部，以及西北地区外，其余均属于木材腐朽危害区，四川、陕西、江苏中部以南，以及河南南部以南地区已被划为木材腐朽高危害区，因此，木材的耐腐性能应引起足够重视。

木结构工程使用中的结构用木材的耐腐性能取决于多个因素，除与木材本身的天然耐腐性能密切相关外，尚与木材含水率、木材使用环境条件、是否通风、是否积水等相关。一般来说，通过构造方式保持构件处于通风条件是首要考虑的措施。

对于某些建筑物或构筑物，当采用设计或施工方式不能保证木结构构件的使用耐久性时（例如对于长期暴露在室外的木结构构件），就必须采用天然耐腐或防腐剂处理的木材。选择天然耐腐材或对木材进行防腐剂处理时，应按照木材的天然耐腐性或浸注性进行。未加处理直接使用的结构用木材，其天然防腐性能决定了其抵抗外界环境中虫菌和微生物等侵蚀和感染的能力。被腐朽的木材，其外观质量下降，质量减少，力学性能降低，严重时将危及结构的安全。目前木材天然防腐性能的评价主要根据现行国家标准《木材耐久性能第 1 部分：天然耐腐性实验室试验方法》(GB/T 13942.1)和《木材耐久性能第 2 部分：天然耐久性野外试验方法》(GB/T 13942.2)的规定进行。试验前后试件的质量损失、外观变化是其评价的主要依据。

各种木材天然耐腐性的差别主要表现在心材部分。大多数树种的边材一般来说都是不耐腐的，所以同一树种木材，其边材的宽窄不同，耐腐性即有差异。使用木材时可根据木结构所处环境条件和不同部位选择不同耐腐性能的树种木材。

我国主要用材树种及主要进口木材的耐腐性分类分别见表 2.1、表 2.2 所示。

表 2.1 我国主要用材树种的耐腐性分类

类别	材别	用材树种名称
耐腐性强	针叶材	柏木、落叶松、杉木、陆均松、建柏、桧柏
	阔叶材	青冈（槠木）、栎木（柞木）、竹叶青冈、水曲柳、刺槐、密脉蒲桃、椴木、红栲赤桉、楠木
耐腐性中等	针叶材	红松、华山松、广东松、铁杉
	阔叶材	云南蓝桉、榆木、红椿、荷木、楝木
耐腐性差	针叶材	马尾松、云南松、赤松、樟子松、油松
	阔叶材	桦木、椴木、隆缘桉、木麻黄、杨木、桤木、枫香（边材）、拟赤杨、柳木

表 2.2 主要进口木材的耐腐性分类

类别	材别	用材树种名称
耐腐性强	针叶材	俄罗斯落叶松、北美红崖柏、黄崖柏、加利福尼亚红杉
	阔叶材	门格里斯木、卡普木、沉水稍、绿心木、紫心木、孪叶豆、塔特布木、达荷玛木、毛罗藤黄、红劳罗木、深红梅兰蒂、巴西红厚壳木
耐腐性中等	针叶材	南方松、西部落叶松、花旗松、北美落叶松、新西兰辐射松、欧洲赤松
	阔叶材	萨佩莱木、苦油树、黄梅兰蒂、浅红梅兰蒂、克隆木（心材）、梅萨瓦木（心材）
耐腐性差	针叶材	西部铁杉、太平洋银冷杉、欧洲云杉、海岸松、俄罗斯红松、东部云杉、东部铁杉、白冷杉、西加云杉、北美黄松、巨冷杉、西伯利亚松、小干松、北美黑松
	阔叶材	克隆木（边材）、白梅兰蒂、小叶椴、大叶椴

研究表明，同一种具有天然耐腐性的树种，产自次生林、人工林的树木的耐腐性不及产自原生林的树木的耐腐性。此外，因为木材的天然耐腐性是指心材的耐腐性，因此同一树种中，构件耐腐性随着心材使用比例的增大而增大。所以在设计中，在采用天然防腐材时，应注意这种区别。

6. 木材的浸注性

木材的浸注性即防腐剂浸入木材的难易程度。各种木材浸注性的差异很大。有些木材(如榆木)防腐剂很易注入；而落叶松即使加压至 1.4 MPa，防腐剂也很难注入。边材部分由于活细胞具有输导作用，故大多数树种的边材都易于注入防腐剂，而心材则一般较难注入。因此，对木材进行防腐处理前，应了解木材的浸注性，并根据木材防腐处理的质量要求和所用防腐剂的性质，选用适当的处理工艺。对于难浸注木材，应采用刻痕，以保证防腐剂的透入度。

我国主要用材树种及主要进口木材的浸注性分类分别见表 2.3 和表 2.4 所示。

表 2.3　我国主要用材树种的浸注性分类

类别	材别	用材树种名称
难浸注	针叶材	落叶松、冷杉、油杉、云杉、各种松木心材
	阔叶材	苦槠、米槠、柞木、刺槐、槠栎、檫木、桉木
稍难浸注	针叶材	樟子松、辽东冷杉、铁杉、红松
	阔叶材	枫桦、槐木、楝木、椿木、木荷
易浸注	针叶材	各种松木边材
	阔叶材	枫香、水曲柳、榆木、山杨、白桦、椴木、杨木、木麻黄

表 2.4　主要进口木材的浸注性分类

类别	材别	用材树种名称
难浸注	针叶材	俄罗斯落叶松、欧洲云杉、白银魂衫、小干松、北美黑松
	阔叶材	卡普木、沉水稍、紫心木心材、梅萨瓦木、红劳罗木、深红梅兰蒂心材、白梅兰蒂
稍难浸注	针叶材	太平洋沿岸银松、西部铁杉
	阔叶材	克隆木
易浸注	针叶材	新西兰辐射松、南方松、北美黄松
	阔叶材	小叶椴、大叶椴

2.2　结构用木材的种类

结构用木材主要是指用于木结构工程的具有明确材质等级或强度等级的原木、方木、锯材和工程木。其中的方木和原木主要用于我国的传统木结构领域，如古建筑重建、加固与修复，以及楼阁亭榭等，目前也被越来越多地用于新建的井干式木结构；锯材可细分为规格材、板材，以及进口木材，其中的规格材主要来源于北美，多用于轻型木结构建筑领域，板材和进口木材经过再加工后可使用；工程木主要分为层板胶合木、正交层板胶合木、旋切板胶合木、平行木片胶合木、木制工字梁和定向刨花板等,此类材料由于材料强度高、强度变异性小、尺寸灵活多变等优点,目前广泛应用于多高层及大跨木结构。

2.2.1 原木

原木是指伐倒的树干经打枝和造材加工而成的木段(图 2.6)。树干在生长过程中直径从根部至梢部逐渐变小,为平缓的圆锥体,具有天然的斜率。原木选材时,对其尖梢度有要求,一般规定其斜率不超过 0.9%,否则将影响使用。原木的径级以梢径计算,一般的梢径为 80～200 mm(人工林木材的梢径一般较小),长度为4～8 m。原木等级根据原木自身缺陷(节子、腐朽、弯曲、大虫眼、裂纹等)评定。

图 2.6 原木

2.2.2 方木、板材和规格材

梢径大于 200 m 的原木可以经锯切加工成方木或板材。截面宽厚比超过 3($b>3h$)的锯材称为板材(图 2.7);截面宽厚比小于或等于 3($h\leqslant b\leqslant 3h$)的锯材称为方木(图 2.8)。板材的厚度一般为 15～80 mm,方木边长一般为 60～240 mm。针叶树木材的长度可达 8 m,阔叶树木材的长度最大在 6 m 左右。方木和板材可按照一般商品材规格供货,用户使用时可以进一步剖解,也可向木材供应商订购所需截面尺寸的木材,或购买原木自行加工。

图 2.7 板材

图 2.8 方木

在北美,截面按规定尺寸加工的板材称为规格材(dimension lumber),规格材常用于轻型木结构建筑(图 2.9)。作为轻型木结构建筑的主要受力构件,规格材性能的好坏直接影响建筑的结构安全与否,因此规格材必须经过等级划分后才能应用于木结构建筑。规格材的表面已做加工,使用时不再对截面尺寸锯解加工,有时仅作长度方向的切断或接长,否则将会影响其等级和设计强度的取值。

图 2.9 规格材

我国的规格材截面厚度为 40 mm、65 mm 和 90 mm 三种，具体截面尺寸如表 2.5 所示。速生树种规格材的截面尺寸和轻型木结构用规格材的截面尺寸不同，其厚度为 45 mm，具体截面尺寸如表 2.6 所示。

表 2.5 结构规格材截面尺寸表

宽度为 40mm 的截面尺寸/(mm×mm)	40×40	40×65	40×90	40×115	40×140	40×185	40×235	40×285
宽度为 65mm 的截面尺寸/(mm×mm)	—	65×65	65×90	65×115	65×140	65×185	65×235	65×285
宽度为 90mm 的截面尺寸/(mm×mm)	—	—	90×90	90×115	90×140	90×185	90×235	90×285

表 2.6 速生树种结构规格材截面尺寸表

截面尺寸宽×高/(mm×mm)	45×75	45×90	45×140	45×190	45×240	45×290

2.2.3 工程木

工程木是随着加工技术的进步而产生的精加工结构用木材，在建筑上广泛用作结构材料，取代传统的实体木材。

工程木由通过刨、削、切等机械加工制成的规格材、单板、单板条、刨片等木制构成单元，根据结构需要进行设计，借助结构用胶黏剂的黏结作用，压制成具有一定形状的、产品力学性能稳定、设计有保证的结构用木制材料。建筑上常用的工程木主要有层板胶合木、旋切板胶合木、定向刨花板、正交胶合木、平行木片胶合木、木制工字梁等。目前，我国应用较多的工程木主要为层板胶合木。

1. 层板胶合木

图 2.10 层板胶合木

层板胶合木，又称胶合木、结构用集成材，是一种根据木材强度分级，将四层或四层以上的厚度不大于 45 mm（硬松木或硬质阔叶材时，厚度不大于 35 mm）的木质层板沿顺纹方向叠层胶合而成的木制品，常用作结构承重梁和柱，也可用作大跨拱或桁架等构件。层板胶合木的最大特点是经过层板的分离并重新组合，能够对一些导致强度降低的木材天然缺陷进行分散，从而提高构件的力学性能。典型的层板胶合木见图 2.10 所示。

理论上，采用层板胶合木的生产工艺，可以制备出任何尺寸的构件。但是考虑到工业化生产的要求以及对木材资源的充分利用，国际上生产层板胶合木的国家或地区对于常用的层板胶合木都有标准的截面尺寸。① 在欧洲，标准截面宽度有 42 mm、56 mm、66 mm、90 mm、115 mm、140 mm、165 mm、190 mm、215 mm 和 240 mm 等；高度为180～2 050 mm，中间级差为 45 mm，更大的高度可通过不同方法得到，高度可达 3 m。② 美国标准截面宽度一般为 63～273 mm，常用的有 79 mm、89 mm、130 mm、139 mm 和 171 mm 等五种规格。③ 在加拿大，标准截面宽度为 80 mm、130 mm、175 mm、225 mm、275 mm 和 315 mm 等，根据工程实际需求，可以增加到 365 mm、425 mm、465 mm 和 515 mm。

层板胶合木在生产过程中，对于胶合加压工序，目前除了少量高频和微波等热压机辅助升温装置有应用外，一般都在室温条件下完成，因此要求所采用的胶黏剂具有在中低温条件下（15 ℃以上）固化的性能，且所选用胶黏剂的黏结性能应满足强度、耐久性和环保性能的要求。具体来说，对胶黏剂的选择，主要由层板胶合木产品最终使用环境（即耐候性），包括气候、温度和湿度，木材是否使用防腐剂，防腐剂的种类和保持量，以及木材种类、含水率和抽提物含量，制造商生产能力，以及环保性能的要求等因素来确定。目前，国际上常用的结构胶黏剂主要有间苯二酚-酚醛树脂（PRF）、单组分聚氨酯（PUR）和三聚氰胺-脲醛树脂（MUF）等，其性能特点见表 2.7 所示。

表 2.7 典型的层板胶合木用结构胶黏剂性能特点

<table>
<tr><th>种类</th><th>外观</th><th>操作时间</th><th>涂胶量</th><th>与木材适用性</th><th>耐候性</th><th>环保性能</th></tr>
<tr><td>PRF</td><td>深红褐色</td><td rowspan="2">范围较窄，一般在 30 min 以内（室温）</td><td rowspan="2">中至高，一般>250 g/m^2</td><td rowspan="2">无限制</td><td>优异</td><td>中至低</td></tr>
<tr><td>MUF</td><td>白色或无色</td><td>较好</td><td>中</td></tr>
<tr><td>PUR</td><td>白色或无色</td><td>范围较宽，适用性较好</td><td>低至中，一般<200 g/m^2</td><td>适于含水率较高、材质较软、树脂含量较少的木材</td><td>较好</td><td>高</td></tr>
</table>

层板胶合木的生产过程由以下基本步骤组成。其流程见图 2.11 所示。

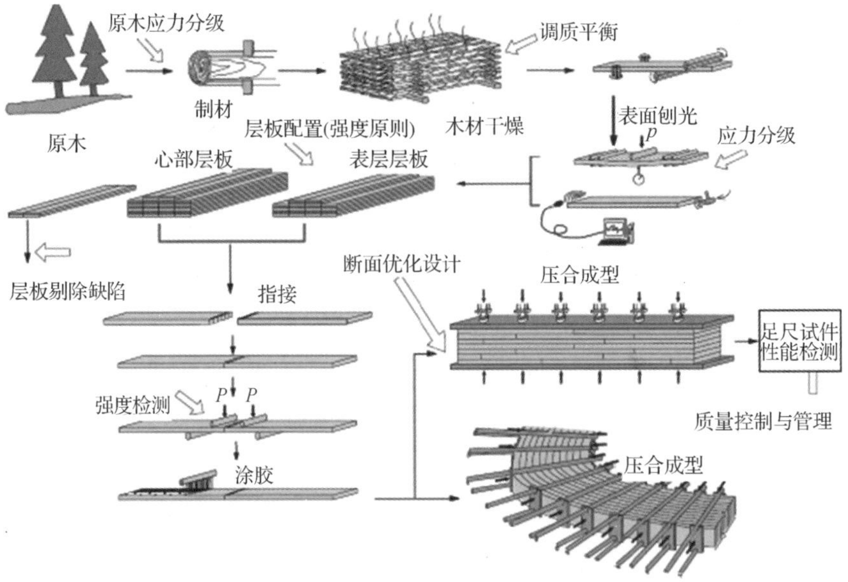

图 2.11　层板胶合木生产过程

第一步:将窑干处理后的锯材进行应力分级;

第二步:根据构件设计尺寸,对分级后的锯材进行指接接长;

第三步:将指接后层板的宽面刨光,并立即涂布胶黏剂,涂胶后的层板按构件的规格形状叠合,并进行加压成型以及养护;

第四步:当胶层达到规定的固化强度后,对胶合木进行刨光、修补等加工;

第五步:根据需要,对构件进行开槽、钻孔、预制榫头或卯口,或安装连接件等。

层板胶合木制造过程中,要求空气相对湿度应在 40%~75%;胶合期间,环境的相对湿度不低于 30%,以确保木材含水率不会发生过大变化,影响木材的黏结性能和构件生产质量。为保证层板胶合木加工质量及耐久性能等,层板胶合木构件用层板的含水率应控制在 8%~15%,同时应比使用地区的平衡含水率略低或与之相同,且所有层板的含水率之差小于 5%,以减小胶合木构件产品因含水率梯度产生的初始内应力。层板进行指接接长时,根据铣刀在木材宽度/厚度不同方向上的铣削加工或指榫能否在锯材的正面可见,分为水平型指接和垂直型指接两种,见图 2.12 所示。考虑到出材率,层板胶合木制造

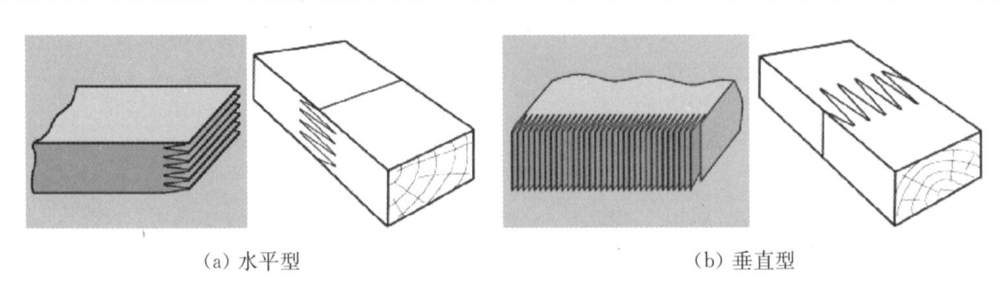

(a) 水平型　　　　(b) 垂直型

图 2.12　指接接头

中一般采用垂直型指接。

影响层板胶合木质量和强度等级的主要因素有以下几点。① 材料缺陷：主要指木材缺陷，如木节、孔洞、变色、裂纹、变形等，加工选材时，一般会对其部分较大缺陷加以剔除或控制。② 加工缺陷：主要包括与使用环境不匹配的木材含水率、相邻层木材含水率相差较大，以及过大的构件加工误差等。③ 使用条件：主要指构件使用环境是否为露天环境、是否长期处于高温环境，以及是否处于施工和维修时的短暂情况等。

2. 正交胶合木

以厚度为 15～45 mm 的层板相互叠层正交组坯后胶合而成的木制品称为正交层板胶合木，也称正交胶合木。正交胶合木的构造满足对称原则、奇数层原则和垂直正交原则，一般由 3 层、5 层、7 层或 9 层层板组成，见图 2.13 所示。其加工工艺与层板胶合木类似，主要的区别之处在于相邻层板之间的纹理方向是相互垂直的。

图 2.13 正交胶合木

在国际上，正交胶合木的尺寸通常由制造商决定，常见的宽度有 0.6 m、1.2 m、2.4 m、3.0 m，厚度可达 508 mm，长度可达 18 m，在国内，正交胶合木最大尺寸达到 3.5 m 宽、500 mm 厚、24 m 长。

由于组成正交胶合木的相邻层层板为正交结构，因此在其材料主次方向均具有相同的干缩湿胀性能，尺寸稳定性良好，正交胶合木整体的线干缩湿胀系数约为 0.02%。其尺寸稳定性是实木和层板胶合木横纹方向尺寸稳定性的 12 倍。

正交胶合木能够根据建筑设计，在工厂预制成含门窗洞口的墙面板、楼面板和屋面板。正交胶合木的力学性能分为主(强度)方向和次(强度)方向，主方向指平行于构件表层层板木材顺纹理方向，一般是正交胶合木构件的长度方向，此方向是垂直于表层层板木材纹理的方向，一般是正交胶合木构件的宽度方向。正交胶合木的正交结构使得其在平面内和平面外都具有较高的强度和阻止连接件劈裂的性能，主要用作结构的墙板和楼板。

与层板胶合木构件相似，影响正交胶合木质量的因素主要有原材料性能及构件加工工艺，主要包括木材含水率、木材缺陷、木材强度等级、指接工艺、胶合工艺等。

由于实际应用中，正交胶合木构件的幅面尺寸一般较大，考虑到材料成本和木材横纹方向变形较大等因素，一般应对其层板中的规格材开槽，同一层中，规格材之间可以进行拼宽或不进行拼宽，不进行拼宽时规格材之间预留的间隙不应大于 6 mm，见图 2.14 和图 2.15。

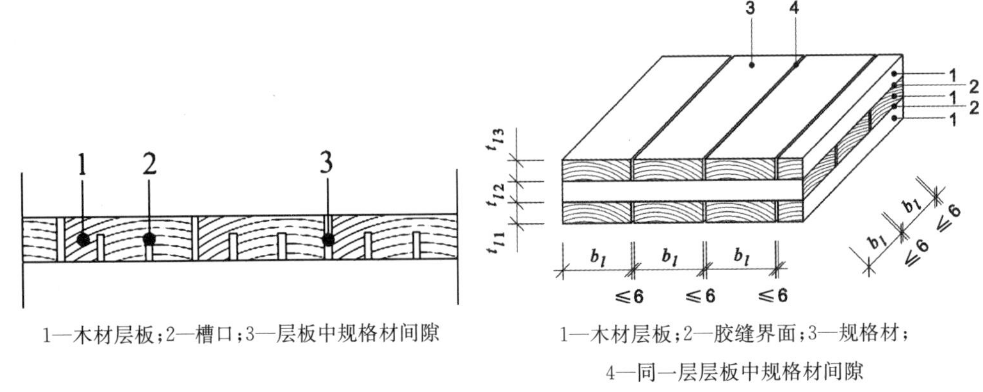

1—木材层板；2—槽口；3—层板中规格材间隙

1—木材层板；2—胶缝界面；3—规格材；4—同一层层板中规格材间隙

图 2.14 层板刻槽尺寸示意图

图 2.15 三层层板正交胶合木叠层示意图

正交胶合木叠合层数有奇数层和偶数层两种，其中偶数层为了保证顶层和底层顺纹布置，布置是上下对称的，中间两层方向一致，与偶数层相比，奇数层在构造上比较匀称，力学性能更加稳定。材料相同时，层数越多，即规格材越薄，其正交胶合木板的双向力学性能越好，抗弯刚度越大。

由于正交胶合木相邻层板材的木纹方向相互垂直，从而造成了其较低的平面外刚度和平面内抗剪强度。另外，由于木材力学性能的各向异性以及正交胶合木正交铺设的结构特点，导致三层结构正交胶合木横向层的平面剪切(planar shear)，即滚动剪切(rolling shear)刚度和强度是正交胶合木作为楼面板、屋面板以及桥面板力学性能的关键。鉴于剪应变显著影响正交胶合木板的整体模量以及各层的应力分布，这就使得垂直层平面(滚动)剪切模量显得尤为重要。

3. 旋切板胶合木

旋切板胶合木(图 2.16)，又称单板层积材，所用原料多以中小径级(径级一般为80～240 mm)、低质的针、阔叶树材为主。旋切板胶合木由厚度在 2.0～6.0 mm 的旋切单板沿木材顺纹理方向组坯胶合而成，可将木材中常见的节子、孔洞、斜纹等缺陷分散于各层单板之中，不需剔出节子等缺陷，成品厚度一般为 18～75 mm，长度不受限制，具有性能均匀、稳定和规格尺寸灵活多变的特点，不仅保留了木材的天然性质，还具有许多锯材所没有的特性。结构用旋切板胶合木一般用于制作建筑中的梁、桁架弦杆、屋脊梁、预制工字形搁栅的翼缘以及脚手架的铺板，也用作建筑中的柱以及剪力墙中的墙骨柱。

图 2.16 旋切板胶合木

旋切板胶合木的生产工艺流程为原木阶段→原木剥皮→旋切→干燥→单板拼接、组坯→涂胶→铺装、预压→热压→裁剪→分等、入库。组成旋切板胶合木的单板越薄，层数越多，木材缺陷及纵向接缝的分散性越好，旋切板胶合木的强度越高，变异性越小。因此，旋切板胶合木的质量和密度均匀，其层压结构减少了翘曲变形和扭转等缺陷，适于旋切板胶合木生产的原料范围广，可以使用各种不同树种和质量的木材，生产成本低，其制造方法使得产品的尺寸精确，易于施工和现场安装。

旋切板胶合木的含水率对其性能影响显著，因此旋切板胶合木的含水率应调整到与其使用环境相平衡的状态。一般情况下，旋切板胶合木的含水率调整到 8%～12%时可以得到良好的性能。将热压好的旋切板胶合木养护至胶黏剂达到完全固化、含水率平衡、内应力充分释放后，再按照要求裁剪成所需规格，最后捆装入库。旋切板胶合木的裁剪多采用多条锯，根据产品宽度选择锯片间距。

4. 平行木片胶合木

平行木片胶合木(图 2.17)，又称单板条层积材，英文名称为 parallel strand lumber (简称 PSL)，主要由长度为 610～2 440 mm 的木质单板条等原材料依次经过含水率调整、胶粘剂涂布和同向顺纹组坯，再经过热压形成结构板材。PSL 力学性能优异，能够用作强度要求较高的结构承重梁和柱。

图 2.17 平行木片胶合木

5. 木制工字梁

木制工字梁就是用旋切板胶合木或指接锯材作翼缘，用定向刨花板、胶合板或实木拼板作腹板，并通过胶黏剂的胶合作用生产出的横截面为“工”字形的木质组合型材。典型的木工字梁见图 2.18 所示。这些构成单元的制造工艺可分别参考本章对应部分。

图 2.18 木制工字梁

木制工字梁的“工”字形是根据力学性能的要求设计的，做到用料最省、力学强度最大，符合建筑上对结构构件的要求。

6. 木基结构板材

建筑中常用的木基结构板材主要有结构胶合板和定向刨花板两种。

(1) 结构胶合板

胶合板,英文名称 plywood(图 2.19),分为普通胶合板与结构胶合板两大类。其相邻层单板的纤维方向相互垂直铺设,且符合对称原则,同时还要根据使用时的受力特点及产品技术要求进行结构设计,使其达到设计要求。胶合板保留了木材本身所具备的多种优良品质,如强度比重大、易于加工、纹理自然美观、隔音、隔热、富有弹性等,并且克服了木材自身的许多缺点,如解决了实木在力学性能和干缩湿胀方面表现出来的各向异性,树木生长过程中各种天然缺陷引起的质量不均一,实木板材尺寸受限等,因而使用领域广泛。

图 2.19 胶合板

结构胶合板在欧美等国家广泛用于建筑、房屋、运输等领域,如楼面板、屋面板和墙面板;在我国主要用作集装箱底板、车厢板和混凝土模板等。与普通胶合板相比,除了单板层数较多、厚度较大(≥12 mm)外,结构胶合板在产品的物理力学性能及生产工艺方面也存在着较大差异。结构胶合板也可以作为室外工程用品,除了要有良好的耐气候性、耐老化性外,还要具有抗冲击性等,同时对静曲强度、弹性模量等力学性能指标也提出了更高的要求。

(2) 定向刨花板

定向刨花板(图 2.20),又称定向结构刨花板,英文名称为 oriented strand board(简称 OSB),多以速生材、小径材、间伐材、木芯等为原料,通过专用设备长材刨片机(或采用削片加刨片设备的两工段工艺)沿着木材纹理方向将其加工为长 40~120 mm、宽 5~20 mm、厚 0.3~0.7 mm 的窄长、薄平刨花单元(普通刨花板的刨花单元尺寸较小,有长度为 10~25 mm,宽度为 4~10 mm,厚度为 0.2~0.5 mm 的薄平刨花,以及宽度和厚度均为 3~6 mm,长度为 3~45 mm 的杆状刨花,长宽比在 6.3 以内,长厚比为 100~130),再经干燥、施胶,最后按照一定的方向纵横交错定向铺装、热压成型。

图 2.20 定向刨花板

由于定向刨花板借鉴了胶合板组坯的基本原理,其表层和心层刨花呈垂直交错定向铺装,因此其性能与胶合板相似,是一种强度高、尺寸稳定性好、木材利用率高的结构板材。由于木材纤维未被破坏,其刨花本身就具有一定的强度,用此种刨花压制出的板材基本保留了木材的天然特性，具有抗弯强度高、线膨胀系数小、握钉力强、尺寸稳定性较好等优点。定向刨花板常在建筑的墙体中用作覆面板，用来抵抗水平力作用，如地震和风荷载等，或用作木制工字梁的腹板。北美地区 65%以上的定向刨花板产品主要用于房屋建筑，主要为墙板、屋面板、楼面板和地板。

根据美国标准的规定，定向刨花板有密度大于 0.80 g/cm^3 的高密度板材和密度范围在0.61～0.80 g/cm^3 之间中密度板材两种。定向刨花板的纵向弹性模量可达到 4 200 MPa，抗弯强度可达到 24 MPa，同时材质均匀，线膨胀系数小，稳定性好，握钉力高，纵向抗弯强度比横向抗弯强度高得多，可用作结构材料。定向刨花板各项性能都接近甚至高于胶合板，是胶合板的理想替代品。板材的不足是厚度稳定性较低，主要是由于刨花的大小不等，铺装过程的刨花方向和角度不能保证完全水平或均匀，会形成一定的密度梯度，对厚度稳定性有一定影响。

2.3 结构用木材的强度设计值

本节主要依据现行国家标准《木结构设计标准》(GB 50005—2017)的相关内容，从结构构件层面和设计角度来阐述结构用木材的力学性能，着重给出方木、原木、规格材和层板胶合木的强度设计值和弹性模量。结构用木材强度和弹性模量的标准值可参考现行国家标准《木结构设计标准》(GB 50005—2017)附录 E 的规定确定。

2.3.1 方木和原木

根据现行国家标准《木结构设计标准》(GB 50005—2017)第 4.3.1～4.3.3 条规定，我国方木和原木的强度设计值和弹性模量的取值可按表 2.8～表 2.10 确定。

表 2.8 针叶树种木材适用的强度等级

强度等级	组别	适用树种
TC17	A	柏木　长叶松　湿地松　粗皮落叶松
	B	东北落叶松　欧洲赤松　欧洲落叶松
TC15	A	铁杉　油杉　太平洋海岸黄柏　花旗松—落叶松　西部铁杉　南方松
	B	鱼鳞云杉　西南云杉　南亚松
TC13	A	油松　西伯利亚落叶松　云南松　马尾松　扭叶松　北美落叶松　海岸松　日本扁柏　日本落叶松
	B	红皮云杉　丽江云杉　樟子松　红松　西加云杉　欧洲云杉　北美山地云杉　北美短叶松
TC11	A	西北云杉　西伯利亚云杉　西黄松　云杉—松—冷杉　铁—冷杉　加拿大铁杉　杉木
	B	冷杉　速生杉木　速生马尾松　新西兰辐射松　日本柳杉

表 2.9　阔叶树种木材适用的强度等级

强度等级	适用树种
TB20	青冈　椆木　甘巴豆　冰片香　重黄娑罗双　重坡垒　龙脑香　绿心樟　紫心木　李叶苏木　双龙瓣豆
TB17	栎木　腺瘤豆　筒状非洲楝　蟹木楝　深红默罗藤黄木
TB15	锥栗　桦木　黄娑罗双　异翅香　水曲柳　红尼克樟
TB13	深红娑罗双　浅红娑罗双　白娑罗双　海棠木
TB11	大叶椴　心形椴

表 2.10　方木、原木等木材的强度设计值和弹性模量　　单位：N·mm^{-2}

强度等级	组别	抗弯 f_m	顺纹抗压及承压 f_c	顺纹抗拉 f_t	顺纹抗剪 f_v	横纹承压 $f_{c,90}$			弹性模量 E
						全表面	局部表面和齿面	拉力螺栓垫板下	
TC17	A	17	16	10	1.7	2.3	3.5	4.6	10 000
	B		15	9.5	1.6				
TC15	A	15	13	9.0	1.6	2.1	3.1	4.2	10 000
	B		12	9.0	1.5				
TC13	A	13	12	8.5	1.5	1.9	2.9	3.8	10 000
	B		10	8.0	1.4				9 000
TC11	A	11	10	7.5	1.4	1.8	2.7	3.6	9 000
	B		10	7.0	1.2				
TB20	—	20	18	12	2.8	4.2	6.3	8.4	12 000
TB17	—	17	16	11	2.4	3.8	5.7	7.6	11 000
TB15	—	15	14	10	2.0	3.1	4.7	6.2	10 000
TB13	—	13	12	9.0	1.4	2.4	3.6	4.8	8 000
TB11	—	11	10	8.0	1.3	2.1	3.2	4.1	7 000

注：计算木构件端部的拉力螺栓垫板时，木材横纹承压强度设计值应采用“局部表面和齿面”一栏的数值。

对于下列情况，上述表 2.10 中的设计指标应按下列规定进行调整：

① 当采用原木时，若验算部位未经切削，其顺纹抗压、抗弯强度设计值和弹性模量可提高 15%；

② 当构件矩形截面的短边尺寸不小于 150 mm 时，其强度设计值可提高 10%；

③ 当采用含水率大于 25%的湿材时，各种木材的横纹承压强度设计值和弹性模量以及落叶松木材的抗弯强度设计值宜降低 10%。

此外，木材斜纹承压的强度设计值可按下列公式确定：

当 $\alpha<10°$ 时

$$f_{c\alpha}=f_c \tag{2.1}$$

当 $10°<\alpha<90°$ 时

$$f_{c\alpha}=\left[\frac{f_c}{1+\left(\frac{f_c}{f_{c,90}}-1\right)\frac{\alpha-10°}{80°}\sin\alpha}\right] \tag{2.2}$$

式中：$f_{c\alpha}$——木材斜纹承压的强度设计值（N/mm²）；

α——作用力方向与木纹方向的夹角（°）；

f_c——木材的顺纹抗压强度设计值（N/mm²）；

$f_{c,90}$——木材的横纹承压强度设计值（N/mm²）。

当木结构设计中采用进口的方木或原木材料时，需要根据现行国家标准《木结构设计标准》（GB 50005—2017）附录 D 的规定确定其强度设计值和弹性模量。

2.3.2 规格材

目前，我国木结构工程中采用的规格材大多进口自北美，尤以加拿大居多；同时，现行国家标准《木结构设计标准》（GB 50005—2017）中新加入了两类国产树种（杉木和兴安落叶松）目测分级规格材。根据现行国家标准《木结构设计标准》（GB 50005—2017）第4.3.4条规定，国产树种目测分级规格材的强度设计值和弹性模量的取值可按表 2.11 确定；根据现行国家标准《木结构设计标准》（GB 50005—2017）附录 D.2 的规定，进口北美地区规格材的强度设计值和弹性模量的取值可按表 2.12～表 2.14 确定。

表 2.11 国产树种目测分级规格材强度设计值和弹性模量

树种名称	材质等级	截面最大尺寸/mm	强度设计值/（N·mm⁻²）					弹性模量 E/（N·mm⁻²）
			抗弯 f_m	顺纹抗压 f_c	顺纹抗拉 f_t	顺纹抗剪 f_v	横纹承压 $f_{c,90}$	
杉木	$Ⅰ_c$	285	9.5	11.0	6.5	1.2	4.0	10 000
	$Ⅱ_c$		8.0	10.5	6.0	1.2	4.0	9 500
	$Ⅲ_c$		8.0	10.0	5.0	1.2	4.0	9 500
兴安落叶松	$Ⅰ_c$	285	11.0	15.5	5.1	1.6	5.3	13 000
	$Ⅱ_c$		6.0	13.3	3.9	1.6	5.3	12 000
	$Ⅲ_c$		6.0	11.4	2.1	1.6	5.3	12 000
	$Ⅳ_c$		5.0	9.0	2.0	1.6	5.3	11 000

表 2.12　进口北美地区目测分级规格材强度设计值和弹性模量

树种名称	材质等级	截面最大尺寸/mm	强度设计值/(N·mm^{-2})					弹性模量 E/(N·mm^{-2})
			抗弯 f_m	顺纹抗压 f_c	顺纹抗拉 f_t	顺纹抗剪 f_v	横纹承压 $f_{c,90}$	
花旗松—落叶松类(美国)	Ⅰ$_c$	285	18.1	16.1	8.7	1.8	7.2	13 000
	Ⅱ$_c$		12.1	13.8	5.7	1.8	7.2	12 000
	Ⅲ$_c$		9.4	12.3	4.1	1.8	7.2	11 000
	Ⅳ$_c$、Ⅳ$_{c1}$		5.4	7.1	2.4	1.8	7.2	9 700
	Ⅱ$_{c1}$	90	10.0	15.4	4.3	1.8	7.2	10 000
	Ⅲ$_{c1}$		5.6	12.7	2.4	1.8	7.2	9 300
花旗松—落叶松类(加拿大)	Ⅰ$_c$	285	14.8	17.0	6.7	1.8	7.2	13 000
	Ⅱ$_c$		10.0	14.6	4.5	1.8	7.2	12 000
	Ⅲ$_c$		8.0	13.0	3.4	1.8	7.2	11 000
	Ⅳ$_c$、Ⅳ$_{c1}$		4.6	7.5	1.9	1.8	7.2	10 000
	Ⅱ$_{c1}$	90	8.4	16.0	3.6	1.8	7.2	10 000
	Ⅲ$_{c1}$		4.7	13.0	2.0	1.8	7.2	9 400
铁—冷杉类(美国)	Ⅰ$_c$	285	15.9	14.3	7.9	1.5	4.7	11 000
	Ⅱ$_c$		10.7	12.6	5.2	1.5	4.7	10 000
	Ⅲ$_c$		8.4	12.0	3.9	1.5	4.7	9 300
	Ⅳ$_c$、Ⅳ$_{c1}$		4.9	6.7	2.2	1.5	4.7	8 300
	Ⅱ$_{c1}$	90	8.9	14.3	4.1	1.5	4.7	9 000
	Ⅲ$_{c1}$		5.0	12.0	2.3	1.5	4.7	8 000
铁—冷杉类(加拿大)	Ⅰ$_c$	285	14.8	15.7	6.3	1.5	4.7	12 000
	Ⅱ$_c$		10.8	14.0	4.5	1.5	4.7	11 000
	Ⅲ$_c$		9.6	13.0	3.7	1.5	4.7	11 000
	Ⅳ$_c$、Ⅳ$_{c1}$		5.6	7.7	2.2	1.5	4.7	10 000
	Ⅱ$_{c1}$	90	10.2	16.1	4.0	1.5	4.7	10 000
	Ⅲ$_{c1}$		5.7	13.7	2.2	1.5	4.7	9 400
南方松	Ⅰ$_c$	285	16.2	15.7	10.2	1.8	6.5	12 000
	Ⅱ$_c$		10.6	13.4	6.2	1.8	6.5	11 000
	Ⅲ$_c$		7.8	11.8	2.1	1.8	6.5	9 700
	Ⅳ$_c$、Ⅳ$_{c1}$		4.5	6.8	3.9	1.8	6.5	8 700
	Ⅱ$_{c1}$	90	8.3	14.8	3.9	1.8	6.5	9 200
	Ⅲ$_{c1}$		4.7	12.1	2.2	1.8	6.5	8 300
云杉—松—冷杉类	Ⅰ$_c$	285	13.4	13.0	5.7	1.4	4.9	10 500
	Ⅱ$_c$		9.8	11.5	4.0	1.4	4.9	10 000
	Ⅲ$_c$		8.7	10.9	3.2	1.4	4.9	9 500
	Ⅳ$_c$、Ⅳ$_{c1}$		5.0	6.3	1.9	1.4	4.9	8 500
	Ⅱ$_{c1}$	90	9.2	13.2	3.4	1.4	4.9	9 000
	Ⅲ$_{c1}$		5.1	11.2	1.9	1.4	4.9	8 100
其他北美针叶材树种	Ⅰ$_c$	285	10.0	14.5	3.7	1.4	3.9	8 100
	Ⅱ$_c$		7.2	12.1	2.7	1.4	3.9	7 600
	Ⅲ$_c$		6.1	10.1	2.2	1.4	3.9	7 000
	Ⅳ$_c$、Ⅳ$_{c1}$		3.5	5.9	1.3	1.4	3.9	6 400
	Ⅱ$_{c1}$	90	6.5	13.0	2.3	1.4	3.9	6 700
	Ⅲ$_{c1}$		3.6	10.4	1.3	1.4	3.9	6 100

注：当荷载作用方向垂直于规格材宽面时，表中抗弯强度应乘以该标准表 4.3.9-4 规定的平放调整系数。

表 2.13 北美地区进口机械分级规格材强度设计值和弹性模量 单位：N·mm^{-2}

强度等级	强度设计值					弹性模量 E
	抗弯 f_m	顺纹抗压 f_c	顺纹抗拉 f_t	顺纹抗剪 f_v	横纹承压 $f_{c,90}$	
2 850Fb—2.3E	28.3	19.7	20.0	—	—	15 900
2 700Fb—2.2E	26.8	19.2	18.7	—	—	15 200
2 550Fb—2.1E	25.3	18.5	17.8	—	—	14 500
2 400Fb—2.0E	23.8	18.1	16.7	—	—	13 800
2 250Fb—1.9E	22.3	17.6	15.2	—	—	13 100
2 100Fb—1.8E	20.8	17.2	13.7	—	—	12 400
1 950Fb—1.7E	19.4	16.5	11.9	—	—	11 700
1 800Fb—1.6E	17.9	16.0	10.2	—	—	11 000
1 650Fb—1.5E	16.4	15.6	8.9	—	—	10 300
1 500Fb—1.4E	14.5	15.3	7.4	—	—	9 700
1 450Fb—1.3E	14.0	15.0	6.6	—	—	9 000
1 350Fb—1.3E	13.0	14.8	6.2	—	—	9 000
1 200Fb—1.2E	11.6	12.9	5.0	—	—	8 300
900Fb—1.0E	8.7	9.7	2.9	—	—	6 900

注：① 表中机械分级规格材的横纹承压强度设计值 $f_{c,90}$ 和顺纹抗剪强度设计值 f_v，应根据采用的树种或树种组合，按表 2.12 中相同树种或树种组合的横纹承压和顺纹抗剪强度设计值确定。
② 当荷载作用方向垂直于规格材宽面时，表中抗弯强度应乘以该标准表 4.3.9-4 规定的平放调整系数。

表 2.14 北美地区目测分级规格材材质等级与 GB 50005 的对应关系

本规范规格材等级		北美规格材等级			截面最大尺寸/mm
分类	等级	STRUCTURAL LIGHT FRAMING & STRUCTURAL JOISTS AND PLANKS	STUDS	LIGHT FRAMING	
A	I_c	Select structural	—	—	285
	II_c	No. 1	—	—	
	III_c	No. 2	—	—	
	IV_c	No. 3	—	—	
B	IV_{c1}	—	Stud	—	
C	II_{c1}	—	—	Construction	90
	III_{c1}	—	—	Standard	

2.3.3 层板胶合木

目前，我国在层板胶合木方面已经完全实现国产化，现行国家标准《木结构设计标准》(GB 50005—2017)第 4.3.5 条和 4.3.6 条给出了层板胶合木的强度设计值和弹性模量的取值，现将其简要阐述如下。

制作层板胶合木采用的木材树种级别、适用树种及树种组合应符合表 2.15 的规定。

表 2.15 层板胶合木适用树种分级表

树种级别	适用树种及树种组合名称
SZ1	南方松、花旗松—落叶松、欧洲落叶松以及其他符合本强度等级的树种
SZ2	欧洲云杉、东北落叶松以及其他符合本强度等级的树种
SZ3	阿拉斯加黄扁柏、铁—冷杉、西部铁杉、欧洲赤松、樟子松以及其他符合本强度等级的树种
SZ4	鱼鳞云杉、云杉—松—冷杉以及其他符合本强度等级的树种
注：表中花旗松—落叶松、铁—冷杉产地为北美地区。南方松产地为美国。	

采用目测分级和机械弹性模量分级层板制作的层板胶合木，可分为异等组合与同等组合两大类，其中异等组合又分为对称组合与非对称组合。层板胶合木强度设计值及弹性模量的取值见表 2.16～表 2.18 所示。

表 2.16 对称异等组合胶合木的强度设计值和弹性模量 单位：$N \cdot mm^{-2}$

强度等级	抗弯 f_m	顺纹抗压 f_c	顺纹抗拉 f_t	弹性模量 E
$TC_{YD}40$	27.9	21.8	16.7	14 000
$TC_{YD}36$	25.1	19.7	14.8	12 500
$TC_{YD}32$	22.3	17.6	13.0	11 000
$TC_{YD}28$	19.5	15.5	11.1	9 500
$TC_{YD}24$	16.7	13.4	9.9	8 000
注：当荷载的作用方向与层板窄边垂直时，抗弯强度设计值 f_m 应乘以 0.7 的系数，弹性模量 E 应乘以 0.9 的系数。				

表 2.17 非对称异等组合胶合木的强度设计值和弹性模量 单位：$N \cdot mm^{-2}$

强度等级	抗弯 f_m		顺纹抗压 f_c	顺纹抗拉 f_t	弹性模量 E
	正弯曲	负弯曲			
$TC_{YF}38$	26.5	19.5	21.1	15.5	13 000
$TC_{YF}34$	23.7	17.4	18.3	13.6	11 500
$TC_{YF}31$	21.6	16.0	16.9	12.4	10 500
$TC_{YF}27$	18.8	13.9	14.8	11.1	9 000
$TC_{YF}23$	16.0	11.8	12.0	9.3	6 500
注：当荷载的作用方向与层板窄边垂直时，抗弯强度设计值 f_m 应采用正向弯曲强度设计值，并乘以 0.7 的系数，弹性模量 E 应乘以 0.9 的系数。					

表 2.18 同等组合胶合木的强度设计值和弹性模量 单位：$N \cdot mm^{-2}$

强度等级	抗弯 f_m	顺纹抗压 f_c	顺纹抗拉 f_t	弹性模量 E
TC_T40	27.9	23.2	17.9	12 500
TC_T36	25.1	21.1	16.1	11 000
TC_T32	22.3	19.0	14.2	9 500
TC_T28	19.5	16.9	12.4	8 000
TC_T24	16.7	14.8	10.5	6 500

胶合木构件顺纹抗剪强度设计值按表 2.19 的规定取值。

表 2.19 胶合木构件顺纹抗剪强度设计值 单位：$N \cdot mm^{-2}$

树种级别	顺纹抗剪强度设计值 f_v
SZ1	2.2
SZ2、SZ3	2.0
SZ4	1.8

胶合木构件横纹承压强度设计值应按表 2.20 的规定取值。

表 2.20 胶合木构件横纹承压强度设计值 单位：$N \cdot mm^{-2}$

树种级别	局部横纹承压强度设计值 $f_{c,90}$		全表面横纹承压强度设计值 $f_{c,90}$
	构件中间承压	构件端部承压	
SZ1	7.5	6.0	3.0
SZ2、SZ3	6.2	5.0	2.5
SZ4	5.0	4.0	2.0
承压位置示意图	构件中间承压	构件端部承压 a h ① 当 $h \geqslant 100$ mm 时，$a \leqslant 100$ mm ② 当 $h < 100$ mm 时，$a \leqslant h$	构件全表面承压

2.3.4 强度设计指标的调整

在实际设计过程中，对于结构用木材的强度设计值和弹性模量，尚需根据使用环境条件、结构设计工作年限、外部荷载条件和构件支撑条件等进行调整。按照现行国家标准《木结构设计标准》(GB 50005—2017)第 4.3.9 条和 4.3.10 条的规定，强度设计指标的具体调整方法如下：

1. 不同使用条件下的调整系数

在不同的使用条件下，强度设计值和弹性模量应乘以表 2.21 中的调整系数。

表 2.21　不同使用条件下木材强度设计值和弹性模量的调整系数

使用条件	调整系数	
	强度设计值	弹性模量
露天环境	0.9	0.85
长期生产性高温环境，木材表面温度达 40 ℃～50 ℃	0.8	0.8
按恒荷载验算时	0.8	0.8
用于木构筑物时	0.9	1.0
施工和维修时的短暂情况	1.2	1.0
注：① 当仅有恒荷载或恒荷载产生的内力超过全部荷载所产生的内力的 80%时，应单独以恒荷载进行验算；② 当若干条件同时出现时，表列各系数应连乘。		

2. 不同设计工作年限的调整系数

对应于不同的结构设计工作年限，强度设计值和弹性模量应乘以表 2.22 规定的调整系数。

表 2.22　不同设计工作年限时木材强度设计值和弹性模量的调整系数

设计使用年限	调整系数	
	强度设计值	弹性模量
5 年	1.10	1.10
25 年	1.05	1.05
50 年	1.00	1.00
100 年及以上	0.90	0.90

3. 尺寸调整系数

对于目测分级规格材，强度设计值和弹性模量应乘以表 2.23 规定的尺寸调整系数。

表 2.23　目测分级规格材尺寸调整系数

等级	截面高度/mm	抗弯强度		顺纹抗压强度	顺纹抗拉强度	其他强度
		截面宽度/mm				
		40 和 65	90			
Ⅰ$_{c}$、Ⅱ$_{c}$、Ⅲ$_{c}$、Ⅳ$_{c}$、Ⅳ$_{c1}$	≤90	1.5	1.5	1.15	1.5	1.0
	115	1.4	1.4	1.1	1.4	1.0
	140	1.3	1.3	1.1	1.3	1.0
	185	1.2	1.2	1.05	1.2	1.0
	235	1.1	1.2	1.0	1.1	1.0
	285	1.0	1.1	1.0	1.0	1.0
Ⅱ$_{c1}$、Ⅲ$_{c1}$	≤90	1.0	1.0	1.0	1.0	1.0

4. 平放调整系数

当荷载作用方向与规格材宽度方向垂直时，规格材的抗弯强度设计值应乘以表 2.24 规定的平放调整系数。

表 2.24 平放调整系数

截面高度 h/mm	截面宽度 b/mm					
	40 和 65	90	115	140	185	≥235
$h\leqslant 65$	1.00	1.10	1.10	1.15	1.15	1.20
$65<h\leqslant 90$	—	1.00	1.05	1.05	1.05	1.10
注：当截面宽度与表中尺寸不同时，可按插值法确定平放调整系数。						

5. 共同作用系数

当规格材作为搁栅，且数量大于 3 根，并与楼面板、屋面板或其他构件有可靠连接时，其抗弯强度设计值应乘以 1.15 的共同作用系数。

6. 荷载调整系数

对于规格材、层板胶合木和进口方木和板材的强度设计值和弹性模量，除应满足本节上述要求外，尚应按下列规定进行调整：

① 当楼屋面可变荷载标准值与永久荷载标准值的比率$(Q_k/G_k)\rho<1.0$时，强度设计值应乘以调整系数 k_d，调整系数 k_d应按下式进行计算，且 k_d不应大于 1.0。

$$k_d=0.83+0.17\rho \tag{2.3}$$

② 当有雪荷载、风荷载作用时，应乘以表 2.25 中规定的调整系数。

表 2.25 雪荷载、风荷载作用下强度设计值和弹性模量的调整系数

使用条件	调整系数	
	强度设计值	弹性模量
当雪荷载作用时	0.83	1.0
当风荷载作用时	0.91	1.0

3 木结构设计基本原理

3.1 设计方法

3.1.1 设计特点

相对于钢结构和混凝土结构，现代木结构在设计中具有如下特点：

1. 材料与构件

① 结构用木材种类较多，需要科学合理选用。结构用木材主要包括方木和原木、锯材和工程木，而工程木还包括层板胶合木、正交胶合木和旋切板胶合木等，且工程木的力学性能相对而言要好得多。

② 木材为各向异性材料，不同纹理方向的物理力学性能差异悬殊。在设计木构件时，需要同时考虑顺木纹方向和横木纹方向的物理力学性能。

③ 木材弹性模量较低，大跨受弯木构件设计受变形控制。木材较低的弹性模量，使其在大跨度梁或悬臂梁中的应用受到限制。

④ 木材属于可燃材料，但大型木构件的耐火性能良好。虽然木材可燃，但木材燃烧后可在表面形成炭化层，炭化层可以对内部木材起到很好的保护作用。

⑤ 木材的力学性能受含水率影响较大。环境温湿度变化均会对木材的含水率产生影响，通常情况下，含水率越高，力学性能越差。

2. 连接节点

① 木结构连接类型多样，尤其以金属连接为代表。典型的现代木结构连接包括销连接、钉连接、裂环和剪板连接、齿板连接和植筋连接等，其中的销连接应用最为普遍。

② 木结构螺栓连接的受力机理和计算理论与钢结构有很大区别。由于木材的弹性模量较低、木构件厚度较大，因此木结构螺栓连接的破坏模式主要为螺栓的受弯屈服破坏和木材的销槽承压破坏。

③ 木结构节点很难实现刚性连接，大多为铰接连接，部分为半刚性连接。当设计中考虑节点半刚性时，在整体结构分析中应以节点的弯矩—转角关系为计算依据，弯矩—转角关系应由试验或经试验验证的数值模拟计算确定。

3. 结构体系及分析

① 现代木结构可采用软件计算或软件与手算相结合的计算分析方法。整体结构分析可采用常规的结构计算软件，通常仅进行弹性阶段分析；然后根据整体结构计算分析所得的内力，采用手算或软件进行构件和连接的设计计算。

② 木结构的塑性往往源于连接节点和整体结构体系。钢结构和钢筋混凝土结构的构件一般基于材料的塑性进行设计分析，而木构件的破坏模式一般为脆性形式，因此结构的塑性主要由连接节点和整体结构来提供，这是木结构设计分析的重要特点之一。

③ 多高层木结构的抗侧性能主要依靠抗侧力体系。由于木结构节点的刚度通常较小，多高层木结构的抗侧性能主要依靠结构体系的变化，如采用框架—支撑结构、框架—剪力墙结构、剪力墙结构、核心筒木结构等体系形式。

3.1.2 基本规定

1. 安全等级

根据现行国家标准《建筑结构可靠性设计统一标准》(GB 50068—2018)的规定，建筑结构的安全等级划分为三级，如表 3.1 所示。

表 3.1 建筑结构的安全等级

安全等级	破坏后果
一级	很严重：对人的生命、经济、社会或环境影响很大
二级	严重：对人的生命、经济、社会或环境影响较大
三级	不严重：对人的生命、经济、社会或环境影响不大

木结构设计时，结构及其构件的安全等级不应小于三级。当结构部件与结构的安全等级不一致时，应在设计文件中明确标明。

2. 设计工作年限

关于木结构的设计工作年限(原术语为“设计使用年限”)，通常规定如下：

① 标志性建筑和特别重要的建筑结构不应小于 100 年；

② 建(构)筑物结构不应小于 50 年；

③ 桥梁结构不应小于 30 年；

④ 易于替换的结构构件、部件不应小于 25 年；

⑤ 临时性建筑结构不应小于 5 年。

当木结构构件、部件设计工作年限低于结构的设计工作年限时，应在设计文件中明确标明，且应采用易于更换的连接构造。

3. 木结构构件的截面抗震验算

木结构构件的截面抗震验算应采用下列设计表达式：

$$S \leqslant R/\gamma_{RE} \tag{3.1}$$

式中：γ_{RE}——承载力抗震调整系数，根据现行国家标准《木结构设计标准》(GB 50005—

2017)确定,见表 3.2 所示;

S——地震作用效应与其他作用效应的基本组合。按现行国家标准《建筑抗震设计规范》(GB 50011—2010)进行计算;

R——结构构件的承载力设计值。

表 3.2　承载力抗震调整系数

构件名称	系数 γ_{RE}	构件名称	系数 γ_{RE}
柱,梁	0.80	木基结构板剪力墙	0.85
各类构件(偏拉、受剪)	0.85	连接件	0.90
注:当仅计算竖向地震作用时,各类构件的承载力抗震调整系数 γ_{RE} 均应取 1.0。			

4. 抗震与抗风相关设计指标

根据现行国家标准《木结构设计标准》(GB 50005—2017)的有关规定,现代木结构主要的抗震与抗风相关设计指标如下:

① 风荷载作用下,轻型木结构的边缘墙体所分配到的水平剪力宜乘以 1.2 的调整系数。

② 风荷载和多遇地震作用时,木结构建筑的水平层间位移不宜超过结构层高的 1/250。

③ 木结构建筑的楼层水平作用力宜按抗侧力构件的从属面积或从属面积上重力荷载代表值的比例进行分配。此时水平作用力的分配可不考虑扭转影响,但是对较长的墙体宜乘以 1.05～1.10 的放大系数。

3.1.3　设计依据

现代木结构在设计过程中,所涉及的主要国家规范和标准如表 3.3 所示。

表 3.3　建筑结构的安全等级

涉及的标准名称与编号	所依据的主要技术内容
《建筑结构可靠性设计统一标准》(GB 50068—2018)	结构安全等级、可靠度、设计工作年限、设计原则、设计方法
《建筑结构荷载规范》(GB 50009—2012)	结构上的作用与荷载
《木结构设计标准》(GB 50005—2017) 《多高层木结构建筑技术标准》(GB/T 51226—2017) 《胶合木结构技术规范》(GB/T 50708—2012) 《钢结构设计标准》(GB 50017—2017) 《混凝土结构设计规范》(GB 50010—2010) 《木骨架组合墙体技术标准》(GB/T 50361—2018) 《轻型木桁架技术规范》(JGJ/T 265—2012)	木结构及木混合结构设计方法与构造措施
《建筑地基基础设计规范》(GB 50007—2011)	地基基础设计
《建筑工程抗震设防分类标准》(GB 50223—2008) 《建筑抗震设计规范》(GB 50011—2010)	抗震设计
《建筑设计防火规范》(GB 50016—2014)	防火设计方法与构造措施

3.1.4 设计流程

现代木结构的结构体系和选型、结构布置等的具体要求，可参照现行国家标准《木结构设计标准》(GB 50005—2017)第 4.2 节和《多高层木结构建筑技术标准》(GB/T 51226—2017)第 6.2 节内容，本指南 4.1.2 节也有所阐述。木结构分析可参照现行国家标准《多高层木结构建筑技术标准》(GB/T 51226—2017)第 6.3 节内容，木结构抗震分析与设计也可参考本指南 4.1.3 节和 4.1.4 节内容。

现代木结构设计流程如图 3.1 所示。

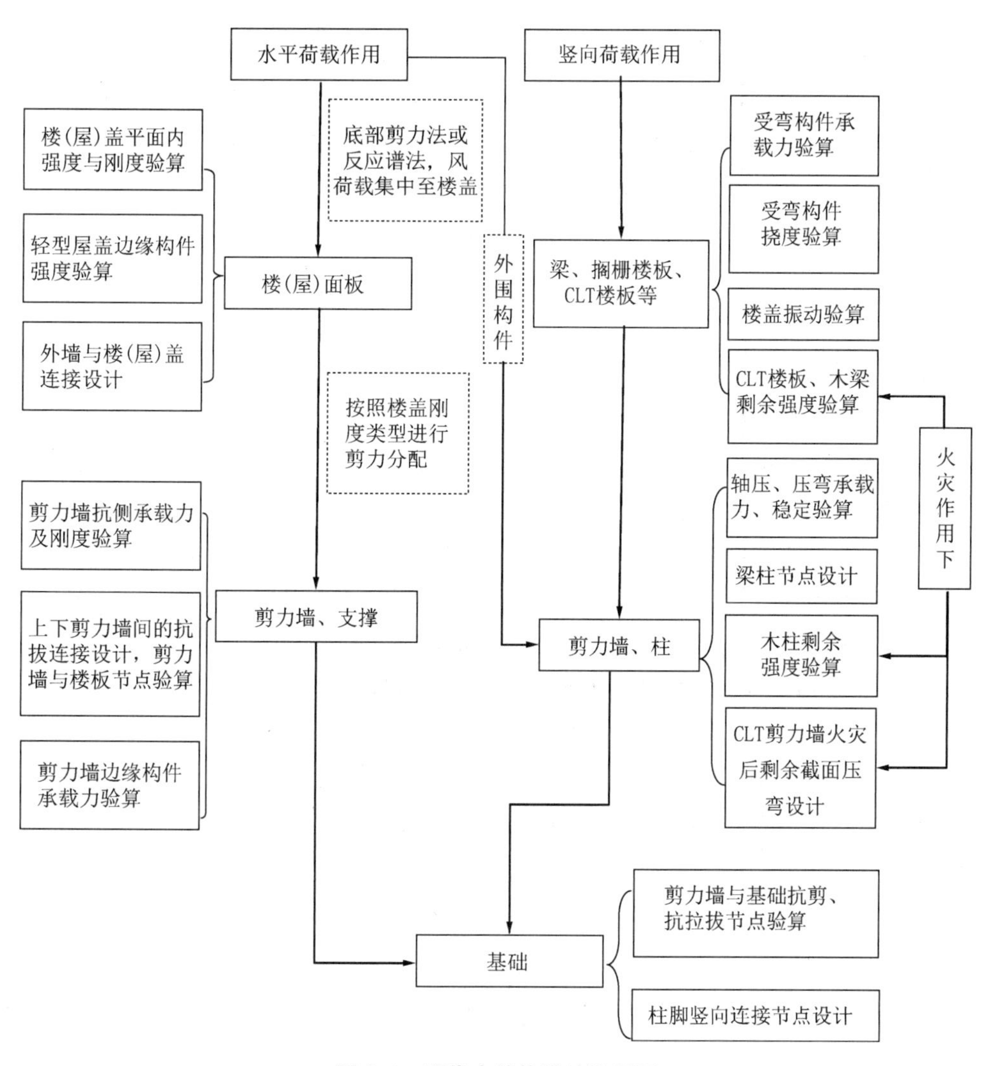

图 3.1 现代木结构设计流程图

3.2 木结构构件设计

3.2.1 材料选用与强度指标

结构用木材是用于承重结构的木材的统称，主要包括方木和原木、锯材和工程木。其中锯材主要包括板材和规格材，工程木主要包括层板胶合木、正交胶合木和旋切板胶合木等。

1. 方木和原木

方木和原木主要用于传统的木结构民居，以及井干式木结构房屋建筑。方木和原木的强度等级、强度设计值和弹性模量可根据现行国家标准《木结构设计标准》(GB 50005—2017)中第 4.3.1～4.3.3 条选用，本指南第 2.3 节也列出了强度指标；进口北美地区目测分级方木的强度等级、强度设计值和弹性模量可根据现行国家标准《木结构设计标准》(GB 50005—2017)中的附录 D.1 选用。方木和原木所采用的强度标准值和弹性模量可根据现行国家标准(GB 50005—2017)中的附录 E.3 和 E.6 选用。

2. 规格材和进口结构材

规格材主要用于轻型木结构房屋。此前很长一段时间内，规格材大多由国外尤其是北美进口，目前在现行国家标准《木结构设计标准》(GB 50005—2017)中已纳入国产的杉木和兴安落叶松规格材。国产树种目测分级规格材的强度设计值和弹性模量可根据现行国家标准《木结构设计标准》(GB 50005—2017)中的第 4.3.4 条选用，本指南第 2.3 节也列出了强度指标；进口北美地区规格材的强度设计值和弹性模量可根据现行国家标准《木结构设计标准》(GB 50005—2017)中的附录 D.2 选用。来自欧洲和新西兰的结构材的强度设计值和弹性模量可根据现行国家标准《木结构设计标准》(GB 50005—2017)中的附录 D.3 选用。规格材和进口结构材所采用的强度标准值和弹性模量可根据现行国家标准《木结构设计标准》(GB 50005—2017)中的附录 E.1、E.4 和 E.5 选用。

3. 工程木

工程木大量应用于多高层木结构和大跨木结构领域，层板胶合木、正交胶合木和旋切板胶合木基本实现了国产。

对于层板胶合木，其强度设计值和弹性模量可根据现行国家标准《木结构设计标准》(GB 50005—2017)中的第 4.3.5 和 4.3.6 条选用，本指南第 2.3 节也列出了强度指标；其强度标准值和弹性模量可根据现行国家标准《木结构设计标准》(GB 50005—2017)中的附录 E.2 选用。

对于正交胶合木，其强度设计值和弹性模量可根据现行国家标准《木结构设计标准》(GB 50005—2017)中附录 G 的规定进行计算或选用。

材料选用需要注意的问题是上述结构用木材的强度指标通常受使用环境条件、设计工作年限、尺寸大小、荷载作用方向、火灾条件等因素的影响，因此尚需根据实际情况进行设计指标值的调整，现行国家标准《木结构设计标准》(GB 50005—2017)中的第 4.3.9、4.3.10、4.3.20 和 10.1.3 条对此有专门规定，设计时可参考，此处不再赘述。

4. 部分力学性能指标的确定方法

木材为各向异性材料，其横纹抗拉强度很低，根据现行国家标准《木结构设计标准》(GB 50005—2017)中的第 4.3.13 条，结构用木材的横纹抗拉强度设计值可取其顺纹抗剪强度设计值的 1/3。

在木结构计算分析中，对于木材应力应变本构关系曲线：顺纹受压时，可采用理想弹塑性模型；顺纹受拉时，采用线弹性模型。对于木材的剪切模量、横纹弹性模量和滚剪性能指标等不常用的参数，一般可利用其与常用指标之间的经验关系式来近似获取，具体如下：

① 结构用木材的横纹弹性模量平均值可取为其顺纹弹性模量平均值的 1/22；

② 结构用木材的顺纹剪切模量可取为其顺纹弹性模量的 1/16；

③ 结构用木材的滚剪模量可取为其顺纹剪切模量的 1/10；

④ 结构用木材的滚剪强度可取为其顺纹抗剪强度的 1/4～1/3，具体也可参考现行国家标准《木结构设计标准》(GB 50005—2017)中 G.0.6 条的相关规定。

3.2.2 构件设计要点

木结构构件主要承受拉、压、弯和剪等作用，由于这些受力情形大多为顺木纹方向的，因此在多数情况下，是对顺木纹力学性能的设计，现行国家标准《木结构设计标准》(GB 50005—2017)中的第 5 章内容分别给出了轴心受拉和轴心受压构件、受弯构件、拉弯和压弯构件的设计方法。相对而言，此类构件设计较为简单，在此不做赘述。

木构件在设计过程中，尤其需要注意横纹受力设计和构件防火设计，其中的防火设计将在本书 4.2 节详细阐述，所以本节仅针对横纹受力设计问题进行阐述，包括横纹受拉和横纹承压两类情形。

1. 横纹受拉

由本书 3.2.1 节内容可知，木材的横纹抗拉强度设计值约为其顺纹抗剪强度设计值的 1/3。对于一般的层板胶合木而言，其横纹抗拉强度设计值通常低于 0.8 MPa。

图 3.2 给出了木构件中几种典型的出现横纹拉应力的情形，其中图 3.2(a)是以曲梁为代表的异形受弯构件在受弯时，截面中由于径向内力的存在而出现横纹拉应力，此类构件的设计将在本书 3.2.3 节详述。

木梁出于设备管线或建筑构造等的开孔或切口位置，其孔洞部位存在的应力集中将产生横纹拉应力[图 3.2(b)和图 3.2(c)]；类似的，图 3.2(d)～(f)主要是木梁连接部位由于连接紧固件开孔而产生复杂受力状态或/和应力集中问题，从而产生横纹拉应力的情形。图 3.2(b)～(f)所示的情形可通过构造措施减小或避免横纹拉应力的产生，也可通过采用自攻螺钉增强或其他增强措施来提高其横纹受拉承载力，此类问题不是本书的重点，暂不做介绍。

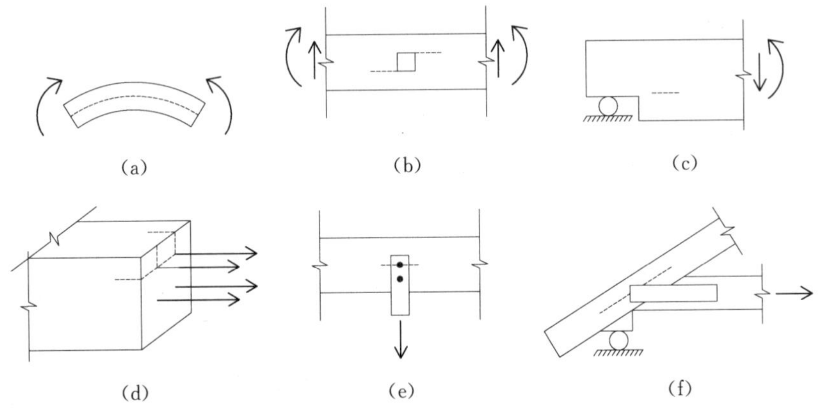
(a) (b) (c)
(d) (e) (f)

图 3.2 承受横纹拉应力的木构件

2. 横纹承压

木材的横纹承压情形普遍存在于木结构中，如轻型木结构的地梁板和顶梁板[图 3.3(a)]、正交胶合木结构中的 CLT 楼板[图 3.3(b)]和木梁支座等部位。

木材的横纹承压类型一般可分为三种：全表面横纹承压、构件端部承压[图 3.4(a)]和构件中间承压[图 3.4(b)]。在这三类横纹承压情形中，由于木材纤维及微观管束结构所起到的约束作用不同，其横纹承压强度也不同。一般而言，构件中间承压强度>构件端部承压强度>全表面横纹承压强度。胶合木相对于方木和原木，相应的横纹承压强度值较高。方木和原木以及层板胶合木的横纹承压强度设计值可分别查询现行国家标准《木结构设计标准》(GB 50005—2017)的表 4.3.1-3 和表 4.3.6-5 获得，结构用木材的局部横纹承压强度设计值约为其顺纹抗压强度设计值的 1/5～1/3。

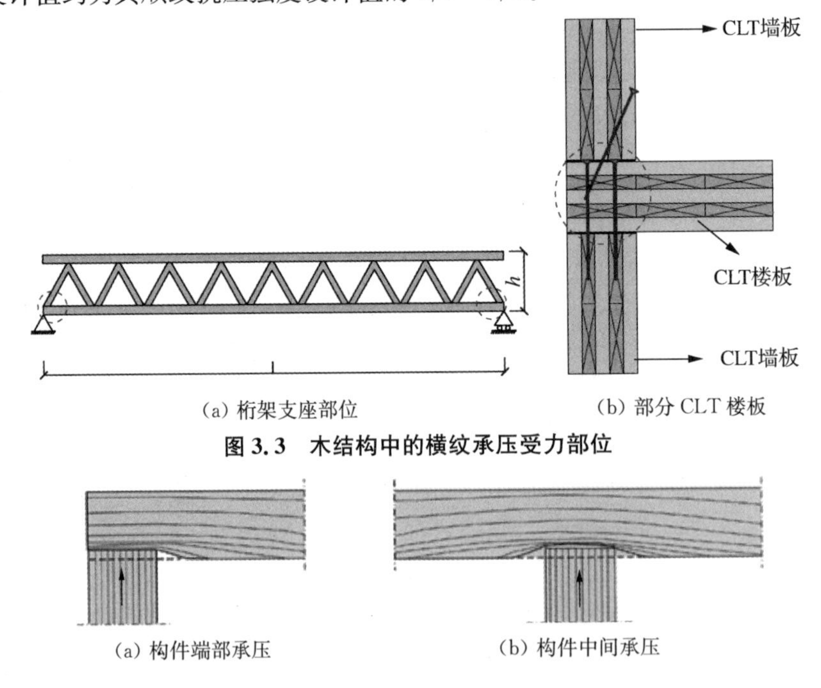

(a) 桁架支座部位　(b) 部分 CLT 楼板

图 3.3 木结构中的横纹承压受力部位

(a) 构件端部承压　(b) 构件中间承压

图 3.4 局部横纹承压类型

3.2.3　异形受弯构件设计

木结构构件由于其加工的便捷性，往往在构件截面和外形上具有相当的灵活性，从而会遇到异形构件设计问题，这类构件大多为异形受弯构件，此类异形构件的体系特点和应用场合在本指南7.1节有详细介绍，此处不做赘述。本节内容主要阐述异形受弯构件的类型及其设计方法。

1. 异形受弯构件的类型

本书所述的异形受弯构件可分为曲线形和变截面直线形的胶合木受弯构件。变截面直线形受弯构件主要包括单坡和对称双坡形式[图3.5(a)和图3.5(b)]，曲线形受弯构件主要包括等截面和变截面形式[图3.5(c)和图3.5(d)]。

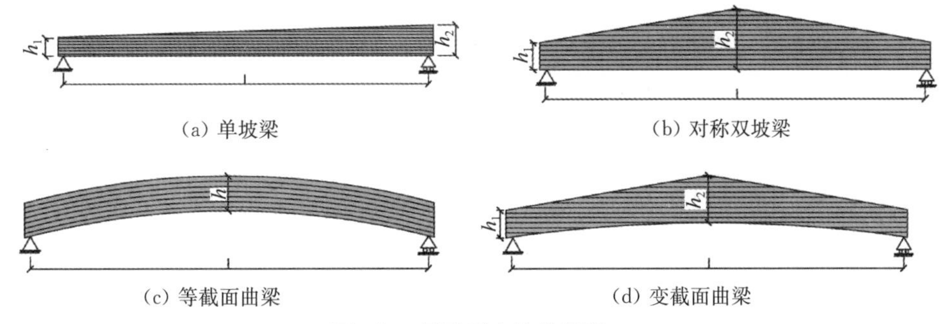

图3.5　异形受弯构件类型

异形受弯构件的受力特点和设计中需要注意的问题：

① 变截面受弯构件(单坡梁、对称双坡梁和变截面曲梁)的最大弯曲应力并非在跨中部位且沿截面高度为非线性分布，中性轴并非截面的形心轴，剪应力沿截面高度的分布不是抛物线形状；

② 曲梁和对称双坡梁在跨中区域存在横纹拉应力；

③ 变截面直梁(单坡梁和对称双坡梁)的抗弯强度尚需在本书3.2.1节所述调整的基础上再折减，从而考虑不同内力的组合效应；

④ 曲梁的抗弯强度尚需在本书3.2.1节所述调整的基础上再折减，从而考虑层板的弯曲引起的强度降低。

图3.6给出了变截面直梁中的弯曲正应力、剪应力和横纹拉应力分布示意图。图3.7给出了曲梁在恒定弯矩作用下横纹拉应力示意图，图中为了简化分析，假定截面正应力为线性分布。由图3.7(a)可知：曲梁中的弯曲应力在垂直于木纹的方向产生了径向应力，即横纹拉应力，且横纹拉应力与木梁曲率直接相关；图3.7(b)则给出了曲梁顶部区域的横纹拉应力沿截面高度的分布情况。

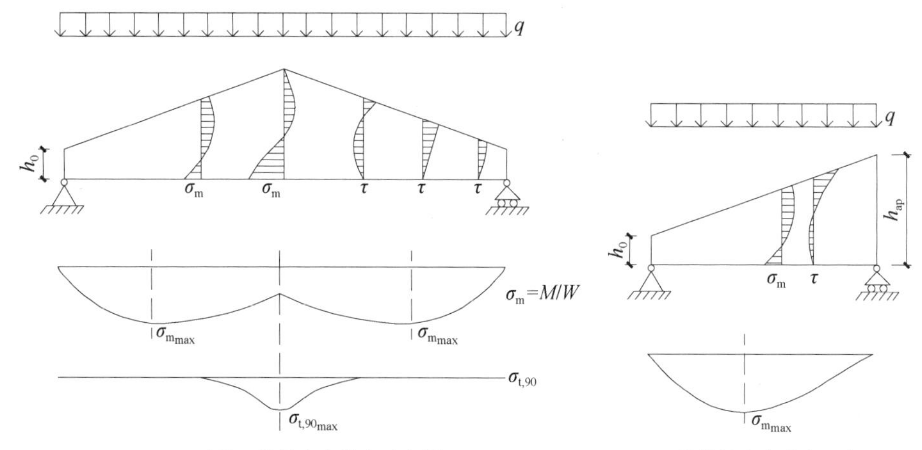

(a) 对称双坡梁应力分布示意图 (b) 单坡梁应力分布示意图

图 3.6 变截面直梁中的弯曲正应力(σ_m)、剪应力(τ)和横纹拉应力($\sigma_{t,90}$)分布

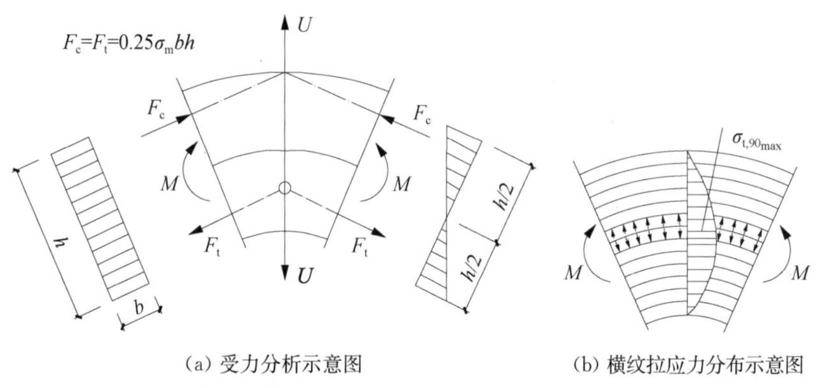

(a) 受力分析示意图 (b) 横纹拉应力分布示意图

图 3.7 曲梁顶部区域在恒定弯矩作用下横纹拉应力示意图

2. 变截面直线形受弯构件设计

变截面直线形受弯构件的设计主要依据现行国家标准《胶合木结构技术规范》(GB/T 50708—2012)进行，设计内容主要包括抗弯承载力、抗剪承载力、横纹抗压承载力、横纹抗拉承载力和变形的计算或复核。

需要指出的是，变截面直梁(单坡梁和对称双坡梁)由于弯曲、压力、拉力及剪力的相互作用效应，其抗弯强度会降低，因此其抗弯强度尚需在本书 3.2.1 节所述强度调整的基础上再进行折减[本书公式(3.5)已反映了强度的折减]。根据现行国家标准《胶合木结构技术规范》(GB/T 50708—2012)的第 5.2.3 条，此处的相互作用调整系数 k_i 的计算公式如下：

$$k_i=\frac{1}{\sqrt{1+\left(\frac{f_m\tan^2\theta_T}{f_v}\right)^2+\left(\frac{f_m\tan^2\theta_T}{f_{c,90}}\right)^2}} \tag{3.2}$$

式中：f_m——木材抗弯强度设计值(N/mm²)；

$f_{c,90}$——木材横纹承压强度设计值(N/mm²)；

f_v——木材抗剪强度设计值(N/mm²)；

θ_T——构件斜面与水平面的夹角(°)，可参照图 3.6。

(1) 均布荷载作用下的常规承载力验算

① 最大弯曲应力处离截面高度较小一端的距离 z 为：

$$z=\frac{1}{2h_a+l\tan\theta_T}h_a \tag{3.3}$$

最大弯曲应力处截面的高度可按下式计算：

$$h_z=2h_a\frac{h_a+l\tan\theta_T}{2h_a+l\tan\theta_T} \tag{3.4}$$

最大弯曲应力处抗弯承载能力按下列公式进行验算：

$$\sigma_m\leqslant\varphi_l k_i f_m \tag{3.5}$$

$$\sigma_m=\frac{3ql^2}{4bh_a(h_a+l\tan\theta_T)} \tag{3.6}$$

式中：σ_m——最大弯曲应力处的弯曲应力值(N/mm^2)；

b——构件的截面宽度(mm)；

h_a——构件最小端的截面高度(mm)；

l——构件跨度(mm)；

θ_T——构件斜面与水平面的夹角(°)；

q——均布荷载设计值(N/mm)；

f_m——胶合木抗弯强度设计值(N/mm^2)；

k_i——变截面直线受弯构件设计强度相互作用调整系数，根据现行国家标准《胶合木结构技术规范》(GB/T 50708—2012)的第 5.2.3 条规定采用；

φ_l——受弯构件的侧向稳定系数，根据现行国家标准《胶合木结构技术规范》(GB/T 50708—2012)的第 5.1.4 条规定采用。

② 最大弯曲应力处顺纹抗剪承载能力应按下式验算：

$$\sigma_m\tan\theta_T\leqslant f_v \tag{3.7}$$

式中：f_v——木材抗剪强度设计值(N/mm^2)。

③ 支座处顺纹抗剪承载能力应按现行国家标准《胶合木结构技术规范》(GB/T 50708—2012)第 5.1.5 条规定进行验算；截面尺寸取支座处构件的截面尺寸。

④ 最大弯曲应力处横纹受压承载能力应按下式验算：

$$\sigma_m\tan^2\theta_T\leqslant f_{c,90} \tag{3.8}$$

式中：$f_{c,90}$——胶合木横纹承压强度设计值(N/mm^2)。

(2) 单个集中荷载作用下的常规承载力验算

① 当集中荷载作用处截面高度大于最小端截面高度的 2 倍时，最大弯曲应力作用点位于截面高度为最小端截面高度的 2 倍处，即最大弯曲应力处离截面高度较小一端的距离 $z=h_a/\tan\theta_T$；

② 当集中荷载作用处截面高度小于或等于最小端截面高度的 2 倍时，最大弯曲应力作用点位于集中荷载作用处；

③ 最大弯曲应力处抗弯承载能力应按公式(3.5)进行验算，其中，$\sigma_m = 6M/(bh_z^2)$，为最大弯曲应力处的弯曲应力值(N/mm²)，M 为最大弯矩设计值(N·mm)；

④ 最大弯曲应力处顺纹抗剪承载能力和横纹受压承载能力应按式(3.7)和式(3.8)进行验算。支座处顺纹抗剪承载能力应按现行国家标准《胶合木结构技术规范》(GB/T 50708—2012)第 5.1.5 条规定进行验算，截面尺寸取支座处构件的截面尺寸。

(3) 对称双坡梁的径向承载力验算

对称双坡梁除了承受常规的弯矩和剪力等之外，在跨中区域还存在径向拉力(如图 3.6 和图 3.7 所示)。径向承载力验算公式如下：

$$K_r C_r \frac{6M}{bh_b^2} \leqslant f_{rt} \tag{3.9}$$

$$K_r = A + B\frac{h_b}{R_m} + C\left(\frac{h_b}{R_m}\right)^2 \tag{3.10}$$

$$C_r = \alpha + \beta\frac{h_b}{R_m} \tag{3.11}$$

式中：K_r——径向应力系数，公式中 A、B、C 系数由表 3.4 确定；

C_r——构件形状折减系数；集中荷载作用时按表 3.5 确定；均布荷载作用时，公式中 α、β 系数由表 3.6 确定；

M——跨中弯矩设计值(N·mm)；

b——构件的截面宽度(mm)；

h_b——构件在跨中的截面高度；

R_m——构件中心线处的曲率半径(mm)；

f_{rt}——胶合木材径向抗拉强度设计值(N/mm²)，可取为胶合木顺纹抗剪强度设计值 f_v 的 1/3。

表 3.4　系数 *A*、*B*、*C* 取值表

构件上部斜面夹角 θ_T(°)	系数		
	A	B	C
2.5	0.007 9	0.174 7	0.128 4
5.0	0.017 4	0.125 1	0.193 9
7.5	0.027 9	0.093 7	0.216 2
10.0	0.039 1	0.0754	0.211 9
15.0	0.062 9	0.061 9	0.172 2
20.0	0.089 3	0.060 8	0.139 3

续表

构件上部斜面夹角 θ_T(°)	系数		
	A	B	C
25.0	0.121 4	0.060 5	0.123 8
30.0	0.164 9	0.060 3	0.111 5
注:对于中间角度,系数可以采用中间插值法确定。			

表 3.5 集中荷载作用下变截面弯曲构件的形状折减系数 C_r

对于三分点上相同的集中荷载		对于跨中集中荷载	
l/l_c	C_r值	l/l_c	C_r值
任何值	1.05	1.0	0.75
		2.0	0.80
		3.0	0.85
		4.0	0.90
注:1. l/l_c为其他值时,C_r值可以通过线性插入的方法得到; 2. 表中 l_c为构件曲线段跨度,l 为构件全长跨度。			

表 3.6 均布荷载作用下对称变截面弯曲构件的形状折减系数计算取值表

屋面坡度	l/l_c	α	β
2∶12	1	0.44	−0.55
	2	0.68	−0.65
	3	0.82	−0.70
	4	0.89	−0.68
	≥8	1.00	0.00
3∶12	1	0.62	−0.85
	2	0.82	−0.87
	3	0.94	−0.83
	4	0.98	−0.63
	≥8	1.00	0.00
4∶12	1	0.71	−0.87
	2	0.88	−0.82
	3	0.97	−0.82
	4	1.00	−0.23
	≥8	1.00	0.00

续表

屋面坡度	l/l_c	α	β
5∶12	1	0.79	−0.88
	2	0.95	−0.78
	3	0.98	−0.68
	4	1.00	0.00
	≥8	1.00	0.00
6∶12	1	0.85	−0.88
	2	1.00	−0.73
	3	1.00	−0.43
	4	1.00	0.00
	≥8	1.00	0.00
注：1. l/l_c为其他值时，α和β值可以通过线性插入的方法得到； 2. 表中l_c为构件曲线段跨度，l为构件全长跨度。			

(4) 变形验算

单坡或对称双坡变截面矩形受弯构件的挠度ω_m可根据变截面构件的等效截面高度，按等截面直线形构件计算。

① 均布荷载作用下，等效截面高度h_c应按下式计算：

$$h_c = k_c h_a \tag{3.12}$$

式中：h_c——等效截面高度；

h_a——较小端截面高度；

k_c——截面高度折算系数，按表3.7确定。

表3.7 均布荷载作用下变截面梁截面高度折算系数k_c取值

对称双坡变截面梁		单坡变截面梁	
当$0<C_h\leqslant1$时	当$1<C_h\leqslant3$时	当$0<C_h\leqslant1.1$时	当$1.1<C_h\leqslant2$时
$k_c=1+0.66C_h$	$k_c=1+0.62C_h$	$k_c=1+0.46C_h$	$k_c=1+0.43C_h$
注：表中$C_h=(h_b-h_a)/h_a$；h_b为最高截面高度；h_a为最小端的截面高度。			

② 集中荷载或其他荷载作用下，构件的挠度应按线弹性材料力学方法确定。

3. 胶合木曲梁的设计

如前所述，胶合木曲梁包括等截面曲梁和变截面曲梁。由于层板曲率越大，其加工时产生的内应力越大，从而导致曲梁强度的降低，因此，现行国家标准《胶合木结构技术规范》(GB/T 50708—2012)第5.3节内容规定曲线形受弯构件曲率半径R应大于$125t$(t为层板厚度)。

(1) 胶合木曲梁的常规承载力验算

① 对于等截面曲线形受弯构件，其抗弯承载能力应按下式验算：

$$\frac{6M}{bh^2} \leqslant k_r f_m \tag{3.13}$$

$$k_r = 1 - 2\,000\left(\frac{t}{R}\right)^2 \tag{3.14}$$

式中：f_m——胶合木的抗弯强度设计值(N/mm²)；

M——受弯构件弯矩设计值(N·mm)；

b——构件的截面宽度(mm)；

h——构件的截面高度(mm)；

k_r——胶合木曲线形构件强度修正系数，按现行国家标准《胶合木结构技术规范》(GB/T 50708—2012)第4.2.1条取值；

R——胶合木曲线形构件内边的曲率半径(mm)；

t——胶合木曲线形构件每层木板的厚度(mm)。

② 对于变截面曲线形受弯构件(图3.8)，抗弯承载能力的验算中，针对变截面直线部分，应按现行国家标准《胶合木结构技术规范》(GB/T 50708—2012)第5.2节(也就是本指南前述的"变截面直线形受弯构件设计"部分内容)的规定验算。曲线部分应按下列公式验算：

$$K_\theta \frac{6M}{bh_b^2} \leqslant \varphi_l k_r f_m \tag{3.15}$$

$$K_\theta = D + H\frac{h_b}{R_m} + F\left(\frac{h_b}{R_m}\right)^2 \tag{3.16}$$

式中：M——曲线部分跨中弯矩设计值(N·mm)；

b——构件的截面宽度(mm)；

h_b——构件在跨中的截面高度(mm)；

φ_l——受弯构件的侧向稳定系数；

K_θ——几何调整系数；式中，D、H 和 F 为系数，应按表3.8确定；

R_m——构件中心线处的曲率半径；

f_m——胶合木的抗弯强度设计值(N/mm²)。

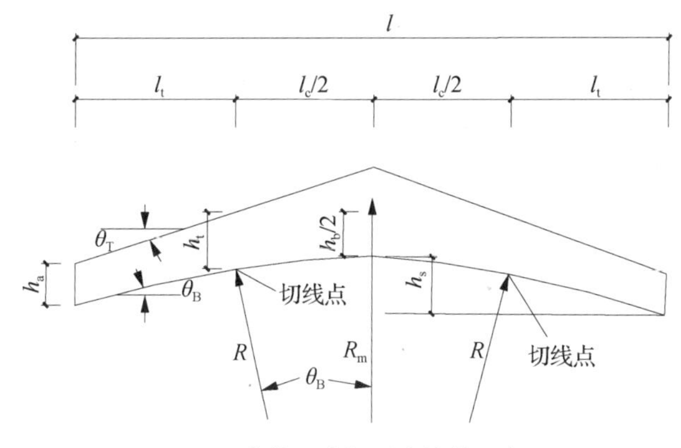

图 3.8 变截面曲梁受弯构件示意图

表 3.8 D、H 和 F 系数取值表

构件上部斜面夹角 θ_T(°)	D	H	F
2.5	1.042	4.247	−6.201
5.0	1.149	2.036	−1.825
10.0	1.330	0.0	0.927
15.0	1.738	0.0	0.0
20.0	1.961	0.0	0.0
25.0	2.625	−2.829	3.538
30.0	3.062	−2.594	2.440
注：对于中间的角度，可采取插值法得到 D、E 和 F 值。			

③ 曲线形矩形截面受弯构件的抗剪承载能力应按下式验算：

$$\frac{3V}{2bh_a}\leqslant f_v \tag{3.17}$$

式中：f_v——胶合木的顺纹抗剪强度设计值(N/mm^2)；

V——受弯构件端部剪力设计值(N)；

b——构件的截面宽度(mm)；

h_a——构件在端部的截面高度(mm)。

(2) 胶合木曲梁的径向承载力验算

① 等截面曲线形受弯构件的径向承载能力按下式验算：

$$\frac{3M}{2R_m bh}\leqslant f_r \tag{3.18}$$

式中：M——跨中弯矩设计值(N·mm)；

b——构件的截面宽度(mm)；

h——构件的截面高度(mm)；

R_m——构件中心线处的曲率半径(mm)；

f_r——胶合木材径向抗拉(f_{rt})或径向抗压(f_{rc})强度设计值。其中，f_{rt} 可取为胶合木顺纹抗剪强度设计值 f_v 的 1/3；f_{rc} 可取为胶合木横纹抗压强度设计值 $f_{c,90}$。

② 变截面曲梁的径向承载力验算类似于对称双坡梁，可直接参考对称双坡梁的径向承载力验算。

(3) 胶合木曲梁的变形验算

当胶合木曲梁受均布荷载作用时，跨中的挠度应按下列公式进行验算：

$$w_c=\frac{5q_k l^4}{32Eb(h_{eq})^3} \tag{3.19}$$

$$h_{eq}=(h_a+h_b)(0.5+0.735\tan\theta_T)-1.41h_b\tan\theta_B \tag{3.20}$$

式中：w_c——构件跨中挠度(mm)；

q_k——均布荷载标准值(N/mm)；

l——跨度(mm)；

E ——弹性模量；

b——构件的截面宽度(mm)；

h_b——构件在跨中的截面高度(mm)；

h_a——构件在端部的截面高度(mm)；

θ_B——底部斜角度数(°)；

θ_T——顶部斜角度数(°)。

支座处的水平滑移量应按下式进行验算：

$$\Delta_H = \frac{2h\omega_c}{l} \tag{3.21}$$

$$h = h_m - \frac{h_b}{2} - \frac{h_a}{2} \tag{3.22}$$

$$h_m = \frac{l}{2}\tan\theta_T + h_a \tag{3.23}$$

式中：Δ_H——构件支座水平位移(mm)；

h_b——构件在跨中的截面高度(mm)；

h_a——构件在端部的截面高度(mm)；

θ_T——顶部斜角度数(°)。

3.2.4 正交胶合木构件设计

正交胶合木结构是以正交胶合木为主要材料与构件的板式结构，本指南 6.1.3 对此类结构体系做了具体介绍。由于正交胶合木尚无成熟的强度指标标准体系，所以当进行其构件设计时，可根据层板材料的强度指标来推算整个构件的承载力指标。需要注意的是，根据其受力特点，正交胶合木构件的应力和有效刚度只考虑顺纹方向层板的贡献。

正交胶合木构件的强度设计值主要取决于其外侧层板，具体可结合现行国家标准《木结构设计标准》(GB 50005—2017)中的第 4 章和附录 D 中的规定来确定。此外，正交胶合木外侧层板的抗弯强度设计值还应在上述基础上乘以组合系数 k_c，组合系数 k_c(不应大于 1.2)的计算公式如下：

$$k_c = 1 + 0.025n \tag{3.24}$$

1. 抗弯刚度计算

正交胶合木构件的有效抗弯刚度 EI_{CLT} 按下式计算：

$$EI_{CLT} = \sum_{i=1}^{n_l}(E_i I_i + E_i A_i e_i^2) \tag{3.25}$$

$$I_i = \frac{bt_i^3}{12} \tag{3.26}$$

$$A_i = bt_i \tag{3.27}$$

式中：n——最外侧层板并排配置的层板数量；

E_i——参加计算的第 i 层顺纹层板的弹性模量（N/mm^2）；

I_i——参加计算的第 i 层顺纹层板的截面惯性矩（mm^4）；

A_i——参加计算的第 i 层顺纹层板的截面面积（mm^2）；

b——构件的截面宽度（mm）；

t_i——参加计算的第 i 层顺纹层板的截面高度（mm）；

n_l——参加计算的顺纹层板的层数；

e_i——参加计算的第 i 层顺纹层板的重心至截面重心的距离（图 3.9）。

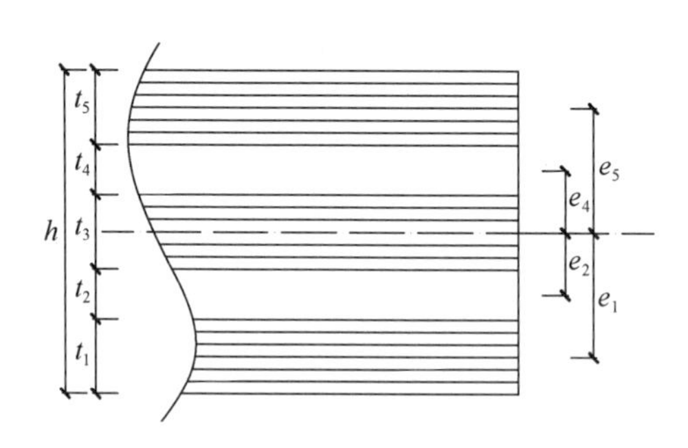

图 3.9　正交胶合木截面计算示意图

2. 抗弯承载力计算

当正交胶合木受弯构件的跨度大于构件截面高度的 10 倍时，构件的受弯承载能力应按下式验算：

$$\frac{ME_l h}{2EI_{\mathrm{CLT}}} \leqslant f_{\mathrm{m}} \tag{3.28}$$

式中：E_l——最外侧顺纹层板的弹性模量（N/mm^2）；

f_{m}——最外侧层板的平置抗弯强度设计值（N/mm^2）；

M——受弯构件弯矩设计值（N·mm）；

EI_{CLT}——构件的有效抗弯刚度（$N \cdot mm^2$）；

h——构件的截面高度（mm）。

3. 滚剪承载力验算

正交胶合木受弯构件应按下列公式验算构件的滚剪承载能力（图 3.10）：

$$\frac{V \cdot \Delta S}{I_{\mathrm{ef}} b} \leqslant f_{\mathrm{rs}} \tag{3.29}$$

$$\Delta S = \frac{\sum_{i=1}^{\frac{n_l}{2}} (E_i b t_i e_i)}{E_0} \tag{3.30}$$

$$I_{\mathrm{ef}} = \frac{EI_{\mathrm{CLT}}}{E_0} \tag{3.31}$$

$$E_0=\frac{\sum_{i=1}^{n_l}bt_iE_i}{A} \tag{3.32}$$

式中：V——受弯构件剪力设计值(N)；

b——构件的截面宽度(mm)；

n_l——参加计算的顺纹层板层数；

E_0——构件的有效弹性模量(N/mm^2)；

f_{rs}——木材的滚剪强度设计值(N/mm^2)；

A——参加计算的各层顺纹层板的截面总面积(mm^2)；

$n_l/2$——表示仅计算构件截面对称轴以上部分或对称轴以下部分。

当构件施加的胶合压力不小于 0.3 N/mm^2，构件截面宽度不小于 4 倍高度，并且层板上无开槽时，滚剪强度设计值 f_{rs}应取最外侧层板的顺纹抗剪强度设计值的 0.38 倍；当不满足上述条件，且构件施加的胶合压力大于 0.07 N/mm^2时，滚剪强度设计值 f_{rs}应取最外侧层板的顺纹抗剪强度设计值的 0.22 倍。

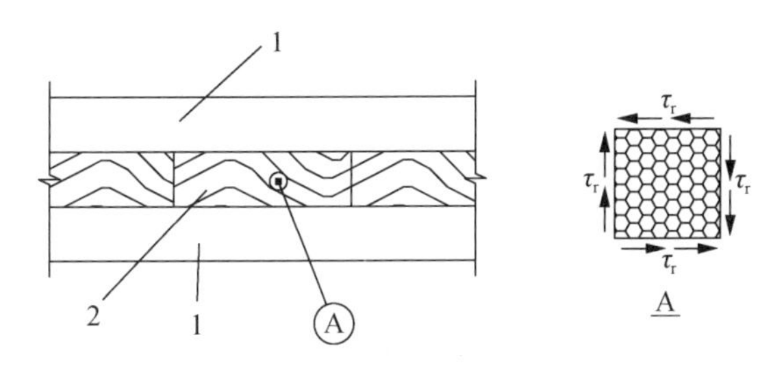

1—顺纹层板；2—横纹层板；τ_r—顺纹层板剪力

图 3.10 滚动剪切示意图

4. 挠度验算

承受均布荷载的正交胶合木受弯构件的挠度应按下式计算：

$$w=\frac{5qbl^4}{384EI_{CLT}} \tag{3.33}$$

式中：q——受弯构件单位面积上承受的均布荷载设计值(N/mm^2)；

b—构件的截面宽度(mm)；

l——受弯构件计算跨度(mm)；

EI_{CLT}——构件的有效抗弯刚度($N\cdot mm^2$)。

3.2.5 增强型受弯木构件设计

木构件受弯时，截面受拉侧的木节、斜纹、机械接头削弱等缺陷对其力学性能有显著影响，往往使材料抗弯强度设计值偏低；另一方面，受弯木构件长期持荷时蠕变变形显著，对该变形的限制也常成为设计控制因素。以上两方面均导致木材一般得不到充分利用。为此，从 20 世纪 40 年代开始，研究人员就开始了木梁增强方法（本指南特指顺木纹方向的增强)的探索,并取得了良好的效果。增强型木梁通常具有如下优点:① 较高的承载力、刚度及延性性能;② 明显降低的蠕变变形;③ 强度变异性减小,设计指标可相应适当提高。利用增强木梁的上述优势,可以实现减小构件尺寸、降低自重、节约木材的效果。

1. 增强型木梁的分类

增强型木梁可根据所用增强材料、增强机理等进行分类。按增强材料的形状或设置形式来分,可分为钢筋/FRP筋增强木梁、竖嵌钢板/FRP板增强木梁和平铺钢板/FRP板增强木梁(图3.11)。按增强材料来分,增强型木梁可分为两大类:① 金属材料增强木梁,包括钢筋、钢绞线、钢板或铝板等;② 纤维增强复合材料(fiber reinforced plastics/polymer,简称FRP)增强木梁,包括FRP筋、FRP板和FRP布等。根据增强机理的不同,增强型木梁可分为传统的增强型木梁和预应力增强木梁。

(a) 钢筋/FRP筋增强木梁

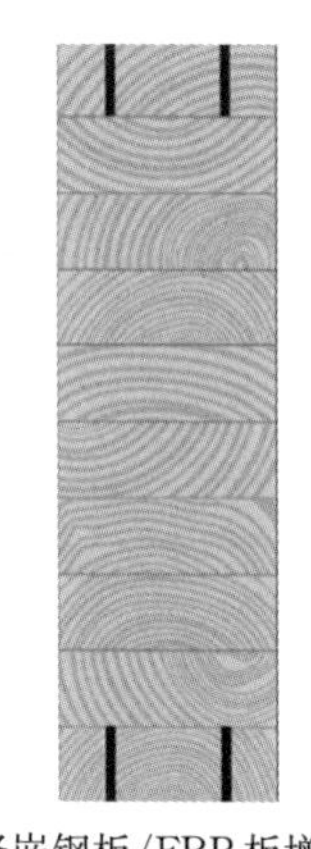
(b) 竖嵌钢板/FRP板增强木梁

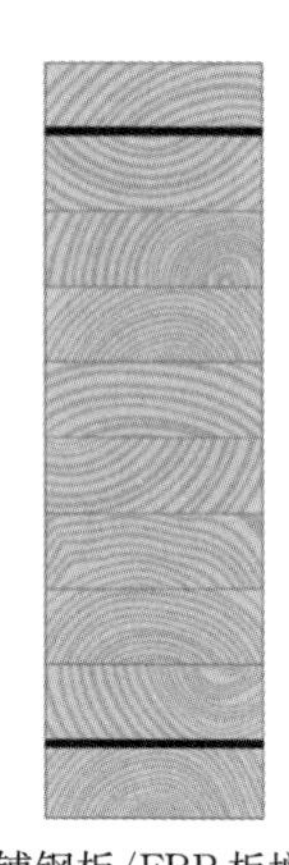
(c) 平铺钢板/FRP板增强木梁

图3.11 增强木梁的截面形式

2. 增强型木梁的力学计算模型

下面以传统的增强型木梁为对象,对其力学计算模型和结构性能等进行详细阐述。

增强型木梁在计算过程中,通常做如下假定:

① 胶层黏结完好,层间无滑移;

② 构件横截面应变呈线性分布,即构件符合平截面假定;

③ 不考虑木质材料的各向异性性能对受弯性能的影响;

④ 木材受拉时表现为线弹性;受压时表现为弹塑性,采用双折线模型,即受压应力应变曲线开始时上升,达到最大值后下降(图3.12(a));

⑤钢材为理想弹塑性材料(图3.12(b)),且断面应力分布均匀;

⑥ FRP为线弹性材料(图3.12(c)),且沿厚度方向应力均匀。

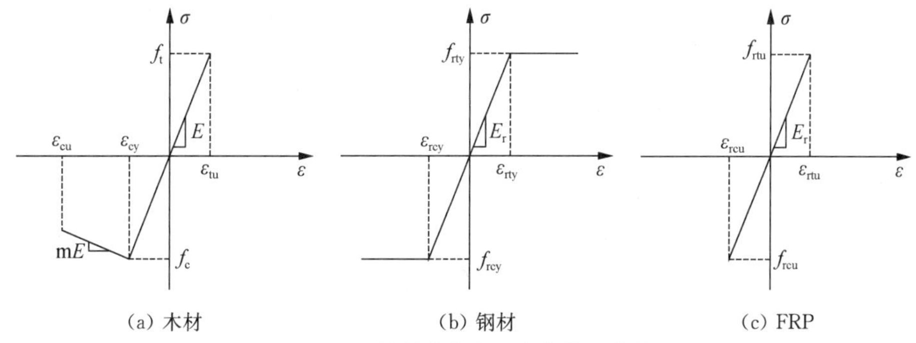

(a) 木材 (b) 钢材 (c) FRP

图 3.12 材料的应力—应变关系曲线

基于上述计算假定,建立传统增强型木梁的力学计算模型如图 3.13 所示。

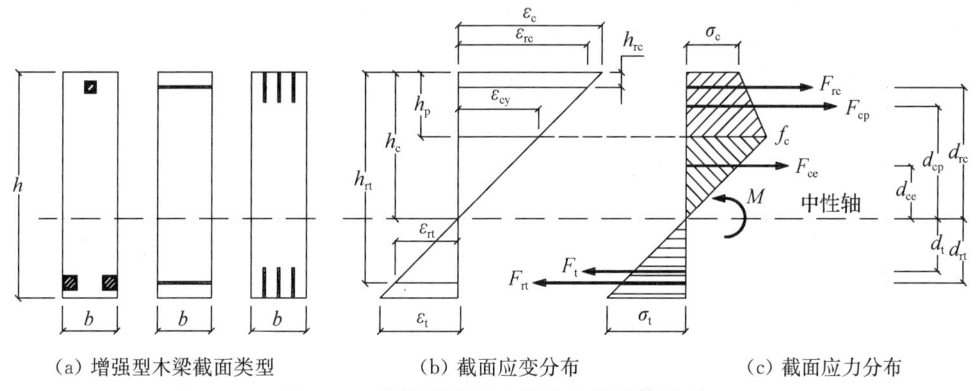

(a) 增强型木梁截面类型 (b) 截面应变分布 (c) 截面应力分布

图 3.13 传统增强型木梁的力学计算模型

图 3.13 中,b 为木梁宽度(mm),d_{ce} 和 d_{cp} 分别为木梁弹性受压区合力与塑性受压区合力到中性轴的距离(mm),d_{rc} 和 d_{rt} 分别为木梁受压区配筋合力与受拉区配筋合力到中性轴的距离(mm),d_t 为木梁受拉区合力到中性轴的距离(mm),h 为木梁高度(mm),h_c 为木梁受压区边缘到中性轴的距离(mm),h_p 为木梁塑性受压区高度(mm),h_{rt} 为木梁受拉区配筋形心到木梁受压区边缘的距离(mm),ε_c 为木梁受压区边缘的压应变(无量纲参数),ε_{cy} 为木材的屈服压应变(无量纲参数),ε_{rc} 为受压区增强材料的压应变(无量纲参数),ε_{rt} 为受拉区增强材料的拉应变(无量纲参数),ε_t 为受拉区边缘木材的拉应变(无量纲参数),σ_c 为木梁受压区边缘的压应力(N/mm^2),f_c 为木材顺纹抗压强度设计值(N/mm^2),F_{ce} 和 F_{cp} 分别为木梁弹性受压区合力与塑性受压区合力(N),F_{rc} 和 F_{rt} 分别为受压区配筋轴力和受拉区配筋轴力(N),F_t 为木梁受拉区合力(N),M 为木梁承受的外部作用弯矩(N・mm)。

现有的针对增强型木梁的大多研究表明,由于受拉区增强材料的存在,受拉区木材在破坏时的拉应变将会显著提高,增强材料配筋率适当时,提高幅度可达 30%~50%,因此在设计时可考虑一个木材拉应变提高系数 α_m,此处建议偏于保守地取 $\alpha_m=1.25$。此外,根据国内外大量试验研究发现,木材的极限压应变 ε_{cu} 一般可取 1.2%。

传统增强型木梁的受弯破坏模式一般分为两大类:

第一类破坏模式:脆性的受拉破坏[图 3.14(a)]。一般发生在配筋率不足的情形中,此时木梁受压区木材的强度未得以充分发挥，木梁受拉区木材过早达到极限拉应变而破坏，此类破坏比较突然。

第二类破坏模式：延性的受压破坏（图 3.14(b)）。一般发生在配筋率足够的情形中，此种情形下，由于受拉区增强材料承担了很大一部分拉力，使得木梁受压区木材的强度得到充分的发挥，最终木梁受压区木材出现压屈破坏，木材压应变较大，破坏有明显征兆。

(a) 脆性的受拉破坏

(b) 延性的受压破坏

图 3.14　传统增强型木梁的破坏模式

3. 传统增强型木梁的极限承载力

传统增强型木梁的极限承载力可分别按照受拉破坏和受压破坏两种情形进行承载力计算，然后取两者中较小数值即为其极限承载力。下面分别对两种情形进行介绍：

(1) 受拉破坏时的承载力

此种情形下，已知条件为木梁受拉区边缘木材达到极限拉应变。此外，根据前述分析，木梁受拉区边缘木材的拉应变由于增强材料的存在将有所提高，木材拉应变提高系数 α_m 保守地取 1.25。因此，木梁受拉区边缘木材的拉应变 $\varepsilon_t=\alpha_m\varepsilon_{tu}=1.25\varepsilon_{tu}$，其中 ε_{tu} 为木材的极限拉应变，基于此，图 3.13(b) 中所示的其他应变值均可通过几何关系求得，进而可再根据物理方程求得图 3.13(c) 中的截面应力值和截面各部分承担的轴向力；再根据力学平衡条件求得中性轴位置，最终即可得到受拉破坏时木梁的极限承载力 M_{tf} 为：

$$M_{tf}=F_{rc}d_{rc}+F_{wcp}d_{wcp}+F_{wce}d_{wce}+F_{wt}d_{wt}+F_{rt}d_{rt} \tag{3.34}$$

(2) 受压破坏时的承载力

此种情形下，已知条件为木梁受压区边缘木材达到极限压应变，即前述 $\varepsilon_{cu}=1.2\%$，基于与受拉破坏情形相同的分析思路，最终得到受压破坏时木梁的极限承载力 M_{cf} 为：

$$M_{cf}=F_{rc}d_{rc}+F_{wcp}d_{wcp}+F_{wce}d_{wce}+F_{wt}d_{wt}+F_{rt}d_{rt} \tag{3.35}$$

综合上述两种破坏情形，传统增强型木梁的极限承载力 M_u 为：

$$M_u=\min\{M_{tf},M_{cf}\} \tag{3.36}$$

需要指出的是，对于受压区配筋，当其临近木材屈服后便局部失去了侧向支撑，或者当增强材料自身受压达到最大压应变后，其增强作用可视为失效，此处可以添加如下约束条件：

$$\varepsilon_{rc}=\begin{cases}0, & \text{对于理想弹塑性增强材料，当 }\varepsilon_{rc}\geqslant\varepsilon_{cy}\text{时}\\ 0, & \text{对于线弹性增强材料，当 }\varepsilon_{rc}\geqslant\min\{\varepsilon_{cy},\varepsilon_{rcu}\}\text{时}\\ \dfrac{h-h_{rc}}{h-h_{c}}\varepsilon_{t}, & \text{除上述两种情形的其他条件下}\end{cases} \tag{3.37}$$

(3) 抗弯刚度

传统增强型木梁的抗弯刚度可利用换算截面法计算求得，此处不做赘述。

4. 传统增强型木梁的界限破坏

一般来说，前述两种破坏模式存在一种转换关系，当满足特定条件时，增强型木梁的破坏模式会从一种类型转换为另一种类型，如果能够确定一种科学的方法来进行判定，对于指导科学研究和工程应用将有重要价值。基于对国内外大量试验研究的拟合分析，同时考虑到影响增强型木梁的主要参数，此处给出了拉、压界限破坏判定的经验公式：

$$\gamma_{M}=\alpha_{E}\rho+0.77\delta_{rt}+0.26\alpha_{m}k_{m}=1.3 \tag{3.38}$$

式中：γ_{M}——传统增强型木梁的配筋指数(无量纲参数)；

$\alpha_{E}=E_{r}/E$——增强材料与木材的弹性模量比(无量纲参数)；

$\rho=A_{rt}/A$——受拉区增强材料的配筋率(无量纲参数)；

$\delta_{rt}=h_{rt}/h$——受拉区增强材料的位置系数(无量纲参数，参照图3.13)；

$\alpha_{m}=1.25$——木材拉应变提高系数(无量纲参数)；

$k_{m}=f_{t}/f_{c}$——木材顺纹拉、压强度比(无量纲参数)。

当 $\gamma_{M}\geqslant1.3$ 时，增强型木梁将发生延性受压破坏；当 $\gamma_{M}<1.3$ 时，增强型木梁将发生脆性受拉破坏。

5. 传统增强型木梁的承载力提高系数

同样通过对国内外大量试验数据的拟合分析，可以得到传统增强型木梁相对于非增强木梁极限承载力和抗弯刚度的提高系数。具体如下：

$$k_{M}=\begin{cases}1.44\gamma_{M}-1.16, & \text{受拉破坏时}\\ 1.86\alpha_{E}\rho-0.57k_{c}+2.46, & \text{受压破坏时}\end{cases} \tag{3.39}$$

$$k_{EI}=2.87\alpha_{E}\rho_{t,c}\delta_{rt}^{3} \tag{3.40}$$

式中：k_{M}——增强型木梁的强度提高系数(无量纲参数)；

k_{c}——木材极限压应变与屈服压应变的比值(无量纲参数)，$k_{c}=\varepsilon_{cu}/\varepsilon_{cy}$；

k_{EI}——增强型木梁的刚度提高系数(无量纲参数)；

$\rho_{t,c}$——增强材料在受拉区和受压区的总配筋率(无量纲参数)。

上述经验型的提高系数可指导今后的增强型木梁科学研究和工程应用，也是设计人员对增强型木梁进行初步设计时的有益参考。

6. 预应力增强型木梁的计算方法

传统增强型木梁可显著提高木梁的极限承载力，但通常情况下，增强型木梁的设计还是取决于其刚度大小，增强型木梁在达到极限承载力之前，往往由于变形过大而达不到正常使用功能。因此，在前述传统增强型木梁的基础上，若对受拉区增强材料施加一定的预应力，使其在承受外部荷载作用之前，在预应力作用下先形成一个反拱，从而提高木梁的几何刚度，可很好地解决木梁的大变形问题，从而拓展其在大跨木结构中的应用领域。

对于有黏结预应力木梁，就其承载力计算而言，其计算方法及承载力大小与传统的增强型木梁并无区别，所以可参考本节前述内容，此处不加赘述。

3.2.6 木—混凝土组合构件设计

木—混凝土组合构件主要用作多高层木结构建筑的楼(屋)盖，以及桥梁结构的桥面系统，形成的木—混凝土组合结构体系可显著提高木结构楼盖或桥面的刚度和耐火性能，提高整体结构的抗侧性能，改善木结构的舒适性等。

1. 剪力连接件设计

(1) 界面连接类型及其性能特点

常见的连接类型包括销钉类连接、开口榫—螺钉连接和植钢板连接。各类连接件的典型构造如图 3.15 所示。

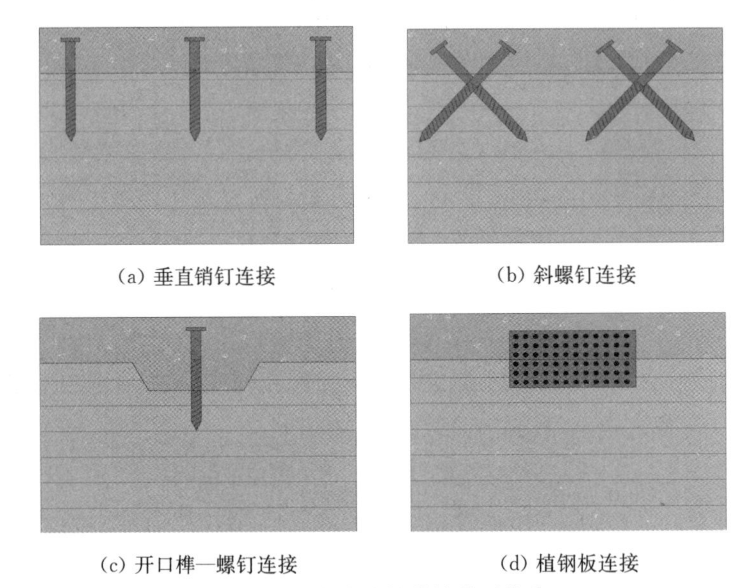

(a) 垂直销钉连接　(b) 斜螺钉连接

(c) 开口榫—螺钉连接　(d) 植钢板连接

图 3.15 各类连接件的典型构造

销钉连接加工简单、受力明确、延性较好，但其滑移刚度和承载力较低。常见的破坏模式一般为螺钉的屈服和木材的销槽承压破坏。由于其滑移刚度较低，组合梁构件采用销钉类连接时需密集布置以保证具有足够抗弯刚度和组合性能。将螺钉倾斜钉入木材形成斜螺钉连接可显著提高销钉类连接件的承载力和刚度，值得推广。

开口榫—螺钉连接由开口榫和螺钉共同承担界面剪力，开口形式主要分为垂直开口和斜面开口。垂直开口的榫—钉连接即矩形榫—螺钉连接，具有承载力高、滑移刚度大的特点，但是破坏模式多为木材或混凝土的剪切破坏，延性较差。斜面开口的榫—钉中开口榫多为三角榫、梯形榫。这类榫—钉连接的刚度略差且易出现混凝土榫从木材凹口中滑出，在木—混凝土组合梁构件中易导致木梁与混凝土板之间的分离，但其延性明显提高。

植钢板连接是指在木材中开槽，通过植筋胶将部分钢板植入木材内，钢板外露部分浇筑混凝土板。这类节点的特点是承载力高、刚度大，几乎接近刚性连接，其抗剪性能主要取决于胶粘剂的性能和钢板的尺寸。一般情况下延性较好，若钢板的尺寸过大易发生木材的脆性剪切破坏。

(2) 界面滑移刚度

① 销钉类连接

参考欧洲规范 EC 5，销钉类连接的滑移刚度主要与销钉的直径与木材的密度有关。对于正常使用阶段的木结构销钉类连接，其滑移刚度可由下式计算得到：

$$K_{ser}=\rho^{1.5}d/23 \tag{3.41}$$

式中：K_{ser}——剪力连接件在正常使用阶段的抗滑移刚度(N/mm)；

ρ——木材的密度(kg/m^3)；

d——销钉的直径(mm)。

上式对销、螺栓、螺钉和无预钻孔的钉类均适用。对于有预钻孔的钉连接，应采用下式计算：

$$K_{ser}=\rho^{1.5}d^{0.8}/30 \tag{3.42}$$

木—混凝土组合结构中的销钉连接，可以忽略混凝土的变形，其正常使用阶段的滑移刚度在式(3.41)和式(3.42)的基础上乘以系数 2。

对于承载能力极限状态，连接件的滑移刚度按照下式得到：

$$K_u=\frac{2}{3}K_{ser} \tag{3.43}$$

式中：K_u——剪力连接件在极限状态的抗滑移刚度(N/mm)。

斜螺钉连接中，逆剪钉(螺帽倾斜方向与螺钉受力方向相反)的抗剪刚度较小，可参考垂直螺钉的刚度。顺剪钉(螺帽倾斜方向与螺钉受力方向相同)的滑移刚度较垂直螺钉有明显提升，主要依赖于斜螺钉的抗拔能力，其刚度参考式(3.44)：

$$K_{ser}=K_{\perp}\cos^2\alpha+K_{/\!/}\sin^2\alpha \tag{3.44}$$

式中：α——螺钉的倾斜角度(°)；

$K_{\perp}$——垂直于螺钉方向的刚度分量(N/mm)，由式(3.45)确定；

$K_{/\!/}$——平行于螺钉方向的刚度分量(N/mm)，由式(3.46)确定。

$$K_{\perp}=\frac{k_{h,\alpha}(\sin2\lambda l+\sinh2\lambda l)}{\lambda\sin\alpha(\cos2\lambda l+\cosh2\lambda l+2)} \tag{3.45}$$

$$K_{/\!/}=-\frac{wE_sA_s}{l}\tanh w \tag{3.46}$$

式中：$w=2\sqrt{\dfrac{K_{ax,\alpha}}{E_sd}}l$；

λ——文克尔弹性特征值(mm^{-1})，且 $\lambda=[k_{h,\alpha}/(4E_sI_s)]^{1/4}$；

$k_{h,\alpha}$——与木材顺纹夹角为 α 方向的木材销槽承压模量(N/mm^2),需由试验确定;

d——螺钉直径(mm);

l——螺钉贯入长度(mm);

E_s——螺钉的弹性模量(N/mm^2);

I_s——钉截面惯性矩(mm^4);

$K_{ax,\alpha}$——螺钉与木材顺纹夹角为 α 时的拔出模量(N/mm^3),可按式(3.47)计算。

$$K_{ax,\alpha}=\frac{9.35}{1.5\sin^{2.2}\alpha+\cos^{2.2}\alpha} \tag{3.47}$$

② 榫—钉连接

榫—钉连接的滑移刚度主要取决于榫槽的尺寸以及木材受剪面的宽度,螺钉的存在主要是提高节点的延性并提供屈服后承载力,对节点的滑移刚度影响不大。在榫—钉连接体系中,界面的变形主要包括木材的剪切变形和混凝土榫的剪切变形,因此其抗剪刚度可由下式确定:

$$K_{ser}=\frac{G_w G_c d_w d_c}{G_w d_w+G_c d_c} \tag{3.48}$$

式中:G——材料的剪切模量(N/mm^2);

d_w 和 d_c——分别为木材和混凝土受剪面的宽度(mm)。

(3) 界面连接承载力

① 销钉类连接

销钉类连接的承载力参考欧洲规范 EN 1995-1-1 第 8.2 节。

对于平行且顺剪切方向布置斜螺钉剪力件,其界面抗剪承载力可按下式计算:

$$R_{PS}=nR_{st} \tag{3.49}$$

式中:R_{st}——单个顺剪钉的界面抗剪承载力(kN);

n——螺钉的数量。

顺剪钉的界面抗剪承载力可取三种破坏模式(无铰、单铰与双铰)对应承载力的最小值,如式(3.50)所示:

$$R_{st}=\min\begin{cases}R_{st,0}=f_{ax,\alpha}dt\cot\alpha+f_{h,\alpha}dt\\R_{st,1}=f_{ax,\alpha}dt\cot\alpha+f_{h,\alpha}dt\left[2\dfrac{x_{st,1}}{t}-1\right]\\R_{st,2}=f_{ax,\alpha}dt\cot\alpha+f_{h,\alpha}dx_{st,2}\end{cases} \tag{3.50}$$

式中:d——螺钉直径(mm);

t——螺钉贯入深度(mm);

α——螺钉与界面的夹角(rad);

$f_{h,\alpha}$——木材沿顺纹夹角 α 方向的承压强度(N/mm^2),可按美国标准 ASTM D5764 通过试验获取;

$f_{ax,\alpha}$——螺钉与木材顺纹夹角为 α 时的拔出强度(N/mm^2),可按欧洲标准 EN1382 通过试验获取;

$x_{st,1}$——顺剪钉产生单塑性铰时塑性铰所处位置的深度(mm),可按式(3.47)计算;

$x_{st,2}$——顺剪钉产生双塑性铰时第二个塑性铰位置的深度(mm),可按式(3.51)计算。

$$\begin{cases} x_{st,1}=\dfrac{t}{\sqrt{2}}\sqrt{\dfrac{2M_y\sin^2\alpha}{f_{h,\alpha}dt^2}+1} \\ x_{st,2}=2t\sqrt{\dfrac{M_y}{f_{h,\alpha}dt^2}}\sin\alpha \end{cases} \tag{3.51}$$

式中:M_y——螺钉的屈服弯矩(N· mm),可按欧洲规范 EN 409:2009 通过试验测得。

对于交错布置的斜螺钉剪力件,可将顺剪钉与逆剪钉界面抗剪承载力进行叠加组合,并取其中最小值作为剪力件的界面抗剪承载力,如式(3.52)所示:

$$R_{CS}=\min\begin{cases} R_{st,0}+R_{sc,1} \\ R_{st,0}+R_{sc,2} \\ R_{st,1}+R_{sc,1} \\ R_{st,1}+R_{sc,2} \\ R_{st,2}+R_{sc,1} \\ R_{st,2}+R_{sc,2} \end{cases} \tag{3.52}$$

式中:$R_{sc,1}$——逆剪钉产生单塑性铰时的抗剪承载力(kN),可按式(3.53)计算;

$R_{sc,2}$——逆剪钉产生双塑性铰时的抗剪承载力(kN),可按式(3.53)计算。

$$\begin{cases} R_{sc,1}=f_{h,\alpha}d(2x_{sc,1}-0.5x_1-t) \\ R_{sc,2}=f_{h,\alpha}d(x_{sc,2}-0.5x_1) \end{cases} \tag{3.53}$$

式中:$x_{sc,1}$——逆剪钉产生单塑性铰时塑性铰位置的深度(mm),可按式(3.54)计算;

$x_{sc,2}$——逆剪钉产生双塑性铰时塑性铰位置的深度(mm),可按式(3.54)计算;

x_1——逆剪钉斜截面上达到其承压强度的深度(mm),可按式(3.55)计算。

$$\begin{cases} x_{sc,1}=\sqrt{\dfrac{M_y\sin^2\alpha}{f_{h,\alpha}d}+\dfrac{x_1^2}{6}+\dfrac{t^2}{2}} \\ x_{sc,2}=\sqrt{\dfrac{4M_y\sin^2\alpha}{f_{h,\alpha}d}+\dfrac{x_1^2}{3}} \end{cases} \tag{3.54}$$

$$x_1=\frac{f_{h,\alpha}d}{2\tan\alpha f_{s,w,0}} \tag{3.55}$$

式中:$f_{s,w,0}$——木材顺纹抗剪强度(N/mm^2)。

② 榫—钉连接

榫—钉连接的破坏主要考虑木材的受压、受剪破坏,混凝土的受压、受剪破坏,以及螺钉的拔出破坏。榫—钉连接构造见图 3.16。榫—钉连接各破坏模式下的验算见式(3.56)~式(3.60)。

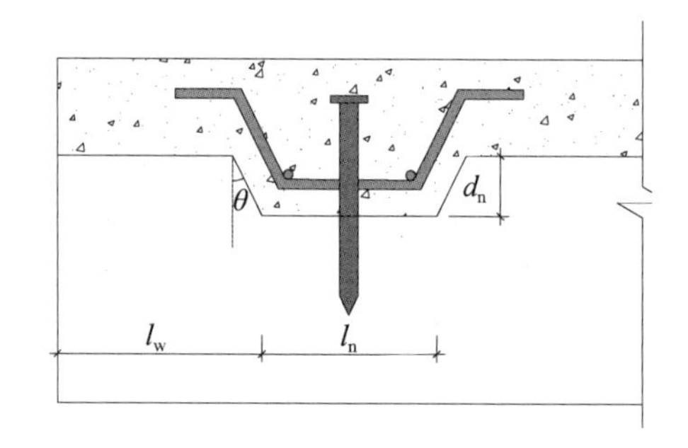

图 3.16　榫—钉连接构造示意图

木材受压破坏承载力由下式计算确定：

$$F_{w,压}=f_{wc}b_{wc}d_n\cos\theta \tag{3.56}$$

式中：f_{wc}——木材的顺纹抗压强度设计值(N/mm²)；

b_{wc}——木材受压面的总宽度(mm)；

d_n——开口榫的深度(mm)；

θ——开口榫斜面与垂直面之间的角度(°)。

木材受剪切破坏承载力由下式计算确定：

$$F_{w,剪}=f_{ws}b_{ws}l_w \tag{3.57}$$

式中：f_{ws}——木材的顺纹抗剪强度设计值(N/mm²)；

b_{ws}——木材受剪面的总宽度(mm)；

l_w——木材受剪端的长度(mm)。

混凝土受压破坏承载力由下式验算：

$$F_{c,压}=f_{cc}b_{cc}d_n \tag{3.58}$$

式中：f_{cc}——混凝土的抗压强度设计值(N/mm²)；

b_{cc}——混凝土受压面的宽度(mm)。

混凝土受剪破坏承载力由下式验算：

$$F_{c,剪}=0.8P_w+0.2f_{cc}b_c(2d_n\tan\theta+l_n) \tag{3.59}$$

式中：P_w——螺钉的抗拔承载力设计值(kN)，由螺钉抗拔试验确定。

l_n——混凝土凸榫的长度(kN)。

螺钉拔出破坏承载力由下式验算：

$$F_{s,拔}=\frac{P_w}{\tan\theta} \tag{3.60}$$

(4) 界面连接构造规定

销钉类连接中，销钉的端距、边距和间距应满足现行国家标准《木结构设计标准》(GB 50005—2017)中的相关规定。

榫—钉连接中，榫口的深度 d_n 不小于 20 mm；受剪端木材的长度不小于 $8d_n$；销钉直径不小于 8 mm。混凝土凸榫内应布置构造钢筋。

植钢板连接中，植钢板可以沿梁长方向通长布置，在满足承载力的前提下也可也分段间隔布置。钢板植入木材和埋置于混凝土的部分的深度均不得小于 30 mm。

2. 组合梁设计

(1) 有效抗弯刚度计算木—混凝上组合结构的设计方法一般参考欧洲规范 EC 5 中的"γ 法"，其横截面构造示意图见图 3.17 所示。木—混凝土组合结构的有效抗弯刚度计算方法见式(3.61)。

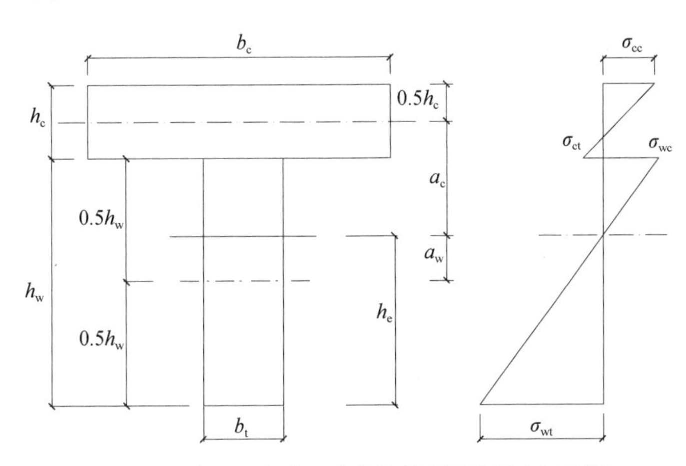

图 3.17 木—混凝土组合结构横截面及受力示意图

$$(EI)_{eff}=E_cI_c+E_wI_w+\gamma E_cA_ca_c^2+E_wA_wa_w^2 \tag{3.61}$$

式中：E_c——混凝土的弹性模量(N/mm²)；

I_c——混凝土截面的惯性矩(mm⁴)；

E_w——木材的弹性模量(N/mm²)；

I_w——木材截面的惯性矩(mm⁴)；

A_c——混凝土的截面积(mm²)；

A_w——木材的截面积(mm²)；

a_c——混凝土截面形心到中性轴的距离(mm)，可按式(3.62)计算；

a_w——木材截面形心到中性轴的距离(mm)，可按式(3.63)计算；

γ——考虑界面滑移的影响系数，可按式(3.64)计算。

$$a_w=\frac{\gamma E_cA_c(h_c+h_w)}{2(\gamma E_cA_c+E_wA_w)} \tag{3.62}$$

$$a_c=\frac{h_c+h_w}{2}-a_w \tag{3.63}$$

$$\gamma=\frac{1}{1+\frac{E_cA_c\pi^2}{kL^2}} \tag{3.64}$$

式中：L——梁的净跨度(mm)；

k——组合梁界面单位长度上的连接滑移刚度(kN/mm²)，按式(3.65)计算。

$$k=\frac{K_s}{s} \tag{3.65}$$

式中：K_s——组合梁界面的连接滑移刚度（kN/mm），根据情况取 K_{ser} 或 K_u；

s——剪力连接件的间距（mm）。

（2）轴向力计算

在弯矩 M 作用下，木材与混凝土界面连接件处的轴向力可由下式确定：

$$N=\frac{M}{(EI)_{eff}}\frac{\gamma E_c A_c E_w A_w}{\gamma E_c A_c+E_w A_w}(a_c+a_w) \tag{3.66}$$

木梁与混凝土梁的轴向力分别为：

$$N_w=\frac{M}{(EI)_{eff}}E_w A_w a_w \tag{3.67}$$

$$N_c=\frac{M}{(EI)_{eff}}\gamma E_w A_c a_c \tag{3.68}$$

（3）截面强度验算

混凝土在弯矩作用下的表面应力：

$$\sigma_{cM}=\frac{0.5E_c h_c M}{(EI)_{eff}} \tag{3.69}$$

混凝土在轴力作用下的应力：

$$\sigma_{cN}=\frac{\gamma E_c a_c M}{(EI)_{eff}} \tag{3.70}$$

木材在弯矩作用下的表面应力：

$$\sigma_{wM}=\frac{0.5E_w h_w M}{(EI)_{eff}} \tag{3.71}$$

木材在轴力作用下的应力：

$$\sigma_{wN}=\frac{E_w a_w M}{(EI)_{eff}} \tag{3.72}$$

混凝土上表面抗压强度验算：

$$\sigma_{cc}=\sigma_{cN}+\sigma_{cM}\leqslant f_{cc}/\gamma_c \tag{3.73}$$

式中：γ_c——结构重要性系数。

由于木—混凝土组合结构中，界面通常达不到完全刚接，因此木梁/板与混凝土板的组合性能往往视为“半组合作用”，因此混凝土底部易出现拉应力，如图 3.17 所示。需按式(3.74)对混凝土下表面进行抗拉强度验算，否则应在混凝土底部配筋。

$$\sigma_{ct}=-\sigma_{cN}+\sigma_{cM}\leqslant f_{ct}/\gamma_c \tag{3.74}$$

式中：f_{ct}——混凝土的抗拉强度设计值（N/mm^2）。

木梁受弯强度验算：

$$\frac{\sigma_{wN}}{f_{wt}}+\frac{\sigma_{wM}}{f_{wb}}\leqslant 1 \tag{3.75}$$

式中：f_{wt}——木材的抗拉强度（N/mm^2）；

f_{wb}——木材的抗弯强度（N/mm²）。

（4）剪力连接件强度验算

$$F_s=\frac{\gamma E_c A_c a_c s}{(EI)_{eff}}V \tag{3.76}$$

式中：V——组合梁的剪力分布（kN）。

（5）混凝土翼板等效宽度的确定

参考欧洲标准EN1994，木—混凝土组合梁中，混凝土翼板的有效宽度计算公式如下：

$$b_e=b+b_{e,1}+b_{e,2} \tag{3.77}$$

式中：b——木梁的宽度（mm）；

$b_{e,1}$，$b_{e,2}$——混凝土翼板的计算宽度（mm），按式（3.78）计算。

$$b_{e,i}=0.2b_i+0.1l_0\leqslant \min(0.2l_0, b_i) \tag{3.78}$$

b_i 和 l_0 的取值可参考图3.18和图3.19所示。

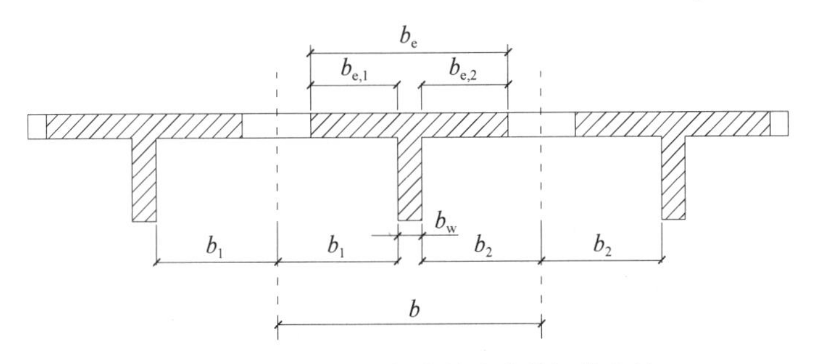

图3.18 混凝土翼板有效宽度的相关参数

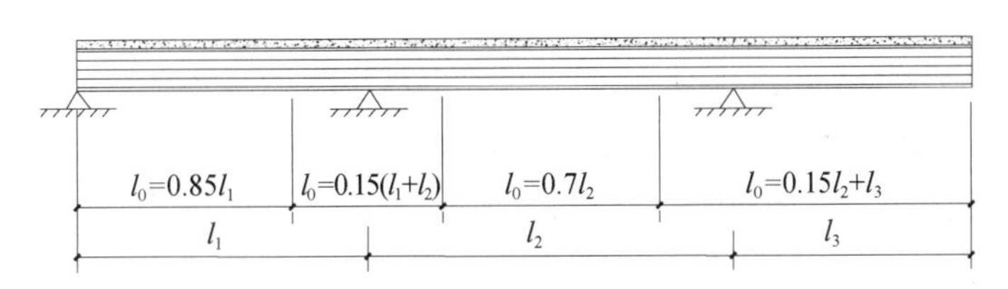

图3.19 l_0 的确定方法

（6）长期结构性能计算

木—混凝土组合结构的长期刚度需要考虑木材、混凝土和连接件的长期性能。如式（3.79）、式（3.80）所示，木—混凝土组合结构的长期性能需要对木材和混凝土引入变形系数 k，其中混凝土的徐变系数 $k_{c,def}$ 参考国内相关规范或者欧洲规范EC 2，木材的变形系数 $k_{w,def}$ 参考EC 5第3.1.4条选取。式（3.81）所示的 $K_{ser,fin}$ 为组合梁界面的长期滑移刚度，其中连接件的变形系数 $k_{s,def}$ 可通过式（3.82）确定或通过长期加载试验测算。

$$E_{c,fin}=\frac{E_c}{1+k_{c,def}} \tag{3.79}$$

$$E_{w,fin}=\frac{E_w}{1+k_{w,def}} \tag{3.80}$$

$$K_{ser,fin}=\frac{K_{ser}}{1+k_{s,def}} \tag{3.81}$$

$$k_{s,def}=2\sqrt{k_{c,def}k_{w,def}} \tag{3.82}$$

将式(3.79)～式(3.82)代入式(3.61)可得到木—混凝土组合结构的长期有效抗弯刚度。将得到的长期有效抗弯刚度代入式(3.69)～式(3.76)可对木—混凝土组合结构的长期承载力进行验算。

3.3 木结构连接设计

3.3.1 连接类型

不同于传统木结构中的榫卯连接，现代木结构连接主要依靠连接件和紧固件来实现，主要包括以下几种类型：销栓连接（简称销连接）、钉连接、螺钉连接、裂环与剪板连接、齿板连接、植筋连接等，其中前三类可统称为销连接，也是现代木结构中最常见的连接形式。

3.3.2 设计要点

由于木材自身材料特性和木结构连接的特点，当前在进行木结构分析和设计时，多数将节点视为铰接。当木结构连接设计中考虑节点的半刚性时，在整体结构分析中以节点的弯矩—转角关系为计算依据，弯矩—转角关系由试验或经试验验证的数值模拟确定。

影响连接性能的主要因素有：① 连接类型；② 连接部位的材料尺寸与紧固件布置；③ 连接部位的材料性能；④ 环境条件，如使用环境、温湿度变化等；⑤ 外荷载类型、大小和作用方向。

在进行现代木结构连接设计时，需要考虑并尽可能满足如下要求：① 外观适宜；② 能够抵抗温湿度变化引起的变形；③ 受力明确且便于计算；④ 足够的承载力、刚度和变形性能；⑤ 可靠的抗火性能；⑥ 截面削弱不大，无偏心；⑦ 便于加工安装；⑧ 成本较低。

3.3.3 销连接设计方法

1. 基本原理

销连接紧固件主要类型有螺栓、圆钢销和螺钉等（图 3.20），这类紧固件统称为销轴类紧固件，销轴类紧固件由于安装简便、成本较低、节点受力性能良好、延性性能好等优点，在木结构中的应用最为普遍。

影响销连接承载力的主要因素有销轴类紧固件的抗弯强度和木材等被连接材料的销槽承压强度。销轴类紧固件在受力时，会与周围木材形成沿挤压面分布的作用力与反作用力，如图 3.21 所示，销轴类紧固件可视为承受来自木构件销槽挤压力的梁。当销轴类紧固件直径相对于木构件厚度较大时，紧固件近似保持直线型[图 3.21(a)]，当销轴类紧固件直径相对于木构件厚度较小时，紧固件由于受力弯曲将沿长度方向产生一个或两个塑性铰[图 3.21(b)]。

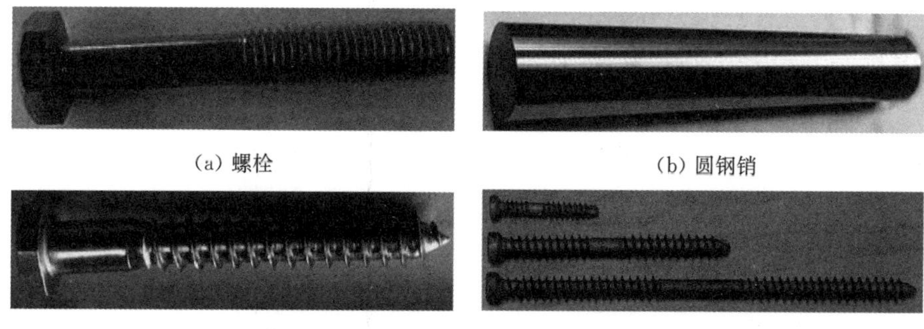

（a）螺栓　（b）圆钢销　（c）六角头螺钉　（d）自攻螺钉

图 3.20　销轴类紧固件主要类型

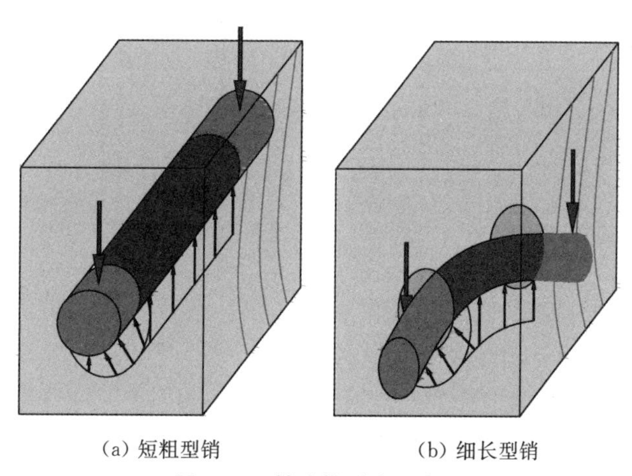

（a）短粗型销　（b）细长型销

图 3.21　销连接受力示意图

根据我国现行国家标准《木结构设计标准》(GB 50005—2017)第 6.2.8 条的规定，木材的销槽承压强度计算方法如下：

① 当 6 mm$\leqslant d \leqslant$25 mm 时，销轴类紧固件的销槽顺纹承压强度 $f_{e,0}$(N/mm²)为：

$$f_{e,0}=77G \tag{3.83}$$

式中：G——木构件材料的全干相对密度，可根据规范取值。

② 当 6 mm$\leqslant d \leqslant$25 mm 时，销轴类紧固件的销槽横纹承压强度 $f_{e,90}$(N/mm²)为：

$$f_{e,90}=\frac{212G^{1.45}}{\sqrt{d}} \tag{3.84}$$

式中：d——销轴类紧固件直径(mm)。

③ 当 $d<6$ mm 时，销轴类紧固件的销槽承压强度 f_e(N/mm²)为 $f_e=114.5G^{1.84}$。

④ 当作用在构件上的荷载与木纹呈夹角 θ 时，销槽承压强度 $f_{e,\theta}$(N/mm²)按下式确定：

$$f_{e,\theta}=\frac{f_{e,0}f_{e,90}}{f_{e,0}\sin^2\theta+f_{e,90}\cos^2\theta} \tag{3.85}$$

式中：θ——荷载与木纹方向的夹角(°)。

⑤ 当紧固件采用钢板连接件进行木构件连接时(图 3.22)，其在钢材上的销槽承压强度 f_{es}应按现行国家标准《钢结构设计标准》(GB 50017—2017)规定的螺栓连接的构件销

槽承压强度设计值的 1.1 倍计算。

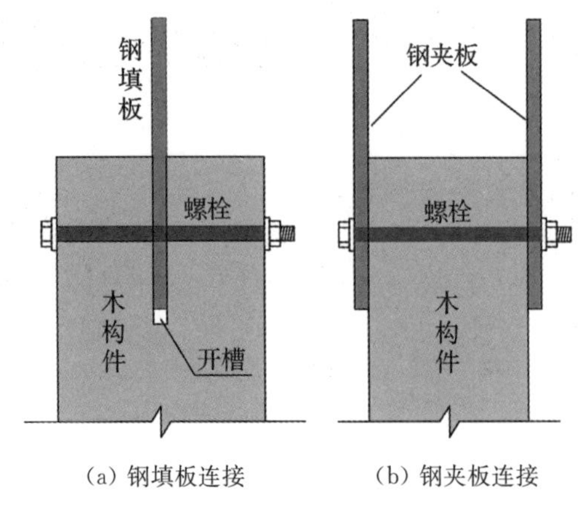

(a) 钢填板连接　　(b) 钢夹板连接

图 3.22　钢填板与钢夹板对称双剪连接示意图

⑥ 当紧固件作为混凝土构件和木构件之间的连接时[如部分木—混凝土组合梁界面连接紧固件,见图 3.15(a)~(c)],其在混凝土上的销槽承压强度按混凝土立方体抗压强度标准值的 1.57 倍计算。

木结构销连接承载力计算理论最早是在 1949 年由 Johansen 提出,通常称之为"约翰逊屈服模型"或"欧洲屈服模型",其基本思想是将销轴类紧固件的屈服模式分为三大类:销轴类紧固件无塑性铰出现、销轴类紧固件出现一个塑性铰、销轴类紧固件出现两个塑性铰。具体到承载力计算,我们可以将屈服模式调整为四大类:销槽承压破坏(Ⅰ)、销槽局部挤压破坏(Ⅱ)、单个塑性铰破坏(Ⅲ)和两个塑性铰破坏(Ⅳ)。图 3.23 和图 3.24 分别为约翰逊理论中代表单剪和双剪连接的屈服模式。

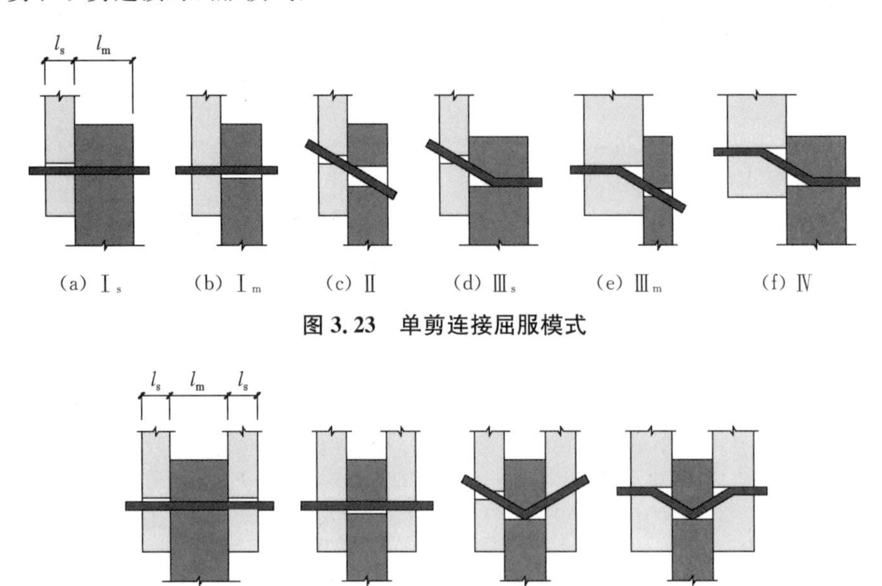

图 3.23　单剪连接屈服模式

图 3.24　双剪连接屈服模式

2. 销连接承载力计算

计算假定:① 被连接构件与紧固件之间紧密接触;② 外部荷载作用方向垂直于销轴;③ 连接部位满足最小的边距、端距和间距等相关要求;④ 当出现销槽承压破坏或销栓紧固件受弯屈服两种破坏状态的任一种时,即判定连接达到了极限承载力。

销连接承载力计算主要根据现行国家标准《木结构设计标准》(GB 50005—2017)第6.2.6条和6.2.7条的规定进行,其承载力取为不同屈服模式下所计算承载力的最小值。

每个剪面的抗剪承载力设计值经各类调整系数调整后,得到抗剪承载力修正设计值$F'_{v,d}$如下(注意:若为双剪连接形式,单个紧固件的总承载力应在相应承载力公式的计算结果基础上乘以2):

$$F'_{v,d}=C_m C_n C_t k_g F_{v,d} \tag{3.86}$$

式中:C_m——含水率调整系数,按表3.9取值;

C_n——设计工作年限调整系数,按表3.10取值;

C_t——温度环境调整系数,按表3.9取值;

k_g——群栓组合系数,按现行国家标准《木结构设计标准》(GB 50005—2017)附录K采用;

$F_{v,d}$——承载力设计值,应按式(3.87)~式(3.93)确定。

表3.9 使用条件调整系数

序号	调整系数	采用条件	取值
1	含水率调整系数C_m	使用中木构件含水率大于15%时	0.8
		使用中木构件含水率小于15%时	1.0
2	温度调整系数C_t	长期生产性高温环境,木材表面温度达40 ℃~50 ℃时	0.8
		其他温度环境时	1.0

表3.10 不同设计工作年限时木材强度设计值和弹性模量的调整系数C_n

设计工作年限	调整系数	
	强度设计值	弹性模量
5年	1.10	1.10
25年	1.05	1.05
50年	1.00	1.00
100年及以上	0.90	0.90

对于单剪连接或对称双剪连接,单个紧固件的每个剪面的承载力设计值$F_{v,d}$应按下式进行计算:

$$F_{v,d}=k_{ad,\min} f_{es} l_s d \tag{3.87}$$

$$k_{ad,\min}=\min[k_{a\mathrm{I}}/\gamma_1, k_{a\mathrm{II}}/\gamma_2, k_{a\mathrm{III}}/\gamma_3, k_{a\mathrm{IV}}/\gamma_4] \tag{3.88}$$

式中：$k_{ad,min}$——单剪连接时较薄木构件或双剪连接时边部木构件的销槽承压最小有效长度系数；

l_s——较薄木构件或边部木构件的厚度(mm)；

d——销轴类紧固件的直径(mm)；

f_{es}——次构件的销槽承压强度(N/mm^2)，按本节第一部分所述方法确定；

$k_{aⅠ}$、$k_{aⅡ}$、$k_{aⅢ}$、$k_{aⅣ}$——对应于各种屈服模式的较薄或边部构件的销槽承压有效长度系数，按式(3.89)～式(3.93)取值；

$\gamma_{Ⅰ}$、$\gamma_{Ⅱ}$、$\gamma_{Ⅲ}$、$\gamma_{Ⅳ}$——对应于各种屈服模式的抗力分项系数，按表3.11取值。

表3.11　构件连接时剪面承载力的抗力分项系数γ取值表

紧固件类型	各屈服模式的抗力分项系数			
	$\gamma_{Ⅰ}$	$\gamma_{Ⅱ}$	$\gamma_{Ⅲ}$	$\gamma_{Ⅳ}$
螺栓、销或六角头木螺钉	4.38	3.63	2.22	1.88
圆钉	3.42	2.83	1.97	1.62

给定：$\beta=f_{em}/f_{es}$；$\alpha=l_m/l_s$；η为销径比l_s/d；l_m为主构件(单剪连接时较厚木构件或双剪连接时中部木构件)的厚度(mm)；f_{em}为主构件的销槽承压强度(N/mm^2)；f_{yk}为销轴类紧固件屈服强度标准值(N/mm^2)；k_{ep}为弹塑性强化系数，当采用Q235钢等具有明显屈服性能的钢材时，取$k_{ep}=1.0$，当采用其他钢材时，应按具体的弹塑性强化性能确定，其强化性能无法确定时，仍应取$k_{ep}=1.0$。则对应于不同屈服模式，较薄或边部木构件的销槽承压有效长度系数计算方法如下：

① 销槽承压破坏(破坏模式Ⅰ)

如图3.23(a)和(b)、图3.24(a)和(b)所示的破坏模式下，销槽承压有效长度系数$k_{aⅠ}$为：

$$k_{aⅠ}=\begin{cases}\alpha\beta\leqslant 1.0, & \text{对于单剪连接}\\ \alpha\beta/2\leqslant 1.0, & \text{对于双剪连接}\end{cases} \tag{3.89}$$

② 销槽局部挤压破坏(破坏模式Ⅱ)

如图3.23(c)所示的破坏模式下，销槽承压有效长度系数$k_{aⅡ}$为：

$$k_{aⅡ}=\frac{\sqrt{\beta+2\beta^2(1+\alpha+\alpha^2)+\alpha^2\beta^3}-\beta(1+\alpha)}{1+\beta} \tag{3.90}$$

③ 单个塑性铰破坏(破坏模式Ⅲ)

当单剪连接的屈服模式为$Ⅲ_m$[图3.23(e)]时，销槽承压有效长度系数$k_{aⅢm}$的计算方法如下：

$$k_{aⅢm}=\frac{\alpha\beta}{1+2\beta}\left[\sqrt{2(1+\beta)+\frac{1.647(1+2\beta)k_{ep}f_{yk}}{3\beta\alpha^2 f_{es}\eta^2}}-1\right] \tag{3.91}$$

当屈服模式为$Ⅲ_s$[图3.23(d)和图3.24(c)]时，销槽承压有效长度系数$k_{aⅢs}$的计算方法如下：

$$k_{a\text{III}s}=\frac{\beta}{2+\beta}\left[\sqrt{\frac{2(1+\beta)}{\beta}+\frac{1.647(2+\beta)k_{ep}f_{yk}}{3\beta f_{es}\eta^{2}}}-1\right] \tag{3.92}$$

④ 两个塑性铰破坏(破坏模式Ⅳ)

如图 3.23(f)和图 3.24(d)所示的破坏模式下，销槽承压有效长度系数 $k_{a\text{IV}}$ 的计算方法如下：

$$k_{a\text{IV}}=\frac{1}{\eta}\sqrt{\frac{1.647\beta k_{ep}f_{yk}}{3(1+\beta)f_{es}}} \tag{3.93}$$

3. 销连接构造要求

销连接的构造要求主要参考现行国家标准《木结构设计标准》(GB 50005—2017)第 6.2.1 条～6.2.4 条的规定。具体如下：

销轴类紧固件的端距、边距、间距和行距最小尺寸应符合表 3.12 的规定。当采用螺栓、销或六角头木螺钉作为紧固件时，其直径不应小于 6 mm。

表 3.12 销轴类紧固件的端距、边距、间距和行距的最小值尺寸要求

距离名称	顺纹荷载作用时		横纹荷载作用时	
最小端距 e_1	受力端	$7d$	受力边	$4d$
	非受力端	$4d$	非受力边	$1.5d$
最小边距 e_2	当 $l/d \leqslant 6$	$1.5d$	$4d$	
	当 $l/d > 6$	取 $1.5d$ 与 $r/2$ 两者较大值		
最小间距 s	$4d$		$4d$	
最小行距 r	$2d$		当 $l/d \leqslant 2$	$2.5d$
			当 $2 < l/d < 6$	$(5l+10d)/8$
			当 $l/d \geqslant 6$	$5d$
几何位置示意图				

注：① 受力端为销槽受力指向端部；非受力端为销槽受力背离端部；受力边为销槽受力指向边部；非受力边为销槽受力背离端部。
② 表中，l 为紧固件长度，d 为紧固件直径；并且，l/d 应值取下列两者中的较小值：
- 紧固件在主构件中的贯入深度 l_m 与直径 d 的比值 l_m/d；
- 紧固件在侧构件中的总贯入深度 l_s 与直径 d 的比值 l_s/d。

③ 当钉连接不预钻孔时，其端距、边距、间距和行距应为表中数值的 2 倍。

交错布置的销轴类紧固件(图 3.25)，其端距、边距、间距和行距的布置应符合下列规定：

① 对于顺纹荷载作用下交错布置的紧固件，当相邻行上的紧固件在顺纹方向的间距不大于 $4d$ 时，则可将相邻行的紧固件确认是位于同一截面上。d 为紧固件的直径。

② 对于横纹荷载作用下交错布置的紧固件，当相邻行上的紧固件在横纹方向的间距不小于 $4d$ 时，则紧固件在顺纹方向的间距不受限制；当相邻行上的紧固件在横纹方向的间距小于 $4d$ 时，则紧固件在顺纹方向的间距应符合表 3.12 的规定。d 为紧固件的直径。

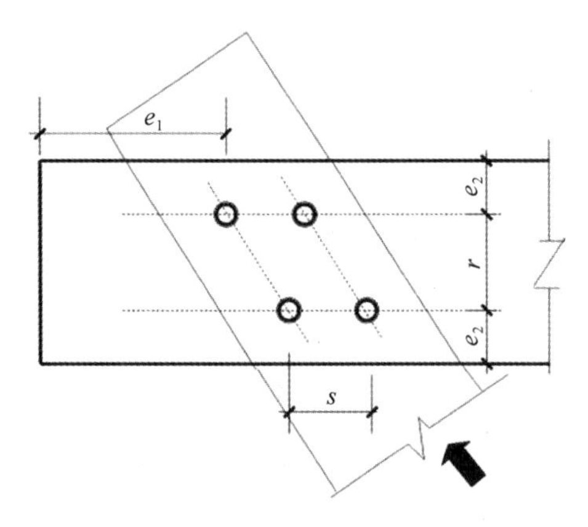

图 3.25　紧固件交错布置几何位置示意图

当六角头木螺钉承受轴向上拔荷载时，端距 e_1、边距 e_2、间距 s 以及行距 r 应满足表 3.13 的规定。

表 3.13　六角头木螺钉承受轴向上拔荷载时的端距、边距、间距和行距的最小值

距离名称	最小值
端距 e_1	$4d$
边距 e_2	$1.5d$
行距 r 和间距 s	$4d$
注：表中 d 为六角头木螺钉的直径。	

对于采用单剪或对称双剪的销轴类紧固件的连接(图 3.23 和图 3.24)，当剪面承载力设计值按式(3.82)进行计算时，应符合下列要求：

① 构件连接面应紧密接触；

② 荷载作用方向与销轴类紧固件轴线方向垂直；

③ 紧固件在构件上的边距、端距以及间距应符合表 3.12 或表 3.13 中的规定；

④ 六角头木螺钉在单剪连接中的主构件上或双剪连接中侧构件上的最小贯入深度不应包括端尖部分的长度，并且最小贯入深度不应小于六角头木螺钉直径的 4 倍。

此外，借鉴欧洲及北美相关木结构设计标准的规定，对于销连接的紧固件在木构件上的开孔及与木构件直接接触的垫圈，应符合下列要求：

① 木构件中螺栓孔直径比螺栓直径最多大 1 mm，圆钢销在木构件中的预钻孔不应大于销径，销径的允许偏差为－0/＋0.1；

② 对于光圆螺杆部分的直径不大于 6 mm 的木螺钉连接，当连接针叶材木构件时，不

需要预钻孔；

③ 当阔叶材木构件采用木螺钉连接，以及将光圆螺杆部分直径大于 6 mm 的木螺钉连接用于针叶材木构件时，所需预钻孔的孔径为：光圆螺杆部分与螺杆自身相同，螺纹部分约为光圆螺杆孔径的 0.7 倍；

④ 当木材密度超过 500 kg/m^{3}时，木螺钉预钻孔直径应通过试验手段获取；

⑤ 螺帽或螺母下钢垫圈或钢垫板的边长或直径至少应取 3 倍的螺栓直径，其厚度至少应取 0.3 倍的螺栓直径，并且应具有足够的承压面积。

3.3.4 剪板连接设计方法

1. 剪板类型与受力机理

为了进一步提高螺栓连接的承载力，工程设计中有时会引入一些环形剪切件，如裂环和剪板，以配合螺栓使用。由于其与木构件之间的承压面大大增加，从而会极大提高螺栓连接的承载力和刚度。

此类连接中，连接处主要靠裂环/剪板和螺栓抗剪、木材的承压和受剪来传力，其承载能力与裂环直径和强度、螺栓直径和强度、木材承压强度和抗剪强度等有关。

目前，剪板(图 3.26)的应用相对更多一些，其材料可采用压制钢和可锻铸铁(玛钢)加工，剪板直径目前主要有两种：67 mm 和 102 mm。

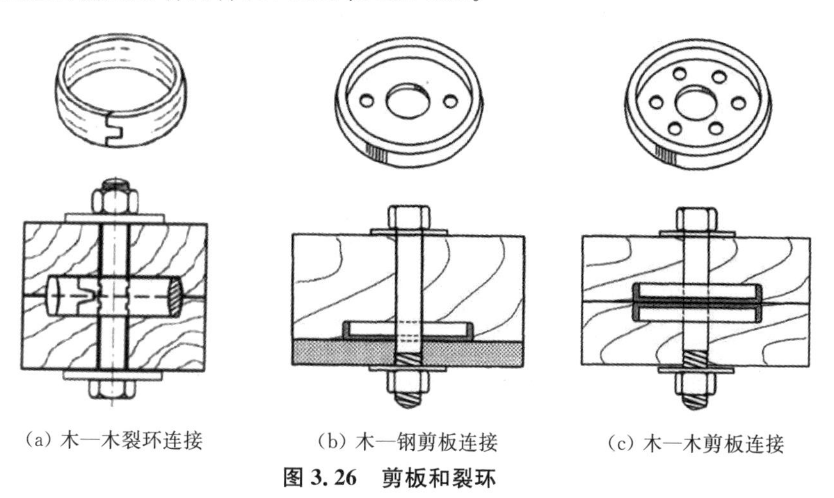

(a) 木—木裂环连接　　(b) 木—钢剪板连接　　(c) 木—木剪板连接

图 3.26　剪板和裂环

2. 剪板连接承载力计算

此部分关于剪板连接承载力的计算主要依据现行国家标准《胶合木结构技术规范》(GB/T 50708—2012)的相关规定。裂环和剪板连接的强度设计值主要与木材的全干密度有关，同时由于裂环和剪板的规格相对很少，因此设计时主要根据木材的全干相对密度分组、木构件与连接件尺寸、荷载作用方向等直接在相关标准中查表即可。

木材的全干相对密度分组见表 3.14 所示，单个剪板的受剪承载力设计值见表 3.15 所示。

表 3.14 剪板连接中的树种全干相对密度分组

树种密度分组	全干相对密度 G
J_1	$0.49 \leqslant G < 0.60$
J_2	$0.42 \leqslant G < 0.49$
J_3	$G < 0.42$

表 3.15 单个剪板连接件(剪板加螺栓)每一剪切面的受剪承载力设计值

剪板直径/mm	螺栓直径/mm	单栓剪切面数量	构件净厚度/mm	顺纹受力			横纹受力		
				受剪承载力设计值 P/kN			受剪承载力设计值 Q/kN		
				J_1 组	J_2 组	J_3 组	J_1 组	J_2 组	J_3 组
67	19	1	≥38	18.5	15.4	13.9	12.9	10.7	9.2
		2	≥38	14.4	12.0	10.4	10.0	8.4	7.2
			51	18.9	15.7	13.6	13.2	10.9	9.5
			≥64	19.8	16.5	14.3	13.8	11.4	10.0
102	19 或 22	1	≥38	26.0	21.7	18.7	18.1	15.0	12.9
			≥44	30.2	25.2	21.7	21.0	17.5	15.2
		2	≥44	20.1	16.7	14.5	14.0	11.6	9.8
			51	22.4	18.7	16.1	15.6	13.0	11.3
			64	25.5	21.3	18.4	17.6	14.8	12.8
			76	28.6	23.9	20.6	19.9	16.6	14.3
			≥88	29.9	24.9	21.5	20.8	17.4	14.9

当较薄构件采用钢板时，102 mm 剪板连接件的顺纹受力承载力应根据树种全干相对密度分组，考虑承载力调整系数 k_s。针对 J_1、J_2、J_3 组，k_s数值分别为 1.11、1.05 和 1.00。

当荷载作用方向与顺纹方向有夹角 θ 时，剪板受剪承载力设计值 N_θ 按下式进行计算：

$$N_\theta = \frac{PQ}{P\sin^2\theta + Q\cos^2\theta} \tag{3.94}$$

考虑到裂环或剪板连接中的群栓作用，主要通过引入折减系数 C_g，其计算公式如下：

$$C_g = \left[\frac{m(1-m^{2n})}{n(1+R_{EA}m^n)(1+m)-1+m^{2n}}\right] \cdot \left(\frac{1+R_{EA}}{1-m}\right) \tag{3.95}$$

$$R_{EA} = \min\left(\frac{E_s A_s}{E_m A_m}, \frac{E_m A_m}{E_s A_s}\right) \tag{3.96}$$

$$m = u - \sqrt{u^2 - 1} \tag{3.97}$$

$$u = 1 + r \cdot \frac{s}{2}\left(\frac{1}{E_m A_m} + \frac{1}{E_s A_s}\right) \tag{3.98}$$

式中：n——一行中紧固件数量；

E_m、A_m——分别为较厚构件或中部构件的弹性模量（N/mm^2）和毛面积（mm^2）；

E_s、A_s——分别为较薄构件或边部构件的弹性模量（N/mm^2）和毛面积（mm^2）；

s——紧固件中距（mm）；

r——连接的滑移刚度（N/mm）：对于 102 mm 裂环和剪板，$r=87\ 500$ N/mm；对于 63.5 mm 裂环和 67 mm 剪板，$r=70\ 000$ N/mm。

对于不超过 25.4 mm 的销连接形式，上述折减系数 C_g 计算公式同样适用。对于直径小于 6.4 mm 的销轴类紧固件，C_g 取为 1.0；其他情况下，对于木—木销连接，$r=246d^{1.5}$；对于木—钢销连接，$r=369d^{1.5}$。

3.3.5 植筋连接设计方法

1. 受力机理与破坏模式

木结构植筋连接主要是通过结构植筋胶将螺栓杆等植入木构件的预钻孔中，待植筋胶固化后形成可靠连接，为了保证连接的可靠性，通常采用全螺纹螺杆作为植筋材料。木结构植筋连接的破坏模式主要包括四大类：植筋周围木材剪切破坏[图 3.27(a)]、木构件受拉破坏[图 3.27(b)]、木材劈裂破坏[图 3.27(c)]和植筋屈服破坏[图 3.27(d)]。木材劈裂破坏模式可采用构造措施消除，其余破坏模式均需进行设计复核。

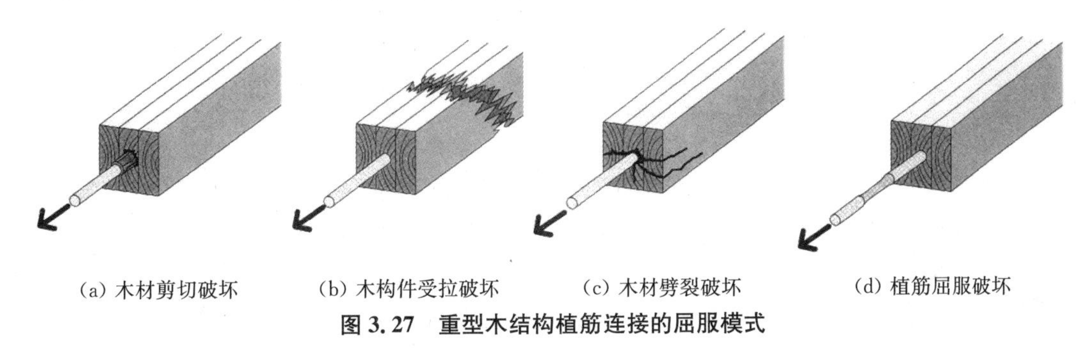

(a) 木材剪切破坏　(b) 木构件受拉破坏　(c) 木材劈裂破坏　(d) 植筋屈服破坏

图 3.27 重型木结构植筋连接的屈服模式

2. 植筋连接的轴向抗拔承载力计算

木结构植筋连接应根据不同破坏模式选用相应的计算方法，单根植筋连接的轴向抗拔承载力设计值 $F_{ax,gir}$ 应按下式进行计算：

$$F_{ax,gir}=\min(F_{v,w},F_{t,w},F_{y,r}) \tag{3.99}$$

式中：$F_{ax,gir}$——植筋连接轴向抗拔承载力设计值（N）；

$F_{v,w}$——植筋周围木材剪切破坏时的承载力（N）；

$F_{t,w}$——被连接木构件受拉破坏时的承载力（N）；

$F_{y,r}$——植筋杆件屈服破坏时的承载力（N）。

① 植筋周围木材剪切破坏时的承载力应按下式进行计算：

$$F_{v,w}=f_v\cdot\pi\cdot d_{equ}\cdot l_a \tag{3.100}$$

式中：f_v——木材顺纹抗剪强度设计值（N/mm^2）；

d_{equ}——植筋孔径与 1.25 倍植筋直径中的较小值(mm)；

l_a——植筋锚固长度(mm)。

② 被连接木构件受拉破坏时的承载力应按下式进行计算：

$$F_{t,w}=f_t \cdot A_n \tag{3.101}$$

式中：f_t——木材顺纹抗拉强度设计值(N/mm^2)；

A_n——被连接木构件的净截面面积(mm^2)。

③ 植筋周围木材剪切破坏时的承载力应按下式进行计算：

$$F_{y,r}=f_{y,r}\pi d_r^2/4 \tag{3.102}$$

式中：$f_{y,r}$——植筋杆件的屈服强度设计值(N/mm^2)；

d_r——植筋杆件的名义直径(mm)。

轴向抗拔承载力设计值 $F_{ax,gir}$ 确定后，单根植筋连接的轴向抗拔承载力应采用下列设计表达式进行复核：

$$\gamma_0 S_d \leqslant kF_{ax,gir} \tag{3.103}$$

式中：γ_0——植筋连接重要性系数，对一级、二级锚固安全等级(表 3.16)，应分别取不小于 1.2、1.1，且不小于被连接结构的重要性系数；对地震设计状况应取为 1.0。

S_d——承载能力极限状态下作用组合的效应设计值。按现行国家标准《建筑结构荷载规范》(GB 50009—2012)进行计算。

k——地震作用下抗拔承载力降低系数。无地震作用组合时，取为 1.0；有地震作用组合时，取为 0.7。

表 3.16　植筋连接安全等级

安全等级	破坏后果	植筋类型
一级	很严重	重要的植筋
二级	严重	一般的植筋

3. 植筋连接的侧向承载力计算

关于植筋连接的侧向承载力 $F_{la,gir}$ 计算，实际上相当于销连接的承载力计算，因此可根据本指南 3.3.3 节(也就是现行国家标准《木结构设计标准》(GB 50005—2017)第 6.2 节相关规定)进行计算取值，此处不再赘述。

4. 双向荷载作用下植筋连接的承载力验算

当植筋连接承受轴向与侧向荷载的组合作用时，植筋承载力设计值应按下列表达式进行验算：

$$\left(\frac{N_d}{F_{ax,gir}}\right)^2+\left(\frac{Q_d}{F_{la,gir}}\right)^2 \leqslant 1 \tag{3.104}$$

式中：$F_{la,gir}$——植筋连接侧向承载力设计值(N)；

N_d——轴向荷载设计值(N)；

Q_d——侧向荷载设计值(N)。

5. 群锚植筋连接的承载力验算

对于群锚植筋连接,其轴向抗拔承载力设计值 $F_{ax,gir}$ 应考虑植筋杆件间的不均匀受力影响,此处取折减系数为 0.9。

此外,顺纹方向群锚植筋连接还有可能出现沿植筋群周边木材的剪切破坏,此时尚需验算群锚连接的块剪破坏(图 3.28)。群锚植筋连接的承载力 $F_{bs,d}$ 的验算公式如下:

$$F_{bs,d}=\max\begin{cases}1.5A_{net,t}f_t\\0.7A_{net,v}f_v\end{cases}\tag{3.105}$$

式中:$A_{net,t}$——破坏面在横纹方向的净截面面积(mm^2);

$A_{net,v}$——破坏面在顺纹方向的剪切面净面积(mm^2);

f_t——木材顺纹抗拉强度设计值(N/mm^2);

f_v——木材顺纹抗剪强度设计值(N/mm^2)。

图 3.28 重型木结构植筋连接块剪破坏

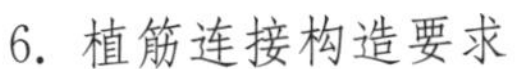

6. 植筋连接构造要求

① 植筋的预钻孔直径至少应比植筋直径大 2 mm,顺纹受力时植筋锚固长度至少不小于 15 倍的植筋直径,横纹受力时植筋锚固长度至少不小于 10 倍的植筋直径。

② 植筋连接的边距和间距最小尺寸应符合图 3.29 的规定。

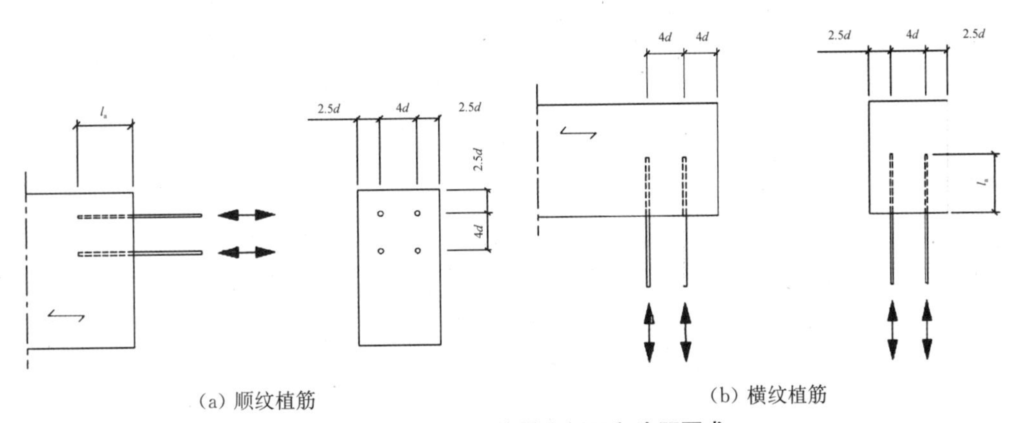

图 3.29 植筋连接的最小间距和边距要求

③ 在条件允许的情况下,尽可能选用多根小直径植筋代替大直径的植筋以实现延性节点的设计。

3.3.6 齿板连接设计方法

齿板连接一般用于轻型木结构桁架杆件之间的连接，图 3.30 给出了典型的齿板连接示意图。其中的齿板(图 3.31)是由厚度为 1～2 mm 的薄钢板冲齿而成，使用时直接由外力压入两个或多个被连接构件的表面。这种连接虽然承载力不大，但对于轻型木结构桁架来说，此类连接具有安装方便、经济性好等优点。

图 3.30 齿板连接示意图

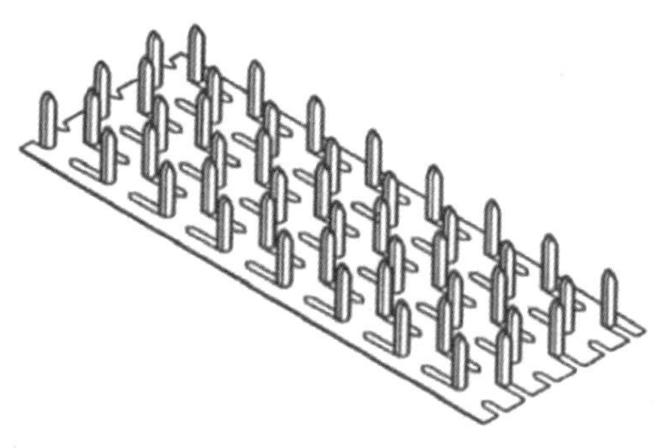

图 3.31 齿板连接件

1. 材料性能

加工齿板用钢板可采用 Q235 碳素结构钢和 Q345 低合金高强度结构钢。齿板采用的钢材性能应满足表 3.17 的要求，齿板的镀锌在齿板制造前进行，镀锌层重量不应低于 275 g/m^2。

表 3.17 齿板采用钢材的性能要求

钢材品种	屈服强度 /(N·mm^{-2})	抗拉强度 /(N·mm^{-2})	伸长率 /%
Q235	≥235	≥370	26
Q345	≥345	≥470	21

2. 齿板连接承载力

在承载能力极限状态下，齿板连接需验算齿板连接的板齿承载力、齿板连接受拉承载力、齿板连接受剪承载力和齿板连接剪—拉复合承载力。

① 板齿承载力设计值 N_r 应按下列公式计算：

$$N_r = n_r k_h A \tag{3.106}$$

$$k_h = 0.85 - 0.05(12\tan\alpha - 2.0) \tag{3.107}$$

式中：N_r——板齿承载力设计值(N)；

n_r——板齿强度设计值(N/mm^2)，按现行国家标准《木结构设计标准》(GB 50005—2017)的规定确定；

A——齿板表面净面积(mm^2)，按现行国家标准《木结构设计标准》(GB 50005—2017)的规定确定；

k_h——桁架端节点弯矩影响系数，$0.65 \leqslant k_h \leqslant 0.85$；

α——桁架端节点处上、下弦间的夹角（°）。

② 齿板连接抗拉承载力设计值应按下式计算：

$$T_r = k t_r b_t \tag{3.108}$$

式中：T_r——齿板连接抗拉承载力设计值（N）；

b_t——垂直于拉力方向的齿板截面宽度（mm），具体取值参考现行国家标准《木结构设计标准》（GB 50005—2017）；

t_r——齿板抗拉强度设计值（N/mm），按现行国家标准《木结构设计标准》（GB 50005—2017）的规定确定；

k——受拉弦杆对接时齿板抗拉强度调整系数，具体取值参考现行国家标准《木结构设计标准》（GB 50005—2017）。

③ 齿板连接抗剪承载力设计值应按下式计算：

$$V_r = v_r b_v \tag{3.109}$$

式中：V_r——齿板连接抗剪承载力设计值（N）；

b_v——平行于剪力方向的齿板受剪截面宽度（mm）；

v_r——齿板抗剪强度设计值（N/mm），按现行国家标准《木结构设计标准》（GB 50005—2017）的规定确定。

④ 齿板剪—拉复合承载力设计值应按下列公式计算（图 3.32）：

$$C_r = C_{r1} l_1 + C_{r2} l_2 \tag{3.110}$$

$$C_{r1} = V_{r1} + \frac{\theta}{90}(T_{r1} - V_{r1}) \tag{3.111}$$

$$C_{r2} = T_{r2} + \frac{\theta}{90}(V_{r2} - T_{r2}) \tag{3.112}$$

式中：C_r——齿板连接剪—拉复合承载力设计值（N）；

C_{r1}——沿 l_1 方向齿板剪—拉复合强度设计值（N/mm）；

C_{r2}——沿 l_2 方向齿板剪—拉复合强度设计值（N/mm）；

l_1——所考虑的杆件沿 l_1 方向被齿板覆盖的长度（mm）；

l_2——所考虑的杆件沿 l_2 方向被齿板覆盖的长度（mm）；

V_{r1}——沿 l_1 方向齿板抗剪强度设计值（N/mm）；

V_{r2}——沿 l_2 方向齿板抗剪强度设计值（N/mm）；

T_{r1}——沿 l_1 方向齿板抗拉强度设计值（N/mm）；

T_{r2}——沿 l_2 方向齿板抗拉强度设计值（N/mm）；

T——腹杆承受的设计拉力（N）；

θ——杆件轴线间夹角（°）。

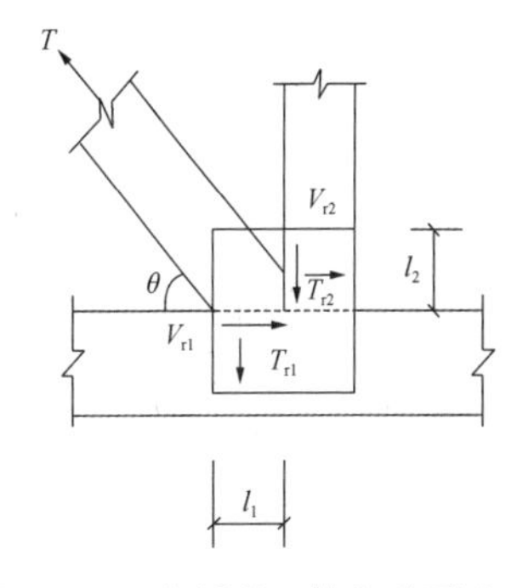

图3.32 齿板剪—拉复合受力

⑤ 在正常使用极限状态下，板齿抗滑移承载力应按下式计算：

$$N_s = n_s A \tag{3.113}$$

式中：N_s——板齿抗滑移承载力设计值(N)；

n_s——板齿抗滑移强度(N/mm^2)，按现行国家标准《木结构设计标准》(GB 50005—2017)的规定确定；

A——齿板表面净面积(mm^2)。

⑥ 构造要求

a. 齿板应成对对称设置于构件连接节点的两侧；

b. 采用齿板连接的构件厚度应不小于齿嵌入构件深度的两倍；

c. 在与桁架弦杆平行及垂直方向齿板与弦杆的最小连接尺寸、在腹杆轴线方向齿板与腹杆的最小连接尺寸均应符合表 3.18 的规定；

d. 弦杆对接所用齿板宽度不应小于弦杆相应宽度的 65%。

表 3.18　齿板与桁架弦杆、腹杆最小连接尺寸　　单位：mm

规格材截面尺寸/(mm×mm)	桁架跨度 L/m		
	$L \leqslant 12$	$12 < L \leqslant 18$	$18 < L \leqslant 24$
40×65	40	45	—
40×90	40	45	50
40×115	40	45	50
40×140	40	50	60
40×185	50	60	65
40×235	65	70	75
40×285	75	75	85

4 木结构抗震与防火

4.1 木结构抗震设计

4.1.1 抗震设计依据

木结构在抗震设计环节主要依据的现行国家标准有《建筑抗震设计规范》(GB 50011—2010)、《建筑工程抗震设防分类标准》(GB 50223—2008)、《木结构设计标准》(GB 50005—2017)和《多高层木结构建筑技术标准》(GB/T 51226—2017)等。

4.1.2 结构体系抗震要求

1. 结构体系和选型

根据现行国家标准《木结构设计标准》(GB 50005—2017)第 4.2 节的相关规定，木结构建筑的结构体系应符合下列要求：

(1) 结构布置

平面布置宜简单、规则，减少偏心。楼层平面宜连续，不宜有较大凹凸或开洞。

竖向布置宜规则、均匀，不宜有过大的外挑和内收。结构的侧向刚度沿竖向自下而上宜均匀变化，竖向抗侧力构件宜上下对齐，并应可靠连接。

结构薄弱部位应采取措施提高抗震能力。当建筑物平面形状复杂、各部分高度差异大或楼层荷载相差较大时，可设置防震缝；防震缝两侧的上部结构应完全分离，防震缝的最小宽度不应小于 100 mm。

当有挑檐时，挑檐与主体结构应具有良好的连接。

(2) 结构规则性

除木结构混合建筑外，木结构建筑中不宜出现表 4.1 中规定的一种或多种不规则类型。

当木结构建筑的结构不规则时，应进行地震作用计算和内力调整，并对薄弱部位采取有效的抗震构造措施；同时，楼层水平力应按抗侧力构件层间等效抗侧刚度的比例进行分配，并应同时计入扭转效应对各抗侧力构件的附加作用。

表 4.1　木结构不规则结构类型表

序号	结构不规则类型	不规则定义
1	扭转不规则	楼层最大弹性水平位移或层间位移大于该楼层两端弹性水平位移或层间位移平均值的 1.2 倍
2	上下楼层抗侧力构件不连续	上下层抗侧力单元之间平面错位大于楼盖搁栅高度的 4 倍或大于 1.2 m
3	楼层抗侧力突变	抗侧力结构的层间抗剪承载力小于相邻上一楼层的 65%

(3) 体系和选型

现行国家标准《多高层木结构建筑技术标准》(GB/T 51226—2017)第 6.2 节给出了多高层木结构建筑的有关结构体系和选型的相关规定，此处仅给出结构类型划分、层数限值、高度限值和高宽比限值等的规定。

① 当多高层木结构建筑采用上下混合木结构时，底部结构应采用钢筋混凝土结构或钢结构，底部结构的层数应符合表 4.2 的规定。

表 4.2　上下混合木结构的底部结构允许层数

底部结构	抗震设防烈度				
	6 度	7 度	8 度		9 度
			0.20g	0.30g	
混凝土框架、钢框架	2	2	2	1	1
混凝土剪力墙	2	2	2	2	2

② 当多高层木结构建筑的抗震设防类别为甲、乙类建筑以及高度大于 24 m 的丙类建筑时，不应采用单跨木框架结构。

③ 对于多高层木结构建筑，各种乙类、丙类建筑结构体系适用的结构类型、总层数和总高度应符合表 4.3 的规定。甲类建筑应按本地区抗震设防烈度提高 1 度后符合表 4.3 的规定，抗震设防烈度为 9 度时应进行专门研究。

表 4.3　多高层木结构建筑适用结构类型、总层数和总高度

结构体系	木结构类型	抗震设防烈度									
		6 度		7 度		8 度				9 度	
						0.20g		0.30g			
		高度/m	层数	高度/m	层数	高度/m	层数	高度/m	层数	高度/m	层数
纯木结构	轻型木结构	20	6	20	6	17	5	17	5	13	4
	木框架支撑结构	20	6	17	5	15	5	13	4	10	3
	木框架剪力墙结构	32	10	28	8	25	7	20	6	20	6
	正交胶合木剪力墙结构	40	12	32	10	30	9	28	8	28	8

续表

结构体系		木结构类型	抗震设防烈度									
			6度		7度		8度				9度	
							0.20g		0.30g			
			高度/m	层数	高度/m	层数	高度/m	层数	高度/m	层数	高度/m	层数
木混合结构	上下混合木结构	上部轻型木结构	23	7	23	7	20	6	20	6	16	5
		上部木框架支撑结构	23	7	20	6	18	6	17	5	13	4
		上部木框架剪力墙结构	35	11	31	9	28	8	23	7	23	7
		上部正交胶合木剪力墙结构	43	13	35	11	33	10	31	9	31	9
	混凝土核心筒木结构	纯框架结构	56	18	50	16	48	15	46	14	40	12
		木框架支撑结构										
		正交胶合木剪力墙结构										

注:① 房屋高度指室外地面到主要屋面板板面的高度,不包括局部突出屋顶部分;
② 木混合结构高度与层数指建筑的总高度和总层数;
③ 超过表内高度的房屋应进行专门研究和论证,并应采取有效的加强措施。

④ 多高层木结构建筑的高宽比不宜大于表 4.4 的规定。

表 4.4 多高层木结构建筑的高宽比限值

木结构类型	抗震设防烈度			
	6度	7度	8度	9度
轻型木结构	4	4	3	2
木框架支撑结构	4	4	3	2
木框架剪力墙结构	4	4	3	2
正交胶合木剪力墙结构	5	4	3	2
上下混合木结构	4	4	3	2
混凝土核心筒木结构	5	4	3	2

注:① 计算高宽比的高度从室外地面算起;
② 当塔形建筑底部有大底盘时,计算高宽比的高度从大底盘顶部算起;
③ 上下混合木结构的高宽比按木结构部分计算。

2. 木结构抗侧力体系类型

按结构中的主要抗侧力构件分类,木结构的抗侧力体系可分为轻型木剪力墙结构体系、正交胶合木剪力墙结构体系、木框架支撑结构体系、木框架剪力墙结构体系以及混凝土核心筒木结构体系,其中混凝土核心筒木结构体系中的木结构部分可以是木梁柱(框架)体系,也可以是正交胶合木剪力墙结构体系,甚至是由木梁柱框架和木剪力墙组成的混合结构体系。

轻型木结构进行结构设计时，一般可分为竖向荷载和水平荷载两种情形，其中水平作用荷载设计指的是剪力墙和楼(屋)盖在平面内承受水平地震作用和风荷载的设计；竖向荷载包括结构自重、活荷载、风荷载在屋面的压力和吸力所产生的竖向荷载。竖向荷载的传递路径是屋盖覆面板→搁栅(椽条)→墙体(过梁)→基础。水平荷载的传递路径为(图 4.1)楼盖系统(覆面板、搁栅和金属连接件)→轻型木剪力墙→基础，其中轻型木剪力墙的剪力分配是根据楼(屋)盖的刚柔性确定的，具体设计方法见本指南 4.1.3 节。

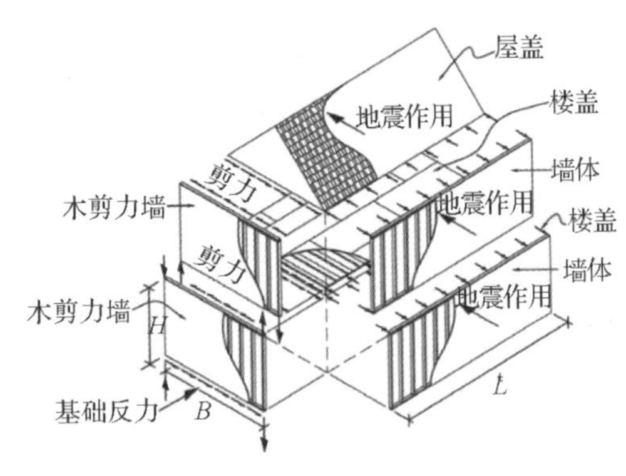

图 4.1　轻型木结构及其水平荷载传递路径

混凝土核心筒木结构体系中，混凝土主要承受整体结构绝大部分的水平作用荷载，而木结构部分则主要承受竖向作用荷载。典型的工程案例为加拿大北不列颠哥伦比亚大学(UBC)的 Brock Commons 学生公寓(图 4.2)，共 18 层 53 m，其中底层是混凝土结构，上部 17 层为混凝土核心筒木结构。

其余几种结构体系的抗侧力机理和钢结构及混凝土结构体系类似，此处不再详述。

图 4.2　加拿大 Brock Commons 学生公寓楼

(图片来源：FII 摄)

4.1.3 地震作用计算方法

对于木结构建筑的地震作用计算和抗震设防类别，应分别符合现行国家标准《建筑抗震设计规范》(GB 50011—2010)和《建筑工程抗震设防分类标准》(GB 50223—2008)的相关规定。除此之外，还应满足现行国家标准《木结构设计标准》(GB 50005—2017)第4.2节和《多高层木结构建筑技术标准》(GB/T 51226—2017)第4.3节的相关规定。

根据木结构房屋类型、规则性和建筑结构高度，木结构建筑的地震作用计算方法主要包括底部剪力法、振型分解反应谱法和时程分析法。下面分别对这几类地震作用计算方法的适用领域进行简要阐述。

1. 底部剪力法的适用领域

① 常规的轻型木结构，相应于结构基本自振周期的水平地震影响系数 α_1，可取水平地震影响系数最大值；

② 高度不超过20 m、以剪切变形为主且质量和刚度沿高度分布比较均匀的胶合木结构或其他方木原木结构，其结构基本自振周期特性应按空间结构模型计算。

2. 振型分解反应谱法的适用领域

① 扭转不规则或楼层抗侧力突变的轻型木结构；

② 多高层木结构建筑；

③ 质量和刚度沿高度分布不均匀的胶合木结构或方木原木结构。

3. 时程分析法的适用领域

抗震设防烈度为7度、8度和9度，且符合下列要求的建筑：

① 甲类多高层木结构建筑；

② 符合表4.5中规定的乙、丙类多高层木结构建筑；

③ 质量沿竖向分布特别不均匀的多高层木结构建筑；

④ 多高层木混合结构建筑。

表4.5 采用时程分析法的乙、丙类多高层纯木结构建筑

设防烈度、场地类别	建筑高度范围
8度Ⅰ、Ⅱ类场地和7度	≥24 m
8度Ⅲ、Ⅳ类场地	≥18 m
9度	≥12 m

4.1.4 抗震设计规定

木结构的抗震设计方法应符合现行国家标准《建筑抗震设计规范》(GB 50011—2010)、《建筑工程抗震设防分类标准》(GB 50223—2008)、《木结构设计标准》(GB 50005—2017)和《多高层木结构建筑技术标准》(GB/T 51226—2017)的相关规定。下面分别从结构抗震分析、构件抗震设计方法和连接抗震设计方法等几个方面进行阐述，其中针对轻型木结构专门给出了构造设计法和工程设计法的详细介绍。

1. 结构抗震分析

当抗震设防烈度为 8 度或 9 度时，木结构抗震设计应同时考虑竖向地震作用的荷载效应组合；高层木结构及高层木混合结构还应考虑重力二阶效应的不利影响。

木结构在进行抗震设计时的阻尼比取值主要分为如下几种情况：① 对于多高层纯木结构建筑，在多遇地震验算时可取为 0.03，在罕遇地震验算时可取为 0.05；② 对于木混合结构建筑，可根据位能等效原则计算结构的阻尼比；③ 对于不符合上述两种情况的其他木结构建筑，可取为 0.05。

在竖向荷载、风荷载以及多遇地震作用下，多高层木结构的内力和变形可采用弹性方法计算；罕遇地震作用下，多高层木结构的弹塑性变形可采用弹塑性时程分析法或静力弹塑性分析法计算。多高层木结构建筑弹性状态下的层间位移角和弹塑性层间位移角应符合表 4.6 的规定。

表 4.6　多高层木结构建筑层间位移角限值

结构体系		弹性层间位移角	弹塑性层间位移角
纯木结构	轻型木结构	≤1/250	≤1/50
	其他纯木结构	≤1/350	
上下混合木结构	上部纯木结构	按纯木结构采用	≤1/50
	下部的混凝土框架	≤1/550	
	下部的钢框架	≤1/350	
	下部的混凝土框架剪力墙	≤1/800	
混凝土核心筒木结构		≤1/800	≤1/50

(1) 木框架支撑(木框架剪力墙)结构

多高层木框架支撑结构和木框架剪力墙结构在进行抗震设计时，其各层框架总剪力小于底部总剪力的 20%时，各层框架所承担的地震剪力的取值不应小于下列规定中的较小值：① 结构底部总剪力的 25%；② 框架部分各楼层地震剪力最大值的 1.8 倍。

多高层木框架支撑结构在进行抗震设计时，木框架支撑体系应设计成双向抗侧力体系；对其角柱(或两个方向的支撑/剪力墙所共有的柱构件)进行抗震计算时，其水平地震作用引起的构件内力应考虑 1.3 倍的增大系数；计算结构自振周期应考虑非承重填充墙体的影响对其予以折减；当非承重墙体为木骨架墙体或外挂墙板时，周期折减系数可取 0.9～1.0。

(2) 上下混合木结构

当下部为混凝土结构，上部为木框架剪力墙结构或正交胶合木剪力墙结构进行地震力计算时，应按结构刚度比进行计算。对于该类平面规则的木混合结构，当下部为混凝土结构，上部为 4 层及 4 层以下的木结构时，应按下列规定计算地震作用：

① 下部平均抗侧刚度与相邻上部木结构的平均抗侧刚度之比小于 4 时，组合木结构

可按整体结构采用底部剪力法进行计算；

② 下部平均抗侧刚度与相邻上部木结构的平均抗侧刚度之比大于 4 时，上部木结构和下部混凝土结构可分开单独进行计算。当上下部分进行分别计算时，上部木结构可按底部剪力法计算，并应乘以增大系数 β，β 应按下式计算：

$$\beta=0.035\alpha+2.11 \tag{4.1}$$

式中：α——底层平均抗侧刚度与相邻上部木结构的平均抗侧刚度之比。

当下部为混凝土结构，上部为轻型木结构进行地震力计算时，上部结构的水平地震作用放大系数应根据下上部刚度比按下列规定计算：

① 对于下部混凝土结构高度大于 10 m、上部为 1 层轻型木结构，当下部与上部结构刚度比为 6～12 时，上部木结构的水平地震作用放大系数宜取 3.0；当下部与上部结构刚度比不小于 24 时，放大系数宜取 2.5；中间值可采用线性插值法确定。

② 当下部混凝土结构高度小于 10 m、上部为 1 层轻型木结构，或下部混凝土结构高度大于 10 m、上部为 2 层或 2 层以上轻型木结构时，上下结构宜分开采用底部剪力法进行抗震设计；当下部与上部结构刚度比为 6～12 时，上部木结构的地震作用放大系数宜取 2.5；当下部与上部结构刚度比不小于 24 时，放大系数宜取 1.9；中间值可采用线性插值法确定。

③ 对于不符合上述两种情形的 7 层及 7 层以下的木混合结构，上下结构宜分别采用底部剪力法进行抗震设计；当下部与上部结构刚度比为 6～12 时，上部木结构的地震作用放大系数宜取 2.0；当下部与上部结构刚度比不小于 30 时，放大系数宜取 1.7；中间值可采用线性插值法确定。

（3）混凝土核心筒木结构

混凝土核心筒的设计应符合下列规定：

① 竖向荷载作用计算时，宜考虑木柱与钢筋混凝土核心筒之间的竖向变形差引起的结构附加内力；计算竖向变形差时，宜考虑混凝土收缩、徐变、沉降、施工调整以及木材蠕变等因素的影响。

② 对于预先施工的钢筋混凝土筒体，应验算施工阶段的混凝土筒体在风荷载及其他荷载作用下的不利状态的极限承载力。

③ 钢筋混凝土核心筒体应承担 100%的水平荷载，木结构竖向构件只承受竖向荷载作用。

2. 构件抗震设计方法

木结构建筑进行构件抗震验算时，承载力抗震调整系数 γ_{RE} 应符合表 4.7 的规定。当仅计算竖向地震作用时，各类构件的承载力抗震调整系数 γ_{RE} 均应取为 1.0。

表 4.7 承载力抗震调整系数

构件名称	系数 γ_{RE}
柱、梁	0.80
各类构件(偏拉、受剪)	0.85
木基结构板剪力墙	0.85
连接件	0.90

木结构建筑进行构件抗震验算时，应符合下列规定：

① 对于支撑上下楼层不连续抗侧力单元的梁、柱或楼盖，其地震组合作用效应应乘以不小于 1.15 的增大系数；

② 对于具有薄弱层的木结构，薄弱层剪力应乘以不小于 1.15 的增大系数。

对于楼、屋面结构上设置的围护墙、隔墙、幕墙、装饰贴面和附属机电设备系统等非结构构件，及其与结构主体的连接，应进行抗震设计。非结构构件抗震验算时，连接件的承载力抗震调整系数 γ_{RE} 可取 1.0。

3. 连接抗震设计方法

对于轻型木结构，在验算屋盖与下部结构连接部位的连接强度及局部承压时，应对风荷载引起的上拔力乘以 1.2 倍的放大系数。

对于多高层木结构中的上下混合木结构，上下结构间的连接是整体结构有效工作的重要保证，同时也是结构中最易受损的地方。为进一步强调上下混合结构的连接，考虑地震引起的不确定性，保证木结构的延性和安全，我国相关规范规定，对于上部木结构、下部其他结构的木混合结构，在验算上部木结构与下部结构连接处的强度、局部承压和抗拉拔作用时，应将地震作用引起的侧向力和倾覆力矩乘以 1.2 倍的放大系数。

对于大跨木结构，其屋顶平面内刚度受建筑造型影响，平面外刚度小振型密集，需要考虑屋面在风荷载作用下向上的吸力影响，以及竖向地震作用的影响。因此屋面的支座节点的刚度和强度需有可靠的保证，以实现计算中支座假定所要求的条件。必要时应考虑支座处因下部结构在风荷载或地震荷载作用下产生的水平位移的影响。

4. 轻型木结构的构造设计法

构造设计法是指轻型木结构进行抗侧力设计时，按规定的要求布置结构构件，并结合相应的构造措施以实现结构及构件的安全性和适用性的设计方法。根据现行国家标准《木结构设计标准》(GB 50005—2017)第 9.1.6 条的规定，构造设计法的适用领域如下。

对于 3 层及 3 层以下的轻型木结构建筑，当符合下列条件时，其抗震、抗风设计可采用构造设计法：

① 建筑物每层面积不大于 600 m^2，层高不大于 3.6 m；

② 楼面活荷载标准值不大于 2.5 kN/m^2，屋面活荷载标准值不大于 0.5 kN/m^2；

③ 建筑物屋面坡度不小于 1∶12 且不大于 1∶1，纵墙上檐口悬挑长度不大于 1.2 m，山墙上檐口悬挑长度不大于 0.4 m；

④ 承重构件的净跨距不大于 12.0 m。

按构造设计法进行设计时，关于剪力墙最小长度、剪力墙平面布置、结构平面规则性和墙体竖向布置等的具体要求，可参考现行国家标准《木结构设计标准》(GB 50005—2017)第 9.1.7～9.1.9 条。

5. 轻型木结构的工程设计法

工程设计法指根据现行标准规范，通过计算来确定结构内力、构件的尺寸和布置以及构件之间连接节点的设计方法。在前述地震作用计算的基础上，主要是需要确定楼层剪力分配方法，而剪力分配方法主要包括面积分配法和刚度分配法，当两者得到的剪力墙水平作用力的差值超过15%时，剪力墙应按两者中最不利情况进行设计。

(1) 面积分配法

面积分配法是指各剪力墙承担的楼层水平作用力按照剪力墙从属面积上重力荷载代表值的比例进行分配的设计方法。

当轻型木结构建筑假定为柔性楼屋盖时，可采用面积分配法确定楼层内各剪力墙的水平剪力分配。

(2) 刚度分配法

刚度分配法是指各剪力墙承担的楼层水平作用力按照剪力墙抗侧刚度的比例进行分配的设计方法。

当轻型木结构建筑假定为刚性楼屋盖时，可采用刚度分配法确定楼层内各剪力墙的水平剪力分配。根据现行国家标准《木结构设计标准》(GB 50005—2017)第9.1.5条的规定，当按刚度分配法进行分配时，各墙体的水平剪力可按下式计算：

$$V_j = \frac{K_{\mathrm{W}j} L_j}{\sum_{i=1}^{n} K_{\mathrm{W}i} L_i} V \tag{4.2}$$

式中：V_j——第 j 面剪力墙承担的水平剪力(kN)；

V——楼层由地震作用或风荷载产生的 X 方向或 Y 方向的总水平剪力(kN)；

K_{W_i}、K_{W_j}——第 i、j 面剪力墙单位长度的抗剪刚度(kN/m)，按现行国家标准《木结构设计标准》(GB 50005—2017)附录N的规定采用；

L_i、L_j——第 i、j 面剪力墙的长度(m)；当墙上开孔尺寸小于900 mm×900 mm时，墙体可按一面墙计算；

n——X 方向或 Y 方向的剪力墙数。

采用轻型木屋盖的多层民用建筑，木屋盖可作为顶层质点作用在屋架支座处，顶层质点的等效重力荷载可取木屋盖重力荷载代表值与1/2墙体重力荷载代表值之和。其余质点可取重力荷载代表值的85%。作用在轻型木屋盖的水平荷载应按下式确定：

$$F_{\mathrm{E}} = \frac{G_{\mathrm{r}}}{G_{\mathrm{eq}}} \cdot F_{\mathrm{Ek}} \tag{4.3}$$

式中：F_{E}——轻型木屋盖的水平荷载(kN)；

G_{r}——木屋盖重力荷载代表值(kN)；

G_{eq}——顶层质点的等效重力荷载(kN)；

F_{Ek}——顶层水平地震作用标准值(kN)。

4.2 木结构防火设计

4.2.1 防火设计依据

建筑防火设计的目的：尽量减少因建筑设计缺陷而受到火灾威胁的可能性。

建筑防火设计的作用：避免或减轻结构在火灾中的失效，避免结构在火灾中局部倒塌造成人员疏散困难；避免结构在火灾中整体倒塌造成人员伤亡，造成直接经济损失；减少火灾后结构的修复加固费用，缩短灾后结构功能恢复周期，减少间接经济损失。

木结构防火设计主要依据：现行国家标准《建筑设计防火规范》(GB 50016—2014)、《木结构设计标准》(GB 50005—2017)和《多高层木结构建筑技术标准》(GB/T 51226—2017)。

4.2.2 防火设计方法

此处，木结构防火设计主要从建筑防火设计、构件防火设计和防火构造措施等几个方面进行阐述。涉及的防火分区、安全疏散等防火设计内容，由于现行国家标准《建筑设计防火规范》(GB 50016—2014)正在修订过程中，此处暂不做介绍，设计时可直接参照规范。

1. 建筑防火设计

材料的燃烧性能一般分为四类：不燃性、难燃性、可燃性和易燃性。构件的耐火极限是指构件从受到火的作用时起，到失去其支承能力或完整性而破坏或失去隔火作用的时间间隔，以小时(h)计。

根据现行国家标准《建筑设计防火规范》(GB 50016—2014)、《木结构设计标准》(GB 50005—2017)和《多高层木结构建筑技术标准》(GB/T 51226—2017)的规定，木结构建筑构件的燃烧性能和耐火极限不应低于表 4.8 的规定，常用木构件的燃烧性能和耐火极限可按表 4.9 的规定确定。

表 4.8 木结构建筑中构件的燃烧性能和耐火极限

构件名称	燃烧性能和耐火极限/h	
	3 层以下	4 层和 5 层
防火墙	不燃性 3.00	不燃性 3.00
电梯井墙体	不燃性 1.00	不燃性 1.50
承重墙、住宅建筑单元之间的墙和分户墙、楼梯间的墙	难燃性 1.00	难燃性 2.00
非承重外墙、疏散走道两侧的隔墙	难燃性 0.75	难燃性 1.00
房间隔墙	难燃性 0.50	难燃性 0.50
承重柱	可燃性 1.00	难燃性 2.00
梁	可燃性 1.00	难燃性 2.00
楼板	难燃性 0.75	难燃性 1.00
屋顶承重构件	可燃性 0.50	难燃性 0.50
疏散楼梯	难燃性 0.50	难燃性 1.00
吊顶	难燃性 0.15	难燃性 0.25

表 4.9 木结构构件燃烧性能和耐火极限

构件名称			截面图和结构厚度或截面最小尺寸/mm	耐火极限/h	燃烧性能
承重墙	两侧为耐火石膏板的承重内墙	1. 15 mm 厚耐火石膏板 2. 墙骨柱最小截面 40 mm×90 mm 3. 填充岩棉或玻璃棉 4. 15 mm 厚耐火石膏板 5. 墙骨柱间距为 400 mm 或 610 mm	最小厚度 120 mm 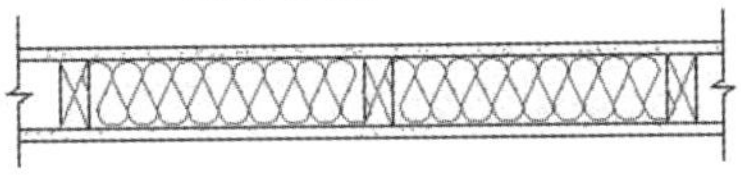	1.00	难燃性
	曝火面为耐火石膏板，另一侧为定向刨花板的承重外墙	1. 15 mm 厚耐火石膏板 2. 墙骨柱最小截面 40 mm×90 mm 3. 填充岩棉或玻璃棉 4. 15 mm 厚定向刨花板 5. 墙骨柱间距为 400 mm 或 610 mm	最小厚度 120 mm 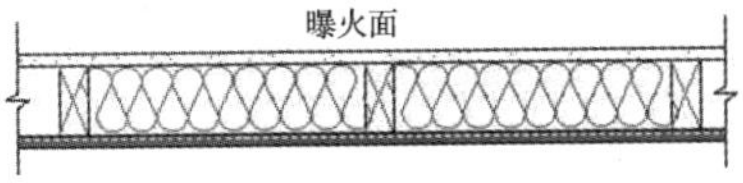 曝火面	1.00	难燃性
非承重墙	两侧为石膏板的非承重内墙	1. 双层 15 mm 厚耐火石膏板 2. 双排墙骨柱，墙骨柱截面 40 mm×90 mm 3. 填充岩棉或玻璃棉 4. 双层 15 mm 厚耐火石膏板 5. 墙骨柱间距为 400 mm 或 610 mm	厚度 245 mm 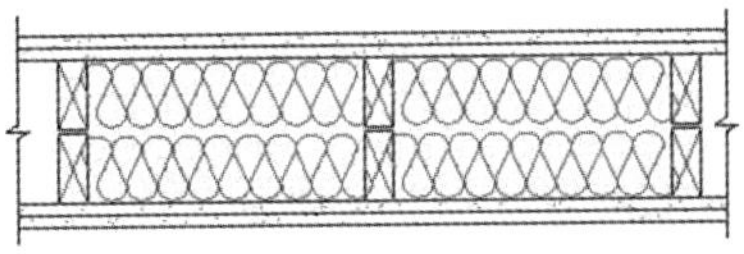	2.00	难燃性
		1. 双层 15 mm 厚耐火石膏板 2. 双排墙骨柱交错放置在 40 mm×140 mm 的底梁板上，墙骨柱截面 40 mm×90 mm 3. 填充岩棉或玻璃棉 4. 双层 15 mm 厚耐火石膏板 5. 墙骨柱间距为 400 mm 或 610 mm	厚度 200 mm 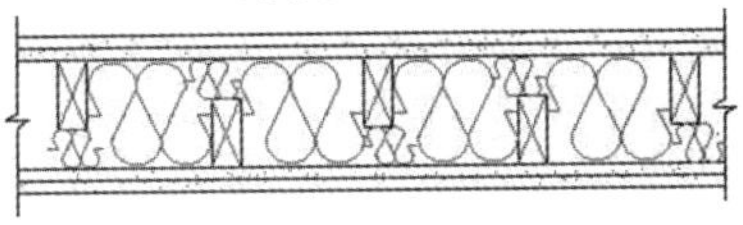	2.00	难燃性
		1. 双层 12 mm 厚耐火石膏板 2. 墙骨柱截面 40 mm×90 mm 3. 填充岩棉或玻璃棉 4. 双层 12 mm 厚耐火石膏板 5. 墙骨柱间距为 400 mm 或 610 mm	厚度 138 mm 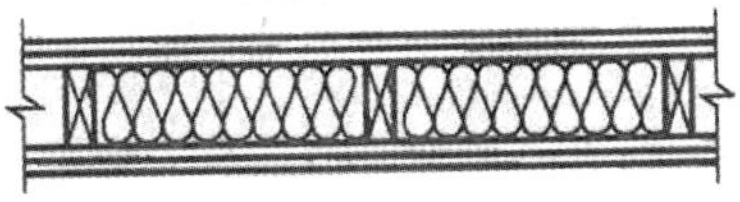	1.00	难燃性

续表

构件名称			截面图和结构厚度或截面最小尺寸/mm	耐火极限/h	燃烧性能
非承重墙	两侧为石膏板的非承重内墙	1. 12 mm 厚耐火石膏板 2. 墙骨柱最小截面 40 mm×90 mm 3. 填充岩棉或玻璃棉 4. 12 mm 厚耐火石膏板 5. 墙骨柱间距为 400 mm 或 610 mm	最小厚度 114 mm 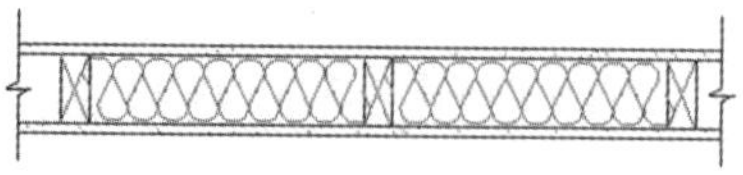	0.75	难燃性
		1. 15 mm 厚普通石膏板 2. 墙骨柱最小截面 40 mm×90 mm 3. 填充岩棉或玻璃棉 4. 15 mm 厚普通石膏板 5. 墙骨柱间距为 400 mm 或 610 mm	最小厚度 120 mm 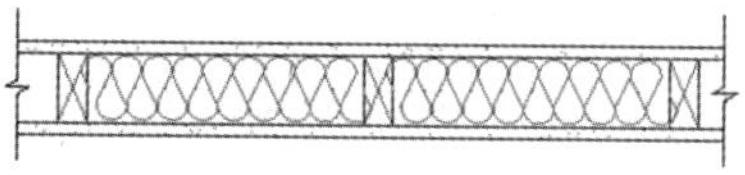	0.50	难燃性
	一侧石膏板，另一侧定向刨花板的非承重外墙	1. 12 mm 厚耐火石膏板 2. 墙骨柱最小截面 40 mm×90 mm 3. 填充岩棉或玻璃棉 4. 12 mm 厚定向刨花板 5. 墙骨柱间距为 400 mm 或 610 mm	最小厚度 114 mm 曝火面 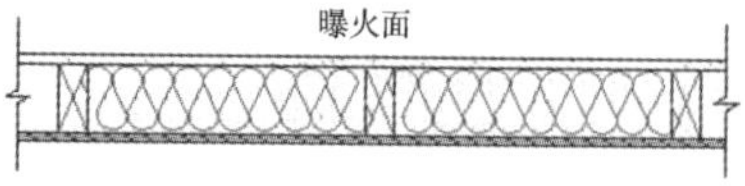	0.75	难燃性
		1. 15 mm 厚普通石膏板 2. 墙骨柱最小截面 40 mm×90 mm 3. 填充岩棉或玻璃棉 4. 15 mm 厚定向刨花板 5. 墙骨柱间距为 400 mm 或 610 mm	最小厚度 120 mm 曝火面 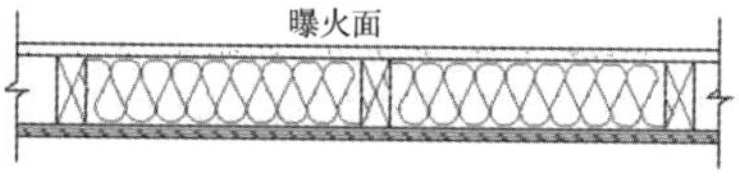	0.75	难燃性
楼盖		1. 楼面板为 18 mm 厚定向刨花板或胶合板 2. 实木搁栅或工字木搁栅,间距 400 mm 或 610 mm 3. 填充岩棉或玻璃棉 4. 吊顶为双层 12 mm 耐火石膏板	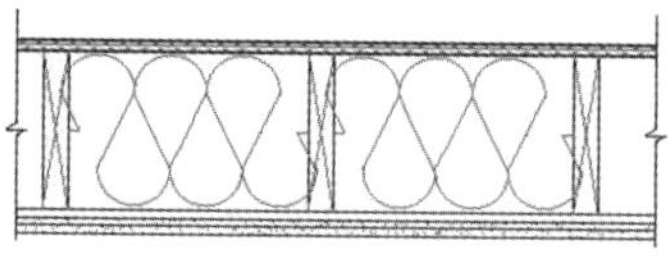 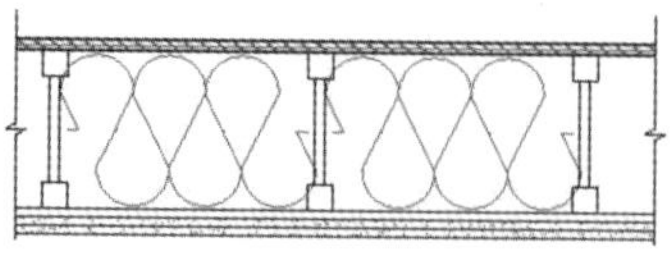	1.00	难燃性
		1. 楼面板为 15 mm 厚定向刨花板或胶合板 2. 实木搁栅或工字木搁栅,间距 400 mm 或 610 mm 3. 填充岩棉或玻璃棉 4. 13 mm 隔声金属龙骨 5. 吊顶为 12 mm 耐火石膏板	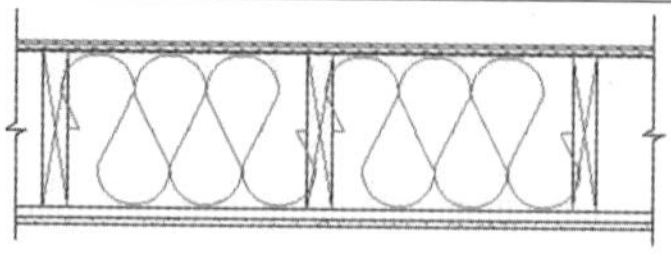 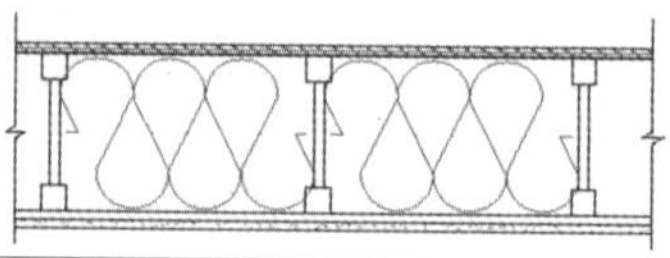	0.50	难燃性

续表

构件名称		截面图和结构厚度或截面最小尺寸/mm	耐火极限/h	燃烧性能
吊顶	1. 木楼盖结构 2. 木板条 30 mm×50 mm，间距 400 mm 3. 吊顶为 12 mm 耐火石膏板	独立吊顶，厚度 34 mm	0.25	难燃性
屋顶承重构件	1. 屋顶椽条或轻型木桁架，间距 400 mm 或 610 mm 2. 填充保温材料 3. 吊顶为 12 mm 耐火石膏板		0.50	难燃性

木结构建筑中防火墙间的允许建筑长度和每层最大允许建筑面积应符合表 4.10 的规定。

表 4.10　木结构建筑防火墙间允许建筑长度和每层允许面积

层数	防火墙间允许建筑长度/m	防火墙间的每层允许建筑面积/m^2
1	100	1 800
2	80	900
3	60	600
4	60	450
5	60	360

注：① 当设置自动喷水灭火系统时，防火墙间的允许建筑长度和每层最大允许建筑面积可按本表的规定增加 1.0 倍，对于丁、戊类地上厂房，防火墙间的每层最大允许建筑面积不限。
② 体育场馆等高大空间建筑，其建筑高度和建筑面积可适当增加。

木结构建筑之间、木结构建筑与其他耐火等级的建筑之间的防火间距的最小值限值见表 4.11 所示。

表 4.11　木结构建筑之间及其与其他民用建筑之间的防火间距　　单位：m

建筑耐火等级或类别	高层民用建筑	裙房和其他民用建筑			
	一、二级	一、二级	三级	木结构建筑	四级
木结构建筑	14	9	10	12	12

2. 构件防火设计

本节主要依据现行国家标准《建筑设计防火规范》(GB 50016—2014)和《木结构设计标准》(GB 50005—2017)的规定，对耐火极限不超过 2.00 h 的木结构构件进行防火设计。需要强调的是，木构件在防火设计和验算时，恒载和活载均应采用标准值。防火设计应采用下列设计表达式：

$$S_k \leqslant R_f \tag{4.4}$$

式中：S_k——火灾发生后验算受损木构件的荷载偶然拼合的效应设计值，永久荷载和可变荷载均应采用标准值；

R_f——按耐火极限燃烧后残余木构件的承载力设计值。

残余木构件的承载力设计值计算时，构件材料的强度和弹性模量应采用平均值。材料强度平均值应为材料强度标准值乘以表 4.12 规定的调整系数。

表 4.12　防火设计强度调整系数

构件材料种类	抗弯强度	抗拉强度	抗压强度
目测分级木材	2.36	2.36	1.49
机械分级木材	1.49	1.49	1.20
胶合木	1.36	1.36	1.36

木构件燃烧 t 小时后，有效炭化层厚度应按下式计算：

$$d_{ef}=1.2\beta_n t^{0.813} \tag{4.5}$$

式中：d_{ef}——有效炭化层厚度(mm)；

β_n——木材燃烧 1.00 h 的名义线性炭化速率(mm/h)，采用针叶材制作的木构件的名义线性炭化速率为 38 mm/h；

t——耐火极限(h)。

当验算燃烧后的构件承载能力时，应按《木结构设计标准》(GB 50005—2017)第 5 章的相关规定进行验算，并应符合下列规定：

① 验算构件燃烧后的承载能力时，应采用构件燃烧后的剩余截面尺寸；

② 当确定构件强度值需要考虑尺寸调整系数或体积调整系数时，应按构件燃烧前的截面尺寸计算相应调整系数。

三面受火和四面受火的木构件燃烧后剩余截面(图 4.3)的几何特征应根据构件实际受火面和有效炭化厚度进行计算。单面受火和相邻两面受火的木构件燃烧后剩余截面可按公式(4.5)确定。

除了上述基于炭化层的防火设计方法外，木结构构件(胶合木结构中的梁、柱等主要承重构件，轻型木结构中的墙体、楼屋面板等)防火设计还可采用防火覆盖层构造设计方法，其中的防火覆盖层应满足现行国家标准《建筑设计防火规范》(GB 50016—2014)、《木结构设计标准》(GB 50005—2017)和《多高层木结构建筑技术标准》(GB/T 51226—2017)中对木结构构件燃烧性能和耐火极限的要求。

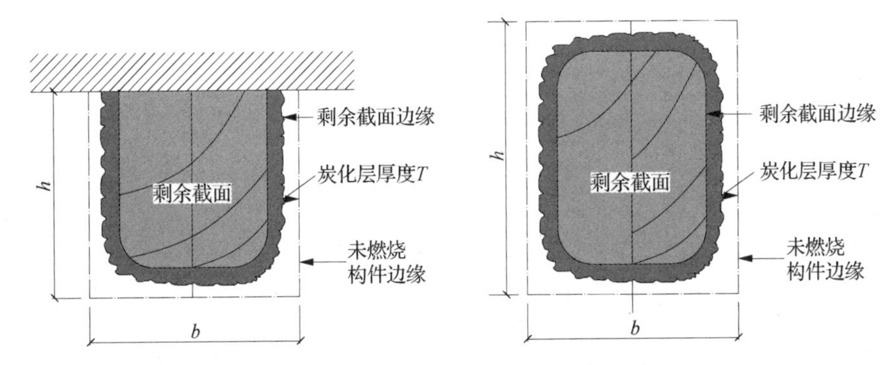

图 4.3 三面受火和四面受火构件截面简图

4.2.3 防火构造措施

1. 轻型木结构防火构造

轻型木结构建筑中，墙骨柱和面板之间形成许多空腔，如果墙体构件的空腔沿建筑物高度或者与楼盖或顶棚之间没有任何阻隔，一旦构件内某处发生火灾，火焰、高温气体以及烟气会迅速通过构件内部空腔进行蔓延。因此，应当在这些不同的空间之间增设防火分隔，从构造上阻断火焰、高温气体以及烟气的蔓延。根据火焰、高温气体和烟气传播的方式和规模，防火分隔分成竖向防火分隔和水平防火分隔。竖向防火分隔主要用来阻挡火焰、高温气体和烟气通过构件上的开孔和竖向通道在不同构件之间传播。其主要目的是通过相对封闭的空间进行封闭，有效地限制氧气的供应量以达到限制火焰增长的目的。水平防火分隔则是限制火焰、高温气体和烟气在水平构件中的传播。水平防火分隔的设置一般根据空间中的面积来确定。

轻型木结构的防火分隔可采用下列材料制作：

① 截面宽度不小于 40 mm 的规格材；

② 厚度不小于 12 mm 的石膏板；

③ 厚度不小于 12 mm 的胶合板或定向木片板；

④ 厚度不小于 0.4 mm 的钢板；

⑤ 厚度不小于 6 mm 的无机增强水泥板；

⑥ 其他满足防火要求的材料。

轻型木结构防火构造措施主要针对墙体、吊顶、楼屋盖、楼梯、管道和烟囱等部位，具体要求可参照现行国家标准《木结构设计标准》(GB 50005—2017)第 10.2 节和《木结构设计手册》(第四版)的相关内容，此处不进行详述。

2. 胶合木结构防火构造

胶合木结构防火构造措施主要依据现行国家标准《胶合木结构技术规范》(GB/T 50708—2012)第 7.2 节内容确定，主要包括楼屋面和连接节点的防火构造措施。

(1) 楼屋面板防火构造

当采用厚度为 50 mm 以上的锯材或胶合木作为屋面板或楼面板时，楼面板或屋面板端部应坐落在支座上，其防火设计和构造应符合下列要求：

① 当屋面板或楼面板采用单舌或双舌企口板连接时，屋面板或楼面板可作为仅有底面一面受火的受弯构件进行设计；

② 当屋面板或楼面板采用直边拼接时，屋面板或楼面板可作为两侧部分受火而底面完全受火的受弯构件，可按三面受火构件进行防火设计。此时，两侧部分受火的炭化率应为有效炭化率的1/3。

(2) 连接节点防火构造

主、次梁连接时，金属连接件可采用隐藏式连接(图4.4)。

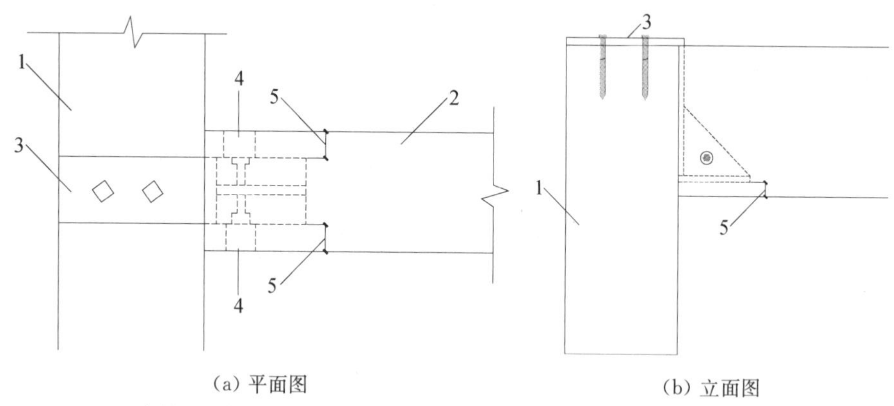

1—主梁；2—次梁；3—金属连接件；4—木塞；5—侧面或底面木材厚度≥40 mm

图4.4 主、次梁之间的隐藏式连接示意图

金属连接件表面可采用截面厚度不小于40 mm的木材作为连接件表面附加防火保护层(图4.5)。

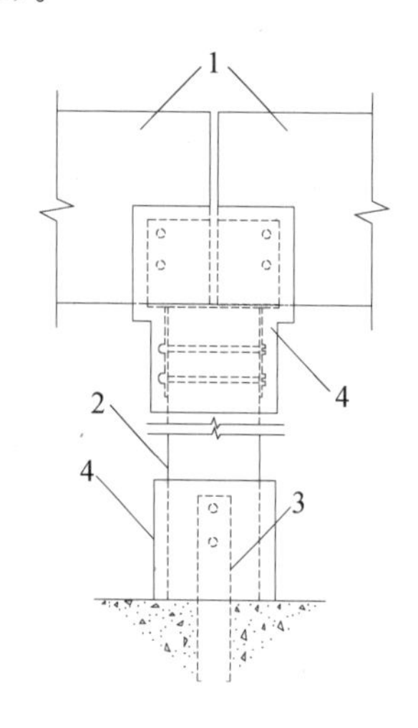

1—木梁；2—木柱；3—金属连接件；
4—厚度≥40 mm的木材保护层

图4.5 连接件附加保护层的防火构造示意图

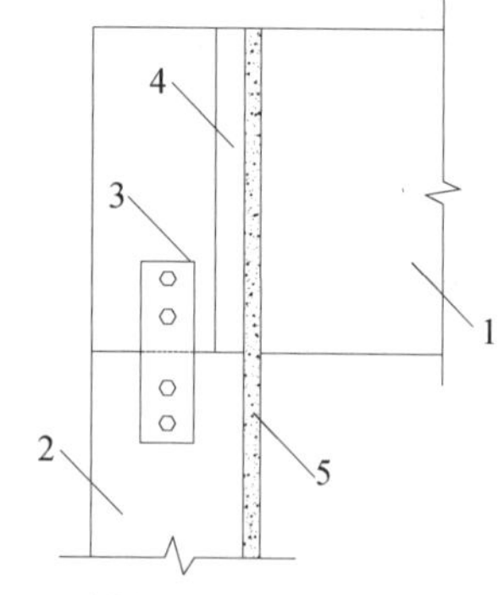

1—木梁；2—柱；3—金属连接件；
4—50 mm厚木条绕梁一周作为垫板；
5—防火石膏板或规格材

图4.6 梁柱连接件隔离式防火构造示意图

梁柱连接中，当要求连接处金属连接件不应暴露在火中时，除可采用图 4.5 提出的方法外，还可采用以下构造措施(图 4.6)：

① 将梁柱连接处包裹在耐火极限为 1.00 h 的墙体中；

② 采用截面尺寸为 40 mm×90 mm 的规格材和厚度大于 15 mm 的防火石膏板在梁柱连接处进行隔离。

梁柱连接中，当外观设计要求构件外露，并且连接处直接暴露在火中时，可将金属连接件嵌入木构件内，固定用的螺栓孔采用木塞封堵，梁柱连接缝采用防火材料填缝(图 4.7)。

梁柱连接中，当设计对构件连接处无外观要求时，对于直接暴露在火中的连接件，应在连接件表面涂刷耐火极限为 1.00 h 的防火涂料。

当设计要求顶棚需满足 1.00 h 耐火极限时，可采用截面尺寸为 40 mm×90 mm 的规格材作为衬木，并在底部铺设厚度大于 15 mm 的防火石膏板(图 4.8)。

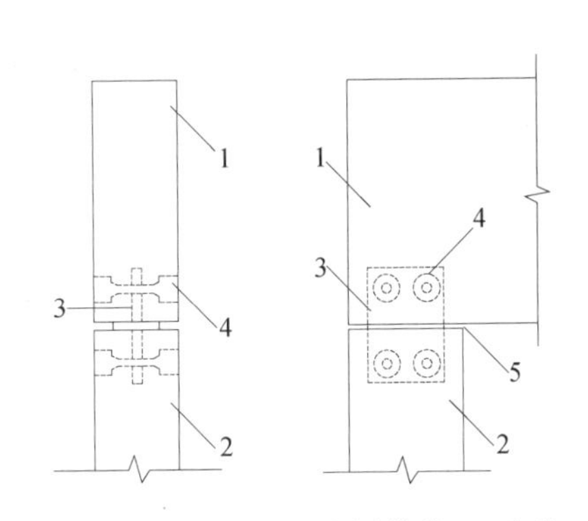

1—木梁；2—木柱；3—金属连接件；4—木塞；
5—腻子或其他防火材料填缝

图 4.7　梁柱连接件隐藏式防火构造示意图

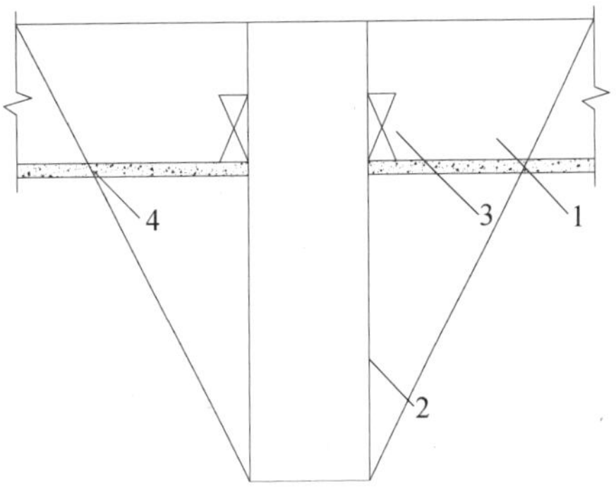

1—次梁；2—主梁；3—衬木；4—防火石膏板

图 4.8　顶棚防火构造示意图

根据现行欧洲规范 EC 5 第 1—2 部分的规定：

① 对于采用 3 mm 及以下厚度钢填板连接件的木结构连接，当钢板相对于木构件边缘缩进尺寸 d_g 大于 20 mm 时，其耐火极限可达 30 min；当钢板相对于木构件边缘缩进尺寸 d_g 大于 60 mm 时，其耐火极限可达 60 min[图 4.9(a)]。

② 对于采用胶入木塞[图 4.9(b)]或采用防火木板[图 4.9(c)]进行防火的情形，当胶入木塞的深度 d_g 或防火木板的厚度 h_p 大于 10 mm 时，其耐火极限可达 30 min；当胶入木塞的深度 d_g 或防火木板的厚度 h_p 大于 30 mm 时，其耐火极限可达 60 min。

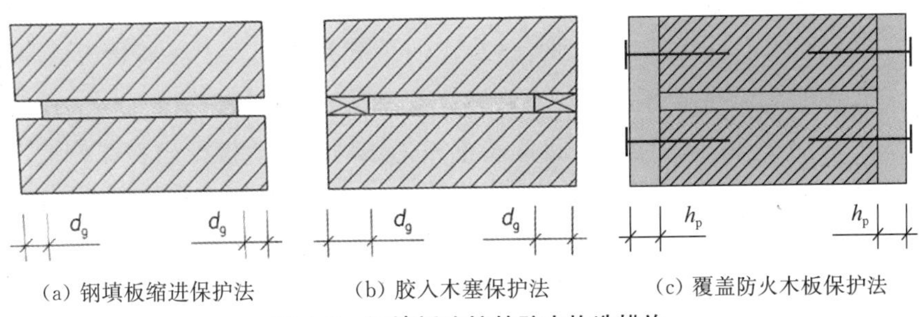

(a) 钢填板缩进保护法　(b) 胶入木塞保护法　(c) 覆盖防火木板保护法

图 4.9　钢填板连接的防火构造措施

5 轻型木结构

5.1 结构体系与特点

轻型木结构是一种以小截面木材通过钉和金属连接件连接固定建造而成的结构体系，主要以木骨架和板材组成的墙体传递水平荷载和竖向荷载，因而是一种典型的抗震墙体系。木骨架通常采用规格材，板材采用结构胶合板或定向刨花板等。

据统计，在北美，约有85%的多层住宅和95%的低层住宅采用轻型木结构体系。此外，约50%的低层商业建筑和公共建筑，如餐厅、学校、商店和办公楼等采用轻木体系。美国平均每年有近150万幢新的住宅建成，其中木结构住宅占80%以上。

轻型木结构的主要特点：

(1) 结构自重轻，例如木材的重量仅为混凝土的1/5～1/4，因而轻型木结构受到的地震作用相对较小；

(2) 轻型木结构采用规格材作墙骨柱，定向刨花板或胶合板等结构性能稳定的板材作覆面板，形成具有良好抗侧能力的木剪力墙，可以通过组成墙体的面板厚度以及面板与墙骨柱之间的钉连接参数变化来调整剪力墙的强度与刚度；

(3) 轻型木结构具有一定范围内的变形能力，可通过结构自身的变形来消耗地震能量，提高结构整体安全性。

5.1.1 分类及优势

1. 分类

轻型木结构体系根据上、下层墙体的墙骨柱是否连续可分为平台式和连续式两类。连续式框架结构是墙骨柱从基础开始到建筑物的顶部是连续的一种构造方式，如图5.1所示。该方式可避免楼面搁栅受到上部墙体荷载造成的木材横纹受压，但由于连续的墙骨柱易造成施工不便，目前这样的建造方式较为少见。平台式框架结构在构造上的不同之处在于墙体中的墙骨柱在楼层之间是不连续的，上下墙体之间通过抗拔连接件连接。平台式框架结构自20世纪40年代后期起一直是北美住宅建筑的主要结构形式，也是我国近年来轻型木结构建筑的主要形式，如图5.2所示。

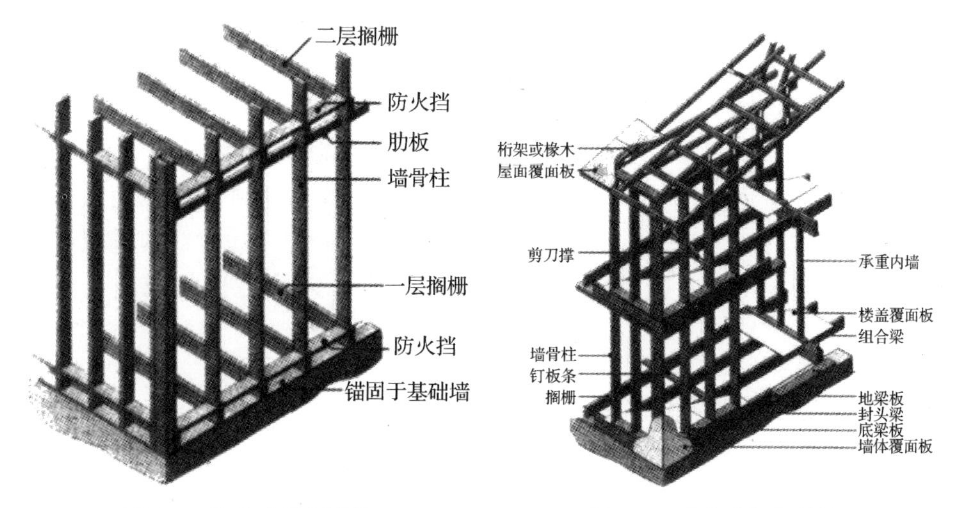

图 5.1　连续式框架结构　　　　**图 5.2　平台式框架结构**

可见，平台式轻型木结构由于结构简单和易于建造而被广泛使用，其主要优点是楼盖和墙体分开建造，不需要大型起重设备。而且，木构架可作为挡火构件阻止火焰在上下墙体中的蔓延，对建筑防火更加有利。

2. 优点

目前，轻型木结构中以平台式框架结构形式居多，应用最为广泛，具有以下优点：

(1) 经济性

木材为典型的天然材料，其材质不均匀，因此规格材使用前需要按照材质优劣进行分级处理，而轻型木结构可以通过设计利用不同规格、等级的木材，有效提高木材的利用率，减少材料的浪费。

(2) 施工方便

平台式轻型木结构在底层墙体建造后，铺设楼盖并以此为施工作业面继续建造二层墙体，采用这种施工方法时，墙体为单层的高度，尺寸不大，重量轻，现场施工组装方便，建造效率高，且无须大型起重设备进行提升。

(3) 保温、隔音设计性强，管线易于铺设

轻型木结构墙体及楼板多为规格材形成中空层，之间可以方便铺设保温隔音板，以达到建筑功能的需求，同时在规格材间隔中可方便管线的铺设，实现设备管线的隐蔽效果，避免装修过程中传统建筑墙面开凿或管线走明对建筑效果的影响。

(4) 施工周期短

轻型木结构建筑大部分构件都是加工好之后，再将其运输到施工现场，由施工工人组装拼接形成建筑的主体结构，而且施工现场的工人可以同时进行多项施工阶段的材料组装，相比而言，混凝土的施工经常需要等待上道工序完成后才能转入下一道工序的施工，因此，轻型木结构的建设施工在一定程度上大大缩短施工现场的施工周期。

3. 适用范围

现行国家标准《木结构设计标准》(GB 50005—2017)规定,轻型木结构的层数不宜超过3层。对于上部结构采用轻型木结构的组合建筑,木结构的层数不应超过3层,且该建筑总层数不应超过7层。现行国家标准《多高层木结构建筑技术标准》(GB/T 51226—2017)规定,当采用上下混合木结构,底部结构应采用钢筋混凝土结构或钢结构,设防烈度小于8(0.2g)度时,底部可建2层,其他情况至多1层。现行国家标准《建筑设计防火规范》(GB 50016—2014)规定,轻型木结构可建造3层,10 m以内,采用混合结构时可建造7层,24 m以内。

5.1.2 整体结构设计方法

轻型木结构的结构设计方法主要有构造设计法和工程设计法两种。构造设计法是基于经验的一种设计方法,对于满足一定条件的房屋,可以不做结构内力分析,特别是抗侧力分析,而只进行结构构件的竖向承载力分析验算,满足构造要求即完成设计,根据构造要求即可施工。当建筑不满足构造要求的规定时,则应采用工程设计法进行结构设计。

1. 构造设计法

(1) 适用条件

层数不大于三层的轻型木结构,当满足下列要求时抗侧构件可按构造设计:

① 建筑物每层面积不超过600 m^2,层高不大于3.6 m;

② 楼面和屋面的标准活荷载分别不超过2.5 kN/m^{2}和0.5 kN/m^2;

③ 建筑物屋面坡度在1∶12~1∶1之间;

④ 纵墙上檐口悬挑长度不大于1.2 m,山墙上檐口悬挑长度不大于0.4 m,桁架以及楼面梁等承重构件的净跨度不大于12.0 m。

(2) 剪力墙的最小长度

由于轻型木结构属于剪力墙体系范畴,剪力墙的抗侧性能在结构体系中尤为重要。当抗侧构件满足构造设计时,在不同抗震设防烈度的条件下,剪力墙需要满足最小长度的规定,同时满足抗震构造以及抗风构造的要求(表5.1和表5.2)。

表5.1 按抗震构造要求设计时剪力墙的最小长度 单位:m

抗震设防烈度		最大允许层数	木基结构板材剪力墙最大间距/m	剪力墙的最小长度		
				单层、二层或三层的顶层	二层的底层或三层的二层	三层的底层
6度	—	3	10.6	0.02A	0.03A	0.04A
7度	0.10g	3	10.6	0.05A	0.09A	0.14A
	0.15g	3	7.6	0.08A	0.15A	0.23A
8度	0.20g	2	7.6	0.10A	0.20A	—

注:引自现行国家标准《木结构设计标准》(GB 50005—2017)的表9.1.7-1。

表 5.2 按抗风构造要求设计时剪力墙的最小长度 单位:m

基本风压/(kN·m^{-2})				最大允许层数	木基结构板材剪力墙最大间距/m	剪力墙的最小长度		
地面粗糙度						单层、二层或三层的顶层	二层的底层或三层的二层	三层的底层
A	B	C	D					
—	0.30	0.40	0.50	3	10.6	0.34L	0.68L	1.03L
—	0.35	0.50	0.60	3	10.6	0.40L	0.80L	1.20L
0.35	0.45	0.60	0.70	3	7.6	0.51L	1.03L	1.54L
0.40	0.55	0.75	0.80	2	7.6	0.62L	1.25L	—

注:引自现行国家标准《木结构设计标准》(GB 50005—2017)的表 9.1.7-2。

表 5.1 中,A 指的是建筑物的最大楼层面积(m^2),由于在地震作用下建筑物横、纵向的地震响应是相同的,针对抗震的构造设计法对两个方向的剪力墙最小长度也是一致的。

表 5.2 是针对不同风荷载条件下轻型木结构采用构造法设计时剪力墙的最小度。剪力墙最小长度除了和基本风压、建筑所处地貌有关外,与风荷载作用方向垂直的建筑长度有直接关系。表中 L 指垂直于该剪力墙方向的建筑物长度(m),建筑物纵横向形状不同时,所要求的最小剪力墙长度也有差异,这和抗震构造时的情况是有差别的。

轻木剪力墙的抗剪承载力与其面板构造、钉间距关系很大,表 5.1、表 5.2 中的数据以单面采用 9.5 mm 厚的木基结构板、150 mm 钉距的剪力墙为基础。当双面均采用 9.5 mm 木基结构板时,表中的剪力墙最小长度可减少一半。当采用其他形式剪力墙时,其最小长度可将表中数据乘以 $3.5/f_{vt}$的系数来确定,其中,f_{vt}为此时剪力墙的实际抗剪强度。当楼面有混凝土面层时,由于结构的地震作用增加,表中的剪力墙最小长度应增加 20%。对于 8 度(0.20g)或风荷载数值较大的三层的底层表中均未给出数据,需要采用工程设计法确定剪力墙的长度。

(3) 剪力墙的设置

参考现行国家标准《木结构设计标准》(GB 50005—2017)—2017 第 9.1.8 条,当抗侧力设计按构造要求进行设计时,剪力墙的设置应符合下列规定:

① 单个墙段的墙肢长度不应小于 0.6 m,墙段的高宽比不应大于 4∶1;

② 同一轴线上相邻墙段之间的中心距离不应大于 6.4 m;

③ 墙端与离墙端最近的垂直方向的墙段边的垂直距离不应大于 2.4 m;

④ 同一道墙中各墙段轴线错开距离不应大于 1.2 m,否则应看作不同道墙。

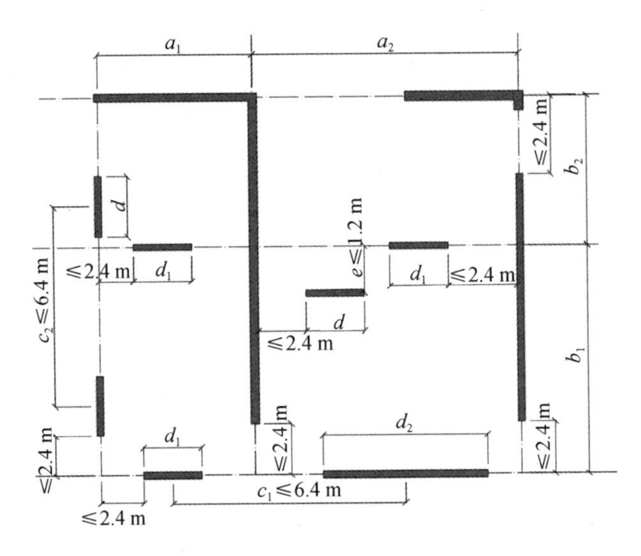

注：a_1，a_2——横向承重墙之间距离；

b_1，b_2——纵向承重墙之间距离；

c_1，c_2——承重墙墙段之间距离；

d_1，d_2——承重墙墙肢长度；

e——墙肢错位距离

图 5.3　构造剪力墙平面布置要求

除此之外，《轻型木结构建筑技术规程》(DG/TJ 08-2059—2009)还规定，相邻墙之间横向间距与纵向间距的比值不大于 2.5∶1。

(4) 其他规则性方面的要求

① 上下层构造剪力墙外墙之间的平面错位不应大于楼面搁栅高度的 4 倍，且不应大于 1.2 m(图 5.4)。

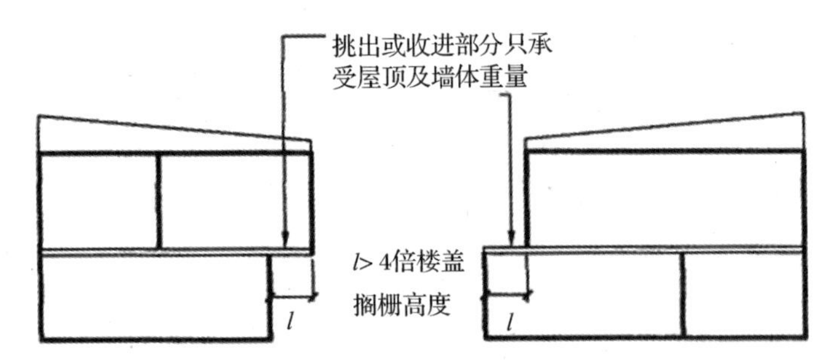

图 5.4　外墙平面错位

② 对于进出面没有墙体的单层车库两侧构造剪力墙，或顶层楼盖屋盖外伸的单肢构造剪力墙，其无侧向支撑的墙体端部外伸距离不应大于 1.8 m(图 5.5)。

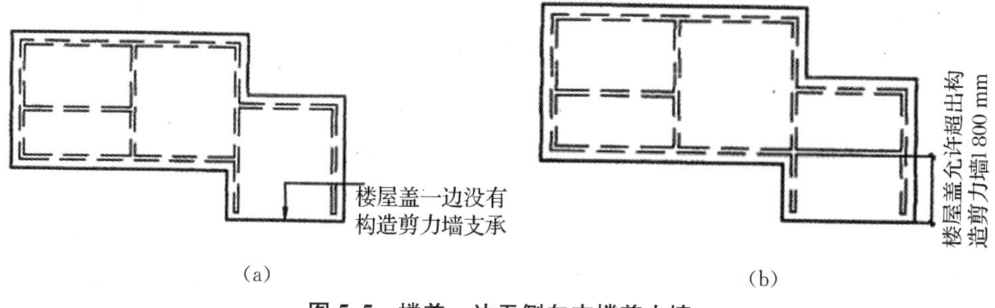

图 5.5 楼盖一边无侧向支撑剪力墙

③ 相邻楼盖错层的高度不应大于楼盖搁栅的截面高度(图 5.6)。

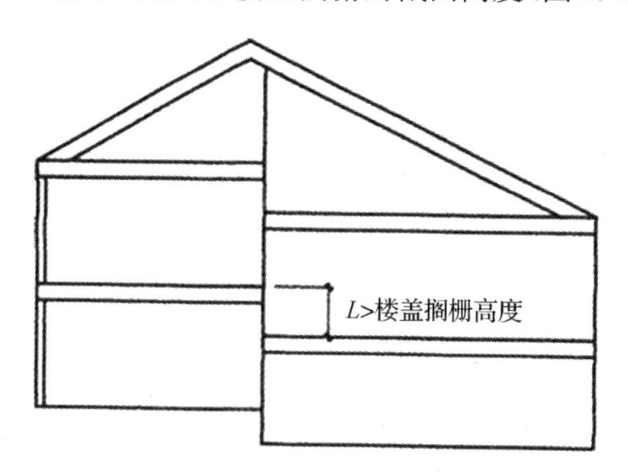

图 5.6 相邻楼盖错层高度大于楼盖搁栅

④ 楼盖、屋盖平面内开洞面积不应大于四周支撑剪力墙所围合面积的 30%,且洞口的尺寸不应大于剪力墙之间间距的一半。

2. 工程设计法

当按照构造法设计的条件无法满足时,需要按照工程设计法设计,即必须根据计算结果设计剪力墙和楼屋面来抵抗侧向荷载。

工程设计法针对水平力作用下的抗侧设计主要包括剪力墙的抗侧设计,以及楼、屋盖抗侧力设计两部分。剪力墙的抗侧设计主要针对剪力墙整体抗侧承载力设计、剪力墙的边界构件设计,以及剪力墙与楼板或基础的连接设计等;楼、屋盖抗侧设计主要针对楼盖的整体抗侧承载力设计,横隔边界杆件承载力设计,受风荷载外墙与楼、屋盖的连接设计,以及楼、屋盖与荷载平行方向支撑剪力墙的连接设计等。

5.2 设计要点

轻型木结构设计主要是在竖向荷载和水平荷载作用下,对组合梁柱、剪力墙、楼盖与屋盖以及连接节点等进行设计。水平荷载分析主要针对轻木剪力墙和楼(屋)盖在平面内承受的水平地震作用和风荷载。

5.2.1 荷载传递途径

1. 水平荷载的传递途径

水平地震作用与风荷载→楼盖与屋盖→下部与楼(屋)盖连接的与荷载作用方向平行的剪力墙(忽略剪力墙平面外的抗侧能力)→基础。

2. 竖向荷载的传递途径

自重与活荷载等→楼屋面覆面板→支撑搁栅(椽条)、桁架式搁栅→剪力墙体墙骨柱→基础。由于风荷载通过与作用方向垂直的外墙将力传递给楼(屋)盖,因而外墙墙骨柱通常同时承受水平荷载与竖向荷载,按照偏心受压构件设计。

另外,水平荷载传递过程中,各抗侧剪力墙承担的外荷载与楼板的刚度有关。在北美地区,一般轻型木结构房屋均采用柔性楼盖假定进行侧向力分配。国内《建筑抗震设计规范》(GB 50011)及《轻型木结构建筑技术规程》(DG/TJ 08-2059—2009)中建议轻型木结构房屋水平地震力在各片墙体中宜按从属面积进行分配,将轻木楼盖视为柔性楼盖。但值得注意的是,如果轻型木楼盖表面有连续的混凝土面层(或厚度不大于 38 mm 连续的非结构性混凝土面层),采用刚性楼盖假定进行侧向力分配则更为合理。工程设计中,当按面积分配法和刚度分配法得到的剪力墙水平作用力的差值超过 15%时,剪力墙应按两者中最不利情况进行设计。

5.2.2 主要设计内容及要点

1. 水平荷载作用

(1) 整体设计

整体设计主要包括水平力作用下整体层间受剪承载力要求以及位移控制,楼层竖向规则性判断(刚度比,剪力比等)等。

①《多高层木结构建筑技术标准》(GB/T 51226—2017)规定,轻型木结构弹性状态下的层间位移角限值为 1/250。扭转不规则时,应计入扭转影响;在具有偶然偏心的规定水平力作用下,楼层两端抗侧力构件弹性水平位移或层间位移的最大值与平均值的比值不宜大于 1.5;当最大层间位移远小于标准规定值时,该比值不宜大于 1.7;结构平面布置应减少扭转的影响,以结构扭转为主的第一自振周期 T_t 与以平动为主的第一自振周期 T_1 之比不应大于 0.9。

钉连接的单面覆板剪力墙顶部的总水平位移按照现行国家标准《木结构设计标准》(GB 50005—2017)的规定按照下式计算,该公式参考加拿大《木结构设计标准》CSA O86—2014 年版的相关计算公式:

$$\Delta=\frac{VH_w^3}{3EI}+\frac{MH_w^2}{2EI}+\frac{VH_w}{LK_w}+\frac{H_w d_a}{L}+\theta_i \cdot H_w \tag{5.1}$$

式中:V——剪力墙顶部最大剪力值(N);

M——剪力墙顶部最大弯矩值(N · mm);

H_w——剪力墙高度(mm);

I——剪力墙转换惯性矩(mm^4);

E——墙体构件弹性模量(N/mm^2);

L——剪力墙长度(mm);

K_w——剪力墙剪切刚度(N/mm),双面覆板时取两侧刚度之和;

d_a——墙体紧固件由剪力和弯矩引起的竖向伸长变形,包括抗拔紧固件的滑移、伸长以及连接板的压曲等变形;

θ_i——计算楼层剪力墙的总转角,为计算层以下各层转角的累加。

轻木剪力墙的水平位移包括四个部分第一项是由剪力和弯矩导致的位移,第二项是由抗拔紧固件伸长和边界压缩构件压缩引起的位移,第三项是由木基结构板材的剪切变形和钉变形引起的位移,第四项是因剪力墙底部转动所引起的位移。

《轻型木结构建筑技术规程》DG/TJ 08 第 5.3.7 条规定了钉连接单面覆板剪力墙的单位长度水平抗侧刚度的计算公式:

$$k_d=\frac{1}{\frac{2H_w^3}{3EAL}+\frac{H_w}{1\,000K_w}+\frac{H_w}{L}\cdot\frac{d_n}{f_{vd}}} \tag{5.2}$$

式中:d_n——达到抗剪承载力设计值 f_{vd}时,剪力墙一侧底部竖向变形(mm);

f_{vd}——每米剪力墙抗剪强度设计值(kN/m);

A——剪力墙端部墙骨柱截面面积(mm^2)。

其数值应根据抗拔锚固件生产厂家提供的参数取用。在进行初步设计时可按下列情况取用:

a. 对于螺钉型抗拔锚固件,$d_n=1$ mm;

b. 对于钢钉型抗拔锚固件,$d_n=3$ mm;

c. 对于螺栓型抗拔锚固件,$d_n=5$ mm。

根据公式(5.2),轻型木结构剪力墙自身顶部水平位移应按下式计算:

$$\Delta=\frac{2vH_w^3}{3EAL}+\frac{vH_w}{1\,000K_w}+\frac{H_wd_n}{L}\cdot\frac{v}{f_{vd}} \tag{5.3}$$

式中:v——每米长度上剪力墙顶部承受的水平剪力标准值(kN/m),其他参数与公式(5.2)相同。

② 相邻楼层的侧向刚度比可按公式(5.4)计算,且本层与相邻上层的比值不宜小于 0.7,与相邻上部三层刚度的平均值不宜小于 0.8。当本层层高大于相邻上层层高的 1.5 倍时,该比值不宜小于 1.1;底层结构与上层的比值不得小于 1.5。

$$\gamma_2=\frac{V_i\Delta_{i+1}}{V_{i+1}\Delta_i}\frac{h_i}{h_{i+1}} \tag{5.4}$$

式中:γ_2——考虑层高修正的楼层侧向刚度比;

V_i、V_{i+1}——第 i 层和 $i+1$ 层的地震剪力标准值(kN);

Δ_i、Δ_{i+1}——第 i 层和 $i+1$ 层的在地震作用标准值作用下的层间位移(m);

h_i、h_{i+1}——第 i 层和 $i+1$ 层高(m)。

楼层抗侧力结构的层间受剪承载力不宜小于相邻上一层受剪承载力的 80%，不应小于 65%；当以上条件不满足时，楼层相应的地震剪力标准值应乘以 1.3 倍的增大系数。

(2) 构件设计

构件设计主要包括剪力墙抗剪承载力、剪力墙的边界构件在水平力作用的承载力、楼(屋)盖抗侧力以及楼(屋)盖横膈边界构件在水平力作用的承载力的设计。

① 剪力墙抗剪承载力设计

轻型木结构的剪力墙承受由地震作用或风荷载产生的全部剪力。各剪力墙承担的水平剪力可按面积分配法或刚度分配法进行分配。当按刚度分配法进行分配时，各墙体的水平剪力可按下式计算：

$$V_j = \frac{K_{wj}L_j}{\sum_{i=1}^{n} K_{wi}L_i} \cdot V \tag{5.5}$$

式中：V_j——第 j 面剪力墙承担的水平剪力(kN)；

V——楼层由地震作用或风荷载产生的 X 方向或 Y 方向的总水平剪力(kN)；

K_{wi}、K_{wj}——第 i、j 面剪力墙单位长度的抗剪刚度(kN/m)，见表 5.3[参考现行国家标准《木结构设计标准》(GB 50005—2017)附录 N.0.2]；

L_i、L_j——第 i、j 面剪力墙的长度(m)，当墙上开孔尺寸小于 900 mm×900 mm 时，墙体可按一面墙计算；

n——X 方向或 Y 方向总剪力墙数。

表 5.3　轻型木结构剪力墙抗剪强度设计值 f_{vd} 和抗剪刚度 K_w

面板最小名义厚度/mm	钉入骨架构件的最小深度/mm	钉直径/mm	面板边缘钉的间距/mm											
			150			100			75			50		
			f_{vd}/(kN·m^{-1})	K_w/(kN·mm^{-1})		f_{vd}/(kN·m^{-1})	K_w/(kN·mm^{-1})		f_{vd}/(kN·m^{-1})	K_w/(kN·mm^{-1})		f_{vd}/(kN·m^{-1})	K_w/(kN·mm^{-1})	
				OSB	PLY		OSB	PLY		OSB	PLY		OSB	PLY
9.5	31	2.84	3.5	1.9	1.5	5.4	2.6	1.9	7.0	3.5	2.3	9.1	5.6	3.0
9.5	38	3.25	3.9	3.0	2.1	5.7	4.4	2.6	7.3	5.4	3.0	9.5	7.9	3.5
11.0	38	3.25	4.3	2.6	1.9	6.2	3.9	2.5	8.0	4.9	3.0	10.5	7.4	3.7
12.5	38	3.25	4.7	2.3	1.8	6.8	3.3	2.3	8.7	4.4	2.6	11.4	6.8	3.5
12.5	41	3.66	5.5	3.9	2.5	8.2	5.3	3.0	10.7	6.5	3.3	13.7	9.1	4.0
15.5	41	3.66	6.0	3.3	2.3	9.1	4.6	2.8	11.9	5.8	3.2	15.6	8.4	3.9

注：① 表中 OSB 为定向木片板，PLY 为结构胶合板；

② 表中抗剪强度和刚度为钉连接的木基结构板材的面板，在干燥使用条件下，标准荷载持续时间的值；当考虑风荷载和地震作用时，表中抗剪强度和刚度应乘以调整系数 1.25；

③ 当直径为 3.66 mm 的钉的间距小于 75 mm 或钉入骨架构件的深度小于 41 mm 时，位于面板拼缝处的骨架构件的宽度不应小于 64 mm，钉应错开布置；可采用两根 40 mm 宽的构件组合在一起传递剪力；

④ 当剪力墙面板采用射钉或非标准钉连接时，表中抗剪强度和刚度应乘以折算系数 $(d_1/d_2)^2$；其中，d_1 为非标准钉的直径，d_2 为表中标准钉的直径。

当按照面积分配法分配每道轴线剪力墙后，该轴线上每片剪力墙仍然按照剪力墙刚度进行二次分配，通常建筑中同一层的剪力墙构造相同，剪力墙的刚度与长度成正比，因而可以直接按照每片剪力墙的长度进行剪力再分配。

根据现行国家标准《木结构设计标准》(GB 50005—2017)第 9.3.4 条规定，剪力墙的墙肢高宽比不应大于 3.5，单面铺设面板且有墙骨柱横撑的轻木剪力墙，其抗剪承载力设计值可按下式计算：

$$V'_j = f_{vd} \cdot k_1 \cdot k_2 \cdot k_3 \cdot l_j \tag{5.6}$$

式中：f_{vd}——采用木基结构板材作面板的剪力墙的抗剪强度设计值(kN/m)；

l_j——剪力墙墙肢长度(m)；

k_1——木基结构板材含水率调整系数，见表 5.4[参考现行国家标准《木结构设计标准》(GB 50005—2017)表 9.2.4-1]；

k_2——骨架构件材料树种的调整系数，见表 5.5[参考现行国家标准《木结构设计标准》(GB 50005—2017)表 9.2.4-2]；

k_3——针对无横撑水平铺板的剪力墙强度调整系数，见表 5.6[参考现行国家标准《木结构设计标准》(GB 50005—2017)表 9.3.4]，剪力墙铺板示意图见图 5.7 所示。

表 5.4　木基结构板材含水率调整系数 k_1

木基结构板材的含水率 w	$w<16\%$	$16\%\leqslant w<19\%$
含水率调整系数 k_1	1.0	0.8

表 5.5　骨架构件材料树种的调整系数 k_2

序号	树种名称	调整系数 k_2
1	兴安落叶松、花旗松—落叶松类、南方松、欧洲赤松、欧洲落叶松、欧洲云杉	1.0
2	铁—冷杉类、欧洲道格拉斯松	0.9
3	杉木、云杉—松—冷杉类、新西兰辐射松	0.8
4	其他北美树种	0.7

表 5.6　无横撑水平铺设面板的剪力墙强度调整系数 k_3

边支座上钉的间距/mm	中间支座上钉的间距/mm	墙骨柱间距/mm			
		300	400	500	600
150	150	1.0	0.8	0.6	0.5
150	300	0.8	0.6	0.5	0.4

注：墙骨柱柱间无横撑剪力墙的抗剪强度可将有横撑剪力墙的抗剪强度乘以抗剪调整系数；有横撑剪力墙的面板边支座上钉的间距为 150 mm，中间支座上钉的间距为 300 mm。

对于双面铺板的剪力墙，无论两侧是否采用相同材料的木基结构板材，剪力墙的受剪承载力取墙体两面受剪承载力之和。

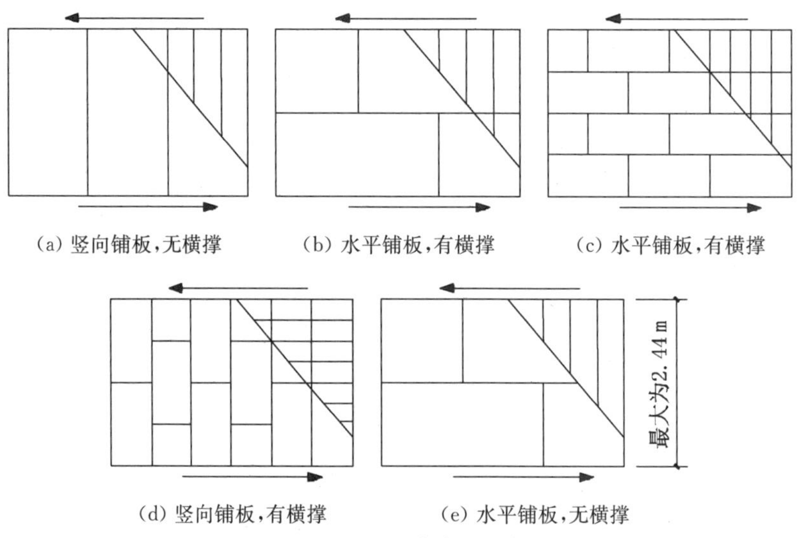

(a) 竖向铺板,无横撑　(b) 水平铺板,有横撑　(c) 水平铺板,有横撑

(d) 竖向铺板,有横撑　(e) 水平铺板,无横撑

图 5.7　剪力墙铺板示意

水平地震作用下,通过以下公式验算剪力墙的抗剪承载力是否满足设计要求:

$$V_j \leqslant \frac{V'_j}{\gamma_{RE}} \tag{5.7}$$

式中:γ_{RE}——承载力抗震调整系数,根据现行国家标准《木结构设计标准》(GB 50005—2017)确定,见本指南表 3.2。

② 剪力墙边界构件承载力计算

在水平荷载作用下,建筑受到倾覆弯矩作用使得剪力墙两侧边界构件承受拉力或者压力。水平荷载对底部产生的倾覆弯矩最大,同时考虑竖向荷载的共同作用,底层剪力墙边界构件的受压侧是验算的重要位置。所受的轴向力按式(5.8)计算:

$$N = \frac{M}{B_o} \tag{5.8}$$

式中:N——剪力墙边界墙骨柱的拉力或压力设计值(kN);

M——水平荷载作用下剪力墙底部产生的倾覆弯矩(kN·m);

B_o——剪力墙两侧边界构件的中心距。

剪力墙边界构件在长度方向应连续。如果断开,则应采取可靠连接保证轴向力的传递。

③ 楼(屋)盖抗侧力设计

地震作用或风荷载等效均匀作用在楼盖、屋盖或横膈上,再传递给两端剪力墙。楼(屋)盖自身需要具备可靠的抗侧能力,为了保证板平面内刚度,轻型木结构抗侧力楼(屋)盖每个单元的长宽比不宜大于 4∶1。假定楼(屋)盖位置的水平力为 V,沿楼层垂直板边均匀分布(图 5.8)。

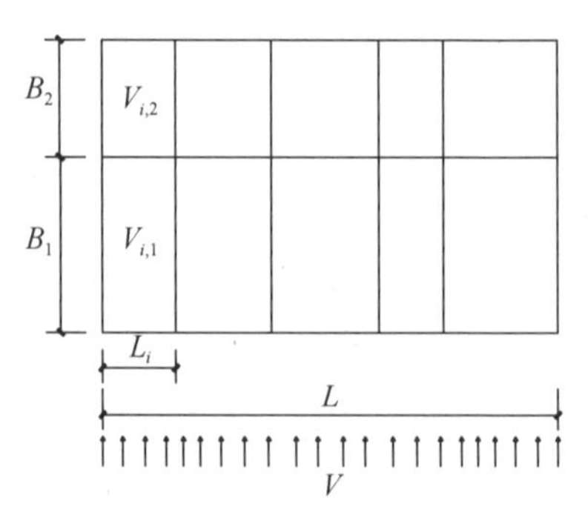

图 5.8　屋盖水平荷载分配

按照以下公式得到计算区域板剪力值 V_i：

$$V_i=\frac{V}{L}\cdot l_i \tag{5.9}$$

式中：L——与水平荷载作用方向垂直的楼层高度总长度(m)；

L_i——长度上两端剪力墙之间的楼(屋)盖计算长度(m)。

横膈中 j 块区格板所分配的剪力 $V_{i,j}$，在构造一致的前提下可以按照与水平荷载方向一致的长度进行分配：

$$V_{i,j}=\frac{B_j}{B}\cdot V_i \tag{5.10}$$

式中：B_j——第 j 块板与水平荷载作用方向平行的宽度(m)；

B——结构在计算横膈区域与水平荷载作用方向平行的总宽度(m)。

根据现行国家标准《木结构设计标准》(GB 50005—2017)第 9.2.4 条规定，单个区格板的抗剪承载力设计值可按下式计算：

$$V'_j=f_{\mathrm{vd}}\cdot k_1\cdot k_2\cdot B_{\mathrm{e}} \tag{5.11}$$

式中：f_{vd}——根据楼、屋盖构造类型(表 5.7)采用的木基结构板材的楼(屋)盖抗剪强度设计值(kN/m)，详见表 5.8；

k_1、k_2——与公式(5.6)相关系数一致；

B_{e}——楼(屋)盖平行于荷载方向的有效宽度(m)，可根据楼屋盖平面开口位置和尺寸确定。

水平地震作用下通过以下公式验算剪力墙的抗剪承载力：

$$V_{i,j}\leqslant\frac{V'_j}{\gamma_{\mathrm{RE}}} \tag{5.12}$$

表 5.7 楼盖、屋盖构造类型

类型	1 型	2 型	3 型	4 型
示意图	荷载	荷载	荷载 面板连续接缝	荷载 面板连续接缝
构造形式	横向骨架，纵向横撑	纵向骨架，横向横撑	纵向骨架，横向横撑	横向骨架，纵向横撑

表 5.8　采用木基结构板材的楼盖、屋盖抗剪强度设计值 f_{vd}

面板最小名义厚度/mm	钉入骨架构件的最小深度/mm	钉直径/mm	骨架构件最小宽度/mm	有填块				无填块	
				平行于荷载的面板边缘连续的情况下(3 型和 4 型),面板边缘钉的间距/mm				面板边缘钉的最大间距为 150 mm	
				150	100	65	50	荷载与面板连续边垂直的情况下(1 型)	所有其他情况下(2 型、3 型、4 型)
				在其他情况下(1 型和 2 型),面板边缘钉的间距/mm					
				150	150	100	75		
				f_{vd}/(kN·m^{-1})	f_{vd}/(kN·m^{-1})	f_{vd}/(kN·m^{-1})	f_{vd}/(kN·m^{-1})	f_{vd}/(kN·m^{-1})	f_{vd}/(kN·m^{-1})
9.5	31	2.84	38	3.3	4.5	6.7	7.5	3.0	2.2
			64	3.7	5.0	7.5	8.5	3.3	2.5
9.5	38	3.25	38	4.3	5.7	8.6	9.7	3.9	2.9
			64	4.8	6.4	9.7	10.9	4.3	3.2
11.0	38	3.25	38	4.5	6.0	9.0	10.3	4.1	3.0
			64	5.1	6.8	10.2	11.5	4.5	3.4
12.5	38	3.25	38	4.8	6.4	9.5	10.7	4.3	3.2
			64	5.4	7.2	10.7	12.1	4.7	3.5
12.5	41	3.66	38	5.2	6.9	10.3	11.7	4.5	3.4
			64	5.8	7.7	11.6	13.1	5.2	3.9
15.5	41	3.66	38	5.7	7.6	11.4	13.0	5.1	3.9
			64	6.4	8.5	12.9	14.7	5.7	4.3
18.5	41	3.66	64	—	11.5	16.7	—	—	—
			89	—	13.4	19.2	—	—	—

注:引自现行国家标准《木结构设计标准》(GB 50005—2017)表 P.0.3-2,表中涉及的各类型墙板构造见表 5.9。

④ 楼(屋)盖横膈边界构件在水平力作用下的承载力计算

轻木楼(屋)盖类似于水平放置的工字形梁,面板看作是工字形梁的腹板抵抗剪力,前后侧边界构件可看作工字形梁的翼缘,用于抵抗楼(屋)盖平面内的弯矩。如图 5.9 所示,垂直于荷载方向的楼(屋)盖长度为 L,其中开孔尺寸为 l,在作用有水平荷载设计值 q 时,边界构件的轴向力可按下式计算:

$$N=\frac{M_1}{B_0}\pm\frac{M_2}{a} \tag{5.13}$$

均布荷载作用时,简支楼盖、屋盖弯矩设计值 M_1 和 M_2 应分别按下列公式计算:

$$M_1=\frac{qL^2}{8} \tag{5.14}$$

$$M_2=\frac{ql^2}{24} \tag{5.15}$$

式中：M_1——水平力作用下楼(屋)盖平面内的弯矩设计值(kN·m)；

B_0——垂直于水平荷载方向的楼(屋)盖边界杆件中心距离(m)；

M_2——当楼(屋)盖开孔时，孔长度内的弯矩设计值(kN·m)；

a——垂直于水平荷载方向的开孔边缘到楼(屋)盖边界杆件的距离，不小于 0.6 m。

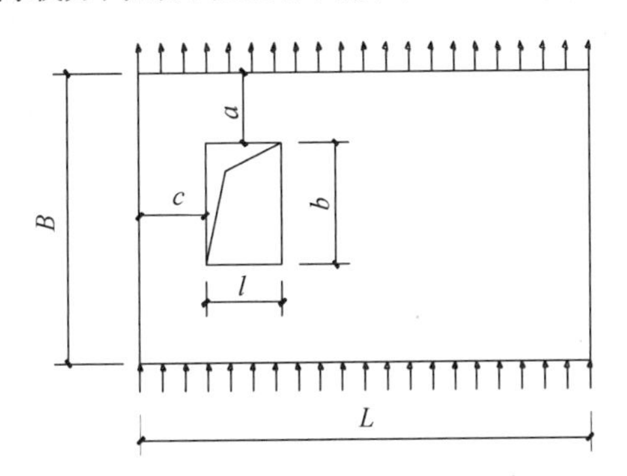

图 5.9　楼(屋)盖在水平力作用下的荷载简图

对于平行于荷载方向的楼(屋)盖的边界杆件，当作用在边界杆件的上下剪力分布不同时，应验算边界杆件的轴向力。在楼(屋)盖长度范围内的边界杆件宜连续；当中间断开时，应采取能够抵抗所承担轴向力的加固连接措施。楼(屋)盖的覆面板不应作为边界杆件的连接板。当楼(屋)盖边界杆件同时承受轴力和楼(屋)面传递的竖向力时，杆件应按压弯或拉弯构件设计。

(3) 连接设计

连接设计主要包括剪力墙与基础的抗剪连接设计、迎风面墙体与水平楼(屋)盖的连接设计、水平楼盖与两端剪力墙的抗剪连接设计、剪力墙边界构件与基础(或上下剪力墙之间)的抗拔连接设计。

剪力墙与基础之间的抗拔、抗剪连接通常采用锚栓或金属紧固件连接；剪力墙中木构件之间的连接主要采用垂直钉或斜向钉连接，计算方法参考节点设计相关章节。

2. 竖向荷载作用

竖向荷载作用计算主要包括内、外墙墙骨柱受压承载力计算，组合柱及组合梁的承载力计算，规格材或桁架式搁栅的承载力、挠度以及振动控制等设计，轻型木结构屋架设计等。

(1) 墙骨柱与组合柱设计

轻型木结构中墙骨柱是重要的竖向受力构件，通常采用 38 mm×89 mm 和 38 mm×140 mm 两种尺寸的规格材，少数情况下也会用到 38 mm×184 mm 的规格材。墙骨柱的中心间距一般为 406 mm 和 610 mm。内墙的墙骨柱多为受压构件，外墙的墙骨柱由于受到风荷载的作用，多为压弯构件。无论内、外墙，当竖向荷载出现偏心作用，或考虑初始偏心时，均应同时考虑压弯构件设计。对于轴心受压的内墙骨柱，考虑到可能出现的偏心和材料自身缺陷，安全起见，在设计时应考虑偏心距为 5%的墙骨柱截面高度。

当墙骨柱承受较大荷载时，可采用规格材形成组合柱以满足结构需求。组合柱一般由两根及以上规格材组成，可以采用钉连接或螺栓连接。计算方法与单根墙骨柱基本相同，在确定钉连接组合柱抗压强度时，其抗压强度为相同截面面积抗压柱强度的60%与单根规格材抗压承载力60%乘以根数两者的较大值。

(2) 搁栅设计

搁栅通常采用规格材，当结构承受较大荷载或用于较大跨度时，可采用结构复合材、工字形木搁栅或采用桁架式搁栅。竖向荷载作用下，单跨搁栅设计时，一般可按照简支梁计算，验算极限状态下的承载力及挠度等。当进行承载力极限状态验算时，除了常规设计恒载与活荷载外，需要注意验算施工阶段的受力情况；当进行正常使用极限状态验算时，除了按照常规荷载验算挠度满足限值条件外，楼盖搁栅还需要验算楼板振动控制的最大允许跨度，以满足舒适性要求。

由楼盖振动控制的搁栅跨度 l 可参考下式进行验算：

$$l \leqslant \frac{1}{8.22} \frac{(EI_e)^{0.284}}{K_s^{0.14} m^{0.15}} \tag{5.16}$$

式中：EI_e——楼盖等效弯曲刚度（$N \cdot m^2/m$），按照现行国家标准《木结构设计标准》(GB 50005—2017)附录 Q 取值；

K_s——考虑楼板和楼板面层侧向刚度影响的调整系数；

m——等效 T 形梁的线密度(kg/m)，包括楼板面层、木基结构板和搁栅。

当单根规格材不能达到设计要求时，可考虑采用工程木材或由多根规格材通过有效连接形成的组合构件。当组合梁由 3 根或 3 根以上的规格材组成时，在设计梁的抗弯承载力时，其抗弯强度设计强度值可乘以 1.15 的共同作用系数。3 根以内的规格材拼合可采用钉连接，4 根以上的规格材拼合宜采用螺栓等紧固件连接。

(3) 轻型木结构桁架设计

① 计算模型假定

轻型木结构的斜屋面结构通常采用桁架体系，其静力计算模型应满足下列条件：

a. 弦杆应为多跨连续杆件；

b. 弦杆在屋脊节点、变坡节点和对接节点处应为铰接节点；

c. 弦杆对接节点处用于抗弯时应为刚接节点；

d. 腹杆两端节点应为铰接节点；

e. 桁架两端与下部结构连接一端应为固定铰支，另一端应为可动铰支。

② 荷载分配

木桁架静力分析时，屋面均布荷载应根据桁架间距、受荷面积均匀分配到桁架上弦或下弦。

③ 设计内力取值

桁架构件设计时，各杆件的轴力与弯矩值的取值应符合下列规定：

a. 杆件的轴力应取杆件两端轴力的平均值；

b. 弦杆节间弯矩应取该节间所承受的最大弯矩；

c. 对拉弯或压弯杆件，轴力应取杆件两端轴力的平均值，弯矩应取杆件跨中弯矩与两端弯矩中较大值。

④ 杆件计算长度

按稳定验算受压杆件的承载力时，计算长度 l_0 应符合下列规定：

a. 平面内，取节点中心间距的 0.8 倍；

b. 平面外，屋架上弦取上弦与相邻檩条连接点间的距离，腹杆取节点中心距离，若下弦受压时其计算长度取侧向支撑点间的距离。

⑤ 节点计算

轻型木结构桁架宜采用齿板连接，齿板不得传递压力。齿板连接应按承载力极限状态荷载效应的基本组合验算齿板连接的板齿承载力、齿板抗拉承载力、齿板抗剪承载力和齿板剪—拉复合承载力。

对于需要在安装现场再进行连接的轻型木桁架，可采用结合板或钉板进行节点连接。对于下弦有连续支撑点的轻型木桁架，可采用钉板在安装现场进行节点连接。

5.3 构造要求

轻型木结构体系主要由墙体、楼盖及屋盖等部件组成，以下分别简述其构造特点与要求。

5.3.1 墙体

轻型木结构墙体由墙骨柱、顶梁板、底梁板以及面板等构件组成。

1. 墙骨柱

(1) 承重墙的墙骨柱应采用材质等级为 $\mathrm{V_c}$ 级及以上的规格材，非承重墙的墙骨柱可采用任何等级的规格材；

(2) 墙骨柱在层高内应连续，可采用指接连接，但不应采用连接板连接；

(3) 墙骨柱间距不应大于 610 mm；

(4) 墙骨柱在墙体转角和交接处应进行加强，转角处的墙骨柱数量不应少于 3 根(图 5.10)；

(5) 开孔宽度大于墙骨柱间距的墙体，开孔两侧的墙骨柱应采双拼形式，开孔位置位于相邻墙骨柱之间时，墙体开孔两侧可用单根墙骨柱；

(6) 墙骨柱规格材之间需设置必要的侧向支撑；墙骨柱的最小截面尺寸、最大间距以及最大层高主要与墙体的类型、受荷情况以及所在楼层有关，具体应符合《木结构设计标准》(GB 50005—2017)附录 B.2 的规定；

(7) 对于非承重墙体的门洞，当墙体需要考虑耐火极限的要求时，门洞边应至少采用两根截面高度与底梁板宽度相同的规格材进行加强。

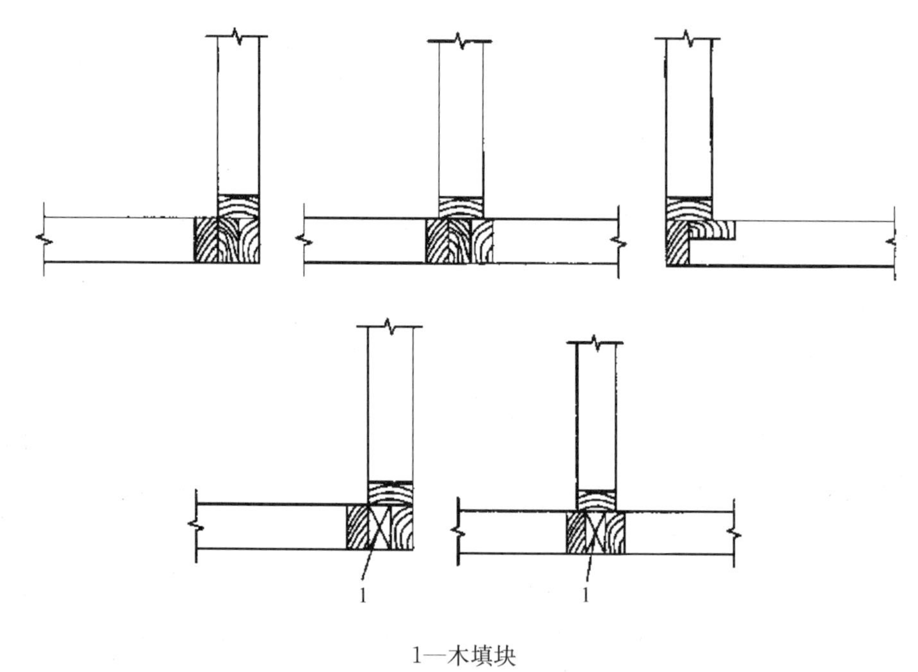

1—木填块

图 5.10 墙骨柱在转角处和交接处加强示意

2. 墙体顶(底)梁板

(1) 墙体底部应有底梁板，底梁板在支座上突出的尺寸不应大于墙体宽度的 1/3，宽度不应小于墙骨柱的截面高度。

(2) 墙体顶部应有顶梁板，其宽度不应小于墙骨柱截面的高度；承重墙的顶梁板不宜少于两层；非承重墙的顶梁板可为单层。

(3) 多层顶梁板上、下层的接缝应至少错开一个墙骨柱间距，接缝位置应在墙骨柱上；在墙体转角和交接处，上、下层顶梁板应交错互相搭接；单层顶梁板的接缝应位于墙骨柱上，并宜在接缝处的顶面采用镀锌薄钢带以钉连接。

(4) 当承重墙的开洞宽度大于墙骨柱间距时，应在洞顶加设过梁，过梁设计由计算确定。

(5) 底层墙体的地梁板与混凝土墙或墙顶圈梁可采用预埋螺栓连接或后锚固螺栓连接，锚栓直径不小于 12 mm、间距不大于 2.0 m。木骨架剪力墙边界构件与基础应有可靠锚固，可采用金属拉条或抗拔锚固件连接。独立柱底部与基础应保持紧密接触，并有可靠锚固。

(6) 与基础顶面连接的地梁板，锚栓埋入基础深度不得小于 300 mm，每根地梁板两端应至少各有一根锚栓，端距为 100～300 mm。

3. 墙面板

(1) 当墙面板采用木基结构板，且最大墙骨柱间距为 410 mm 时，板材的最小厚度不应小于 9 mm；当最大墙骨柱间距为 610 mm 时，板材的最小厚度不应小于 11 mm；当墙面板采用石膏板，且最大墙骨柱间距为 410 mm 时，板材的最小厚度不应小于 9 mm；当最大墙骨柱间距为 610 mm 时，板材的最小厚度不应小于 12 mm。

(2) 墙面板相邻面板之间的接缝应位于骨架构件上,面板可水平或竖向铺设。考虑到随着含水率的变化,面板宽度会有所变化,为利于面板伸缩,面板之间应留有不小于 3 mm 的缝隙。

(3) 墙体根据受力需要可单侧或双侧铺设结构面板,当墙体两侧均有结构面板,且每侧面板边缘钉间距小于 150 mm 时,墙体两侧面板的接缝应互相错开一个墙骨柱的间距,不应固定在同一根骨架构件上;当骨架构件的宽度大于 65 mm 时,墙体两侧面板拼缝可固定在同一根构件上,但钉应交错布置。

(4) 墙面板的尺寸不应小于 1.2 m×2.4 m,在墙面边界或开孔处可使用宽度不小于 300 mm 的窄板,但不应多于两块;当墙面板的宽度小于 300 mm 时,应加设用于固定墙面板的填块。

5.3.2 楼盖

1. 楼盖搁栅间距及用材

轻型木结构楼盖通常包括木基结构板面层、间距不大于 610 mm 的搁栅以及吊顶等。规格材常用规格及其用途见表 5.9 所示。

表 5.9 规格材常用规格及其用途

规格材名称	截面尺寸 宽×高/(mm×mm)	常见用途
2×4	40×90	顶梁板、底梁板、搁栅横撑
2×6	40×140	
2×8	40×185	搁栅、椽条、过梁、组合梁、楼梯梁
2×10	40×235	
2×12	40×280	

2. 楼盖搁栅的搁置与支撑

(1) 为使搁栅与支座之间可靠连接,楼盖搁栅在支座上的搁置长度不应小于 40 mm。

(2) 在靠近支座部位的搁栅底部宜采用连续木底撑、搁栅横撑或剪刀撑(图 5.11)。木底撑、搁栅横撑或剪刀撑在搁栅跨度方向的间距不应大于 2.1 m。当搁栅与木板条或吊顶板直接固定在一起时,可不设置搁栅支撑。

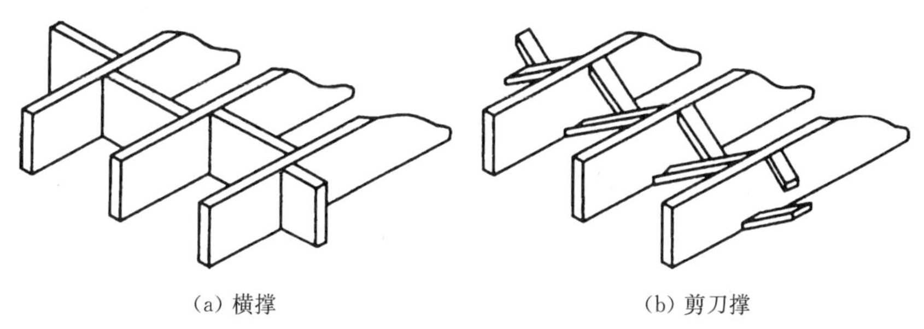

(a) 横撑　　(b) 剪刀撑

图 5.11 楼盖搁栅支撑

3. 楼盖开孔

(1) 对于开孔周围与搁栅垂直的封头搁栅，当长度大于 1.2 m 时，封头搁栅应不小于两根。

(2) 对于开孔周围与搁栅平行的封边搁栅，当封头搁栅长度超过 800 mm 时，封边搁栅应采用两根；当封头搁栅长度超过 2.0 m 时，封边搁栅的截面尺寸应由计算确定。

(3) 对于开孔周围的封头搁栅以及被开孔切断的搁栅，当依靠楼盖搁栅支承时，应选用合适的金属搁栅托架或采用正确的钉连接方式。

4. 支撑上层墙体的楼盖搁栅

(1) 平行于搁栅的非承重墙应位于搁栅或搁栅间的横撑上，横撑可用截面不小于 40 mm×90 mm 的规格材，横撑间距不应大于 1.2 m；平行于搁栅的承重内墙不应支承于搁栅上，应支承于梁或墙上。

(2) 垂直于搁栅或与搁栅相交的角度接近垂直的非承重内墙，可设置在搁栅上任何位置；垂直于搁栅的承重内墙，距搁栅支座不应大于 610 mm，否则，搁栅尺寸应由计算确定。

(3) 带悬挑的楼盖搁栅，当其截面尺寸为 40 mm×185 mm 时，悬挑长度不应大于 400 mm；当其截面尺寸不小于 40 mm×235 mm 时，悬挑长度不应大于 610 mm，且满足搁栅受力要求。

(4) 当悬挑搁栅与主搁栅垂直时，未悬挑部分长度不应小于其悬挑部分长度的 6 倍，其端部应设置至少两根封边梁，并与其可靠连接。

5. 楼面板

(1) 楼面板的厚度及允许楼面活荷载的标准值应符合表 5.10 的规定。

表 5.10 楼面板厚度及允许楼面活荷载标准值

最大搁栅间距/mm	木基结构板的最小厚度/mm	
	$Q_k \leqslant 2.5\ \mathrm{kN/m^2}$	$2.5\ \mathrm{kN/m^2} < Q_k < 5\ \mathrm{kN/m^2}$
410	15	15
500	15	18
610	18	22

(2) 楼面板铺设木基结构板时，板的长度方向(木纹或木片方向)应与搁栅垂直。当楼面板宽度方向接缝在同一搁栅上时，长度方向接缝应相互错开；当长度方向接缝连续时，宽度方向接缝应相互错开。

5.3.3 屋盖

轻型木结构屋盖可采用由结构规格材制作的轻型桁架，也可用由屋脊板、椽条、顶棚搁栅等构成的椽檩式屋架。

1. 屋盖系统的搁栅或椽条

(1) 椽条或搁栅沿长度方向应连续，但可用连接板在竖向支座上连接；

(2) 椽条或搁栅在边支座上的搁置长度不应小于 40 mm;

(3) 屋谷和屋脊椽条的截面高度应比其他处椽条的截面高度大 50 mm;

(4) 椽条或搁栅在屋脊处可由承重墙或支承长度不小于 90 mm 的屋脊梁支承;椽条的顶端在屋脊两侧应采用连接板或按钉连接的构造要求相互连接;

(5) 当椽条连杆跨度大于 2.4 mm 时,应在连杆中部加设通长纵向水平系杆,系杆截面尺寸不应小于 20 mm×90 mm;

(6) 当椽条连杆的截面尺寸不小于 40 mm×90 mm 时,对于屋面坡度大于 1∶3 的屋盖,可将椽条连杆作为椽条的中间支座;

(7) 当屋面坡度大于 1∶3,且屋脊两侧的椽条与顶棚搁栅的钉连接符合《木结构设计标准》(GB 50005—2017)附录 B 第 B. 3. 1 条规定时,屋脊板可不设置支座;

(8) 当屋面或吊顶开孔大于椽条或搁栅间距离时,开孔周围的构件应按楼盖开孔的构造规定进行加强。

2. 屋面板

(1) 上人屋顶的屋面板构造要求与楼面板相同。

(2) 不上人屋顶的屋面板应符合下列的规定:

① 屋面板的厚度及允许屋面荷载的标准值见表 5. 11 所示;

表 5. 11 屋面板厚度及允许屋面荷载标准值

支承板的间距/mm	木基结构板的最小厚度/mm	
	$G_k \leqslant 0.3\ kN/m^2$ $S_k \leqslant 2.0\ kN/m^2$	$0.3\ kN/m^2 < G_k \leqslant 1.3\ kN/m^2$ $S_k \leqslant 2.0\ kN/m^2$
410	9	11
500	9	11
610	12	12

注:G_k 为屋面板以上恒荷载标准值,S_k 为雪荷载标准值,当 G_k 大于 1. 3 或 S_k 大于 2. 0 时,屋面板厚度及连接应通过计算得出。

② 铺设木基结构板材时,板材长度方向应与椽条或木桁架垂直,宽度方向的接缝应与椽条或木桁架平行,并应相互错开不少于两根椽条或木桁架的距离;

③ 屋面板接缝应连接在同一椽条或木桁架上,板与板之间应留有不小于 3 mm 的空隙。

3. 连接

轻型木结构的所有构件之间都要有可靠的连接。各种连接件需符合国家现行规范要求;轻型木结构构件之间采用钉连接时,钉的直径不应小于 2. 8 mm,并应符合《木结构设计标准》(GB 50005—2017)附录 B 第 B. 3. 3 条的规定。楼面板、屋面板及墙面板与轻型木结构构架的钉连接应符合《木结构设计标准》(GB 50005—2017)附录 B 第 B. 3. 2 条的规定。有抗震设计要求的轻型木结构,其构件之间的关键部位应采用螺栓等紧固件连接。

轻型木桁架应优先采用钢齿板连接,连接板镀锌应在制造前进行,镀锌质量应符合现行国家标准《金属覆盖层钢铁制件热浸镀锌层技术要求及试验方法》(GB/T 13912—2020)的规定。

4. 其他

楼盖、屋盖和顶棚搁栅的开孔或缺口应符合下列规定：

① 搁栅的开孔尺寸不应大于搁栅截面高度的 1/4，且距搁栅边缘不应小于 50 mm；

② 允许在搁栅上开缺口，但缺口应位于搁栅顶面，缺口距支座边缘不应大于搁栅截面高度的 1/2，缺口高度不应大于搁栅截面高度的 1/3；

③ 承重墙墙骨柱截面开孔或开凿缺口后的剩余高度不应小于截面高度的 2/3，非承重墙剩余高度不应小于 40 mm，不满足时应采取加强措施；

④ 墙体顶梁板开孔或开凿缺口后的剩余宽度不应小于 50 mm，不满足时应采取相应加强措施；

⑤ 除设计已有规定外，不应随意在屋架构件上开孔或留缺口。

底层木构件的防护应符合下列规定：

① 轻型木结构墙体支承在混凝土基础梁或砖石基础的圈梁上时，梁顶面砂浆倾斜度不应大于 2‰；

② 建筑物室内外地坪高差不得小于 300 mm；无地下室的底层木楼板必须架空，并应有通风防潮措施；

③ 在易遭虫害的地方，应采用经防虫处理的木材作结构构件，木构件底部与室外地坪间的高差不得小于 450 mm；

④ 当底层楼板搁栅直接置于混凝土基础上时，构件端部应作防腐防虫处理；如搁栅搁置在混凝土或砌体基础的预留槽内，除构件端部应作防腐防虫处理外，尚应在构件端部两侧留出不小于 20 mm 的空隙，且空隙中不得填充保温或防潮材料；

⑤ 当轻型木结构构件底部距架空层下地坪的净距小于 150 mm 时，构件应采用经过防腐防虫处理的木材，或在地坪上铺设防潮层；

⑥ 当地梁板直接放置在条形基础的顶面时，在地梁板和基础顶面的缝隙间应填充密封材料。

5.4 工程案例

5.4.1 工程概况

工程位于青岛市黄岛区，建筑主体长 42.9 m，宽 15.9 m(一层局部宽 23.7 m)；总建筑面积为 2 785 m^2，主体结构 4 层，局部 5 层，一层层高 3.9 m，二～四层层高 3.6 m，五层层高 2.56 m，结构平面布置图及立面图见图 5.12～图 5.16 所示。设计工作年限为 50 年，结构安全等级为二级。屋面为坡屋面，采用轻型木桁架；轻木剪力墙墙内柱采用 SPF 标准墙骨柱拼合；采用外铺石膏板达到防火极限。

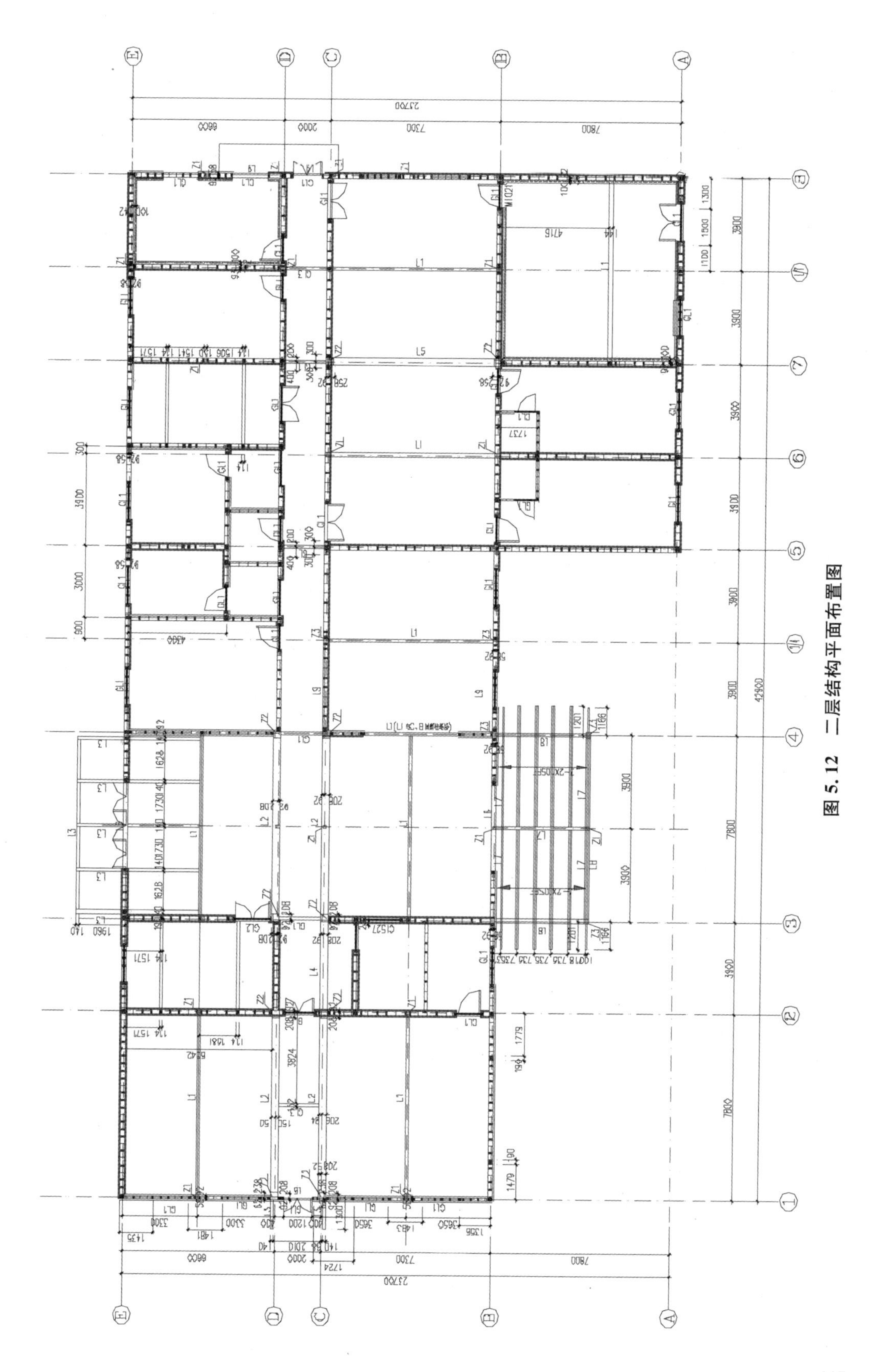

图 5.12 二层结构平面布置图

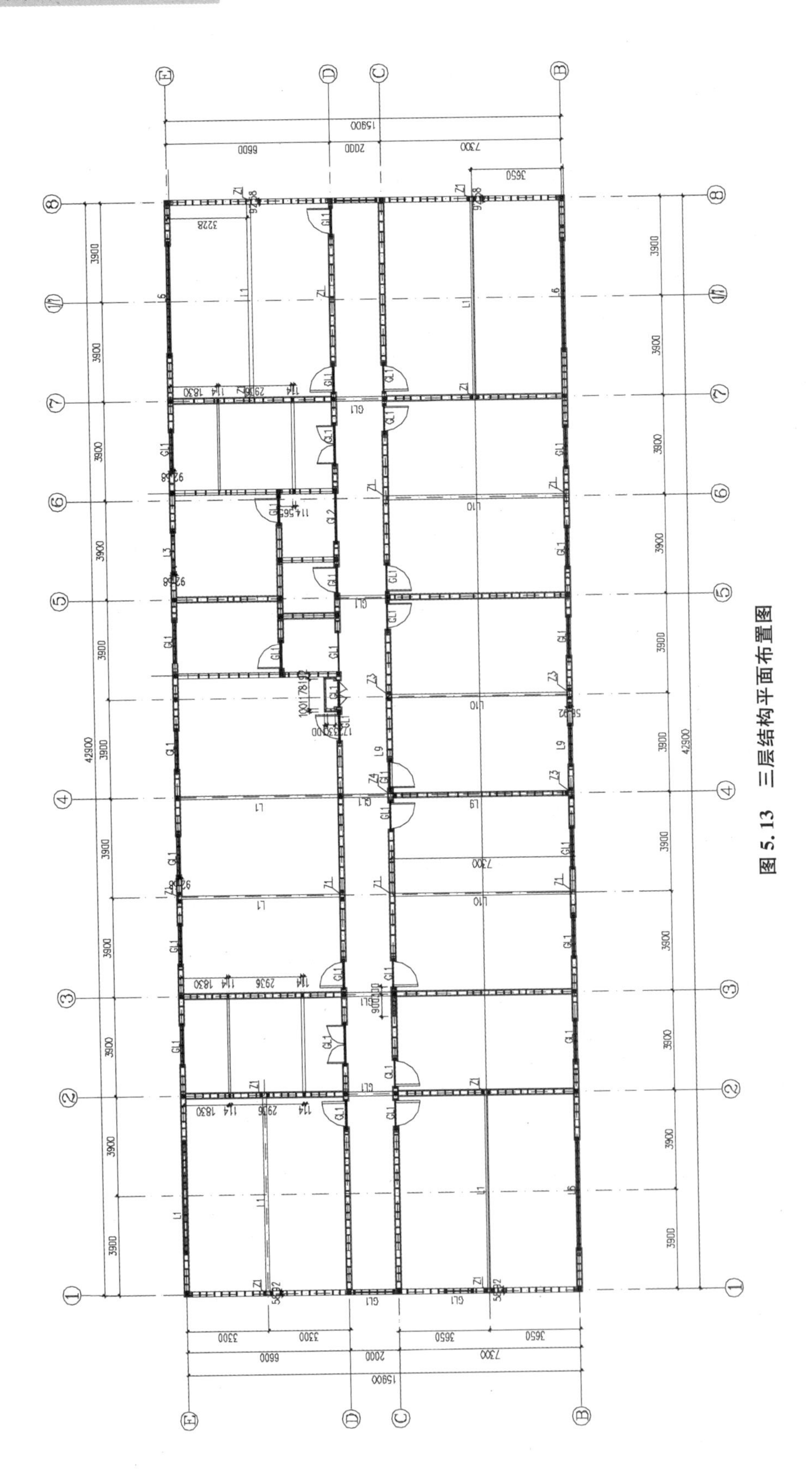

图 5.13　三层结构平面布置图

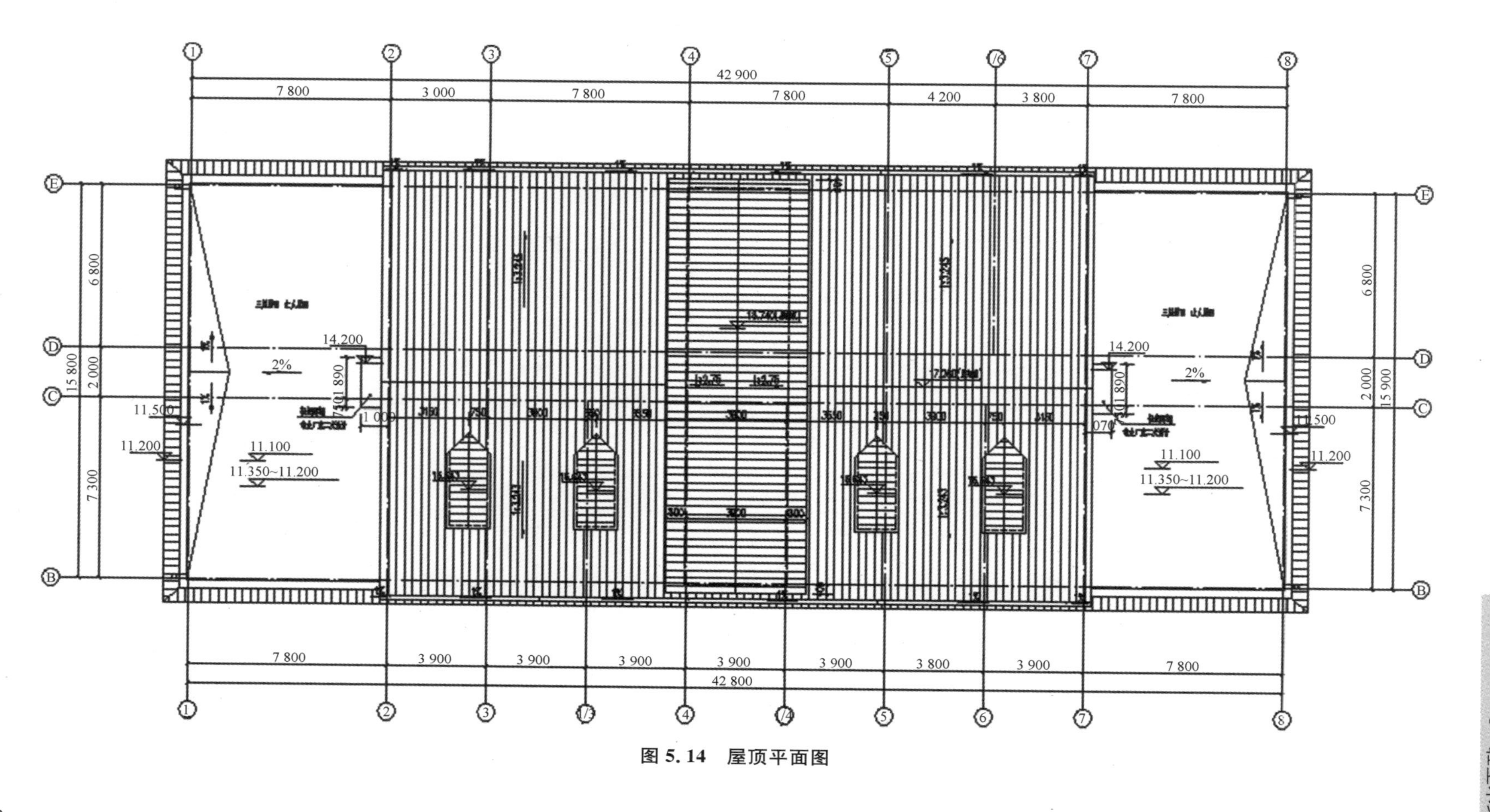

42 900
7 800
3 000
7 800
7 800
4 200
3 800
7 800
6 800
2 000
7 300
15 800
14.200
2%
11.500
11.200
11.100
11.350~11.200
1 000
14.200
2%
11.500
11.200
11.100
11.350~11.200
6 800
2 000
7 300
15 900
7 800
3 900
3 900
3 900
3 900
3 900
3 800
3 900
7 800
42 800

图 5.14 屋顶平面图

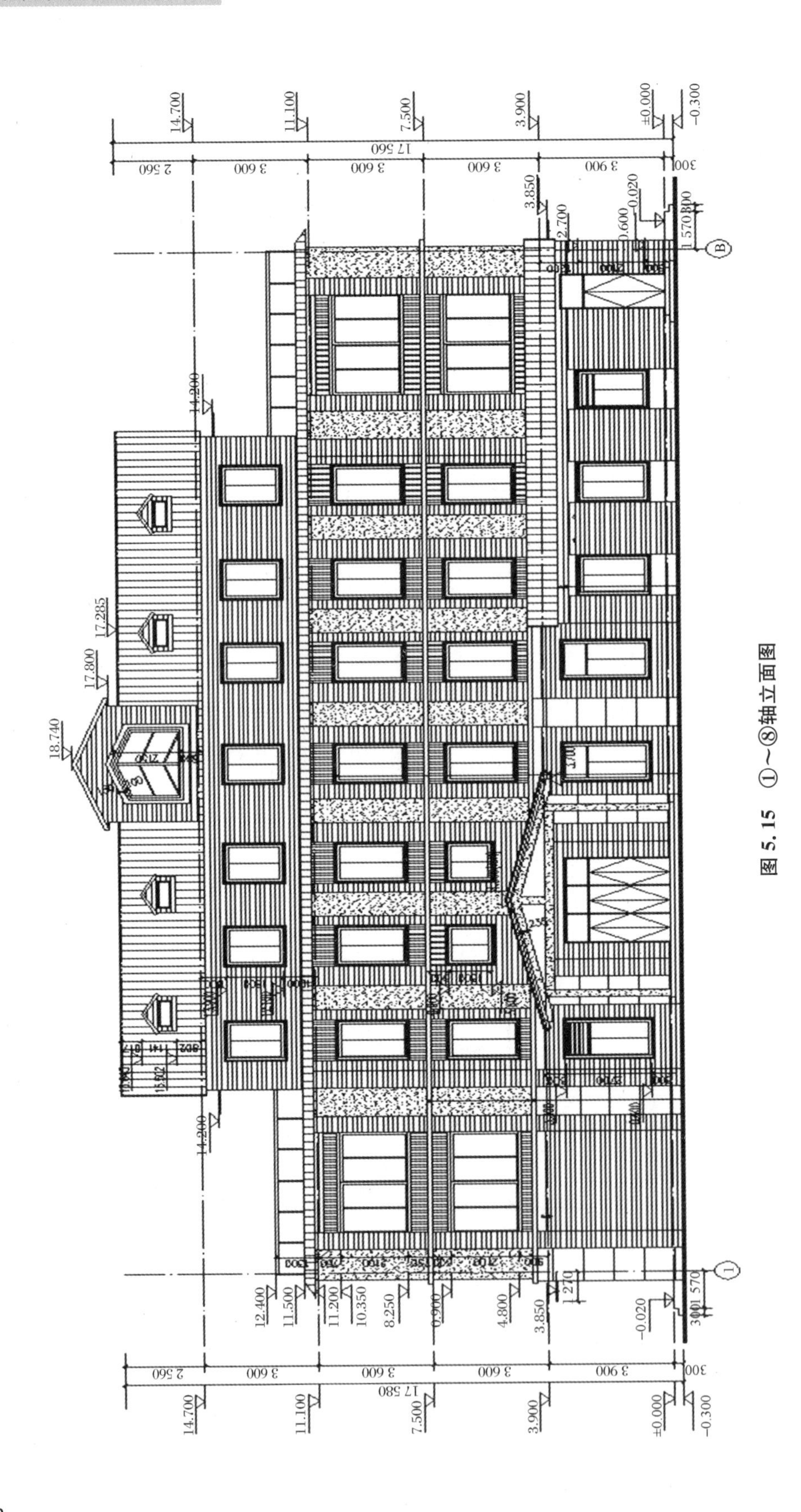
14.700
11.100
7.500
3.900
±0.000
−0.300
17 560
17 580
2 560
3 600
3 900
300
14.200
17.285
17.800
18.740
12.400
11.500
11.200
10.350
8.250
4.800
3.850
−0.020

图 5.15 ①～⑧轴立面图

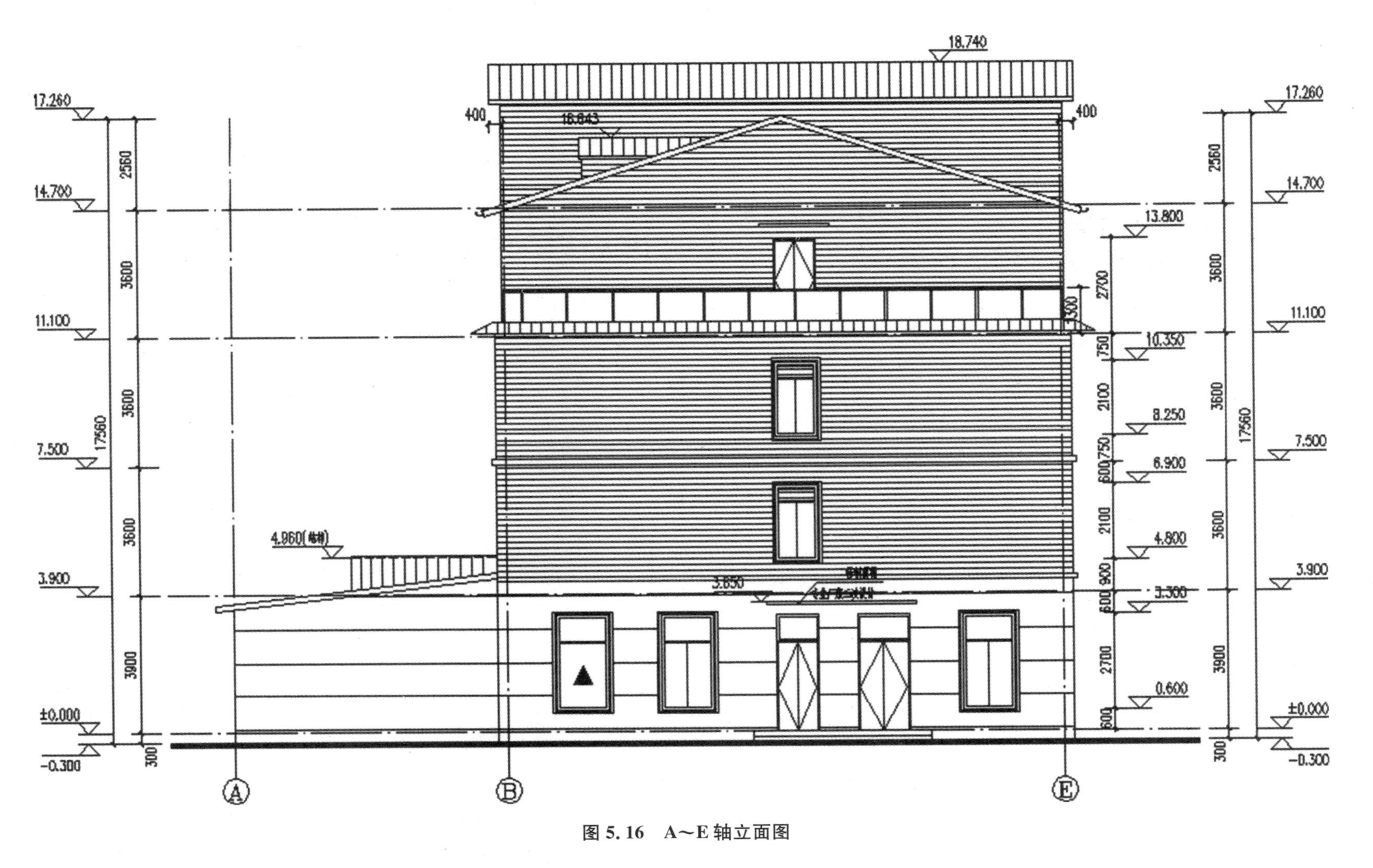
18.740
17.260
400
16.843
400
17.260
2560
2560
14.700
14.700
13.800
3600
2700
3600
300
11.100
11.100
750
10.350
3600
17560
2100
3600
8.250
17560
7.500
7.500
750
6.900
600
3600
2100
3600
4.960
4.800
900
3.900
3.650
3.300
600
3.900
3900
2700
3900
0.600
±0.000
600
±0.000
-0.300
300
300
-0.300
A
B
E

图 5.16 A～E 轴立面图

5.4.2 荷载取值及组合

1. 基本荷载

(1) 永久荷载标准值

永久荷载标准值见表 5.12 所示。

表 5.12 永久荷载标准值

单位:kN/m²

坡屋面荷载	
沥青瓦(玻纤瓦)	0.60
双层 1.5 mm 厚 SBS 防水层	0.05
12 mm 厚 OSB 板	0.08
屋面搁栅(内填 139 mm 保温棉)	0.20
双层 12 mm 厚防火石膏板	0.25
总计	1.18
平屋面荷载	
混凝土整体保护层(40 mm 厚 C20 细石混凝土)	1.00
10 mm 厚低标号砂浆隔离层	0.20
双层 1.5 mm 厚 SBS 防水层	0.05
15 mm 厚 OSB 板	0.10
最薄 30 mm 厚木龙骨找坡层	0.10
屋面搁栅(内填 139 mm 保温棉)	0.20
双层 12 mm 厚防火石膏板	0.25
总计	1.90
标准层楼面荷载	
8～10 mm 厚地砖,干水泥擦缝	0.55
20 mm 厚 1∶3 干硬性水泥砂浆结合层,表面撒水泥粉	0.40
15 mm 厚 OSB 板	0.10
38 mm×235 mm 间距@305 楼面搁栅(内填 139 mm 保温棉)	0.20
双层 12 mm 厚防火石膏板吊顶	0.25
总计	1.50
卫生间、厨房荷载	
8～10 mm 厚防滑地砖,干水泥擦缝	0.55
20 mm 厚 1∶3 干硬性水泥砂浆结合层,表面撒水泥粉	0.40
两道 1.5 mm 厚聚氨酯防水层,遇墙翻边 300 mm	0.05
最薄处 30 mm 厚 C20 细石混凝土找坡层抹平,坡向地漏	1.75
8 mm 厚水泥压力板	0.16
12 mm 厚 OSB 板	0.08
38 mm×235 mm 间距@305 楼面搁栅(内填 139 mm 保温棉)	0.20
双层 12 mm 厚防火石膏板吊顶	0.25
总计	3.44

续表

外墙荷载	
20 mm 厚水泥木纹挂板	0.40
20 mm×25 mm 木龙骨顺水条	0.02
12 mm 厚 OSB 板	0.08
墙骨柱(内置 139 厚保温层)	0.10
12 mm 厚 OSB 板(仅一、二层有)	0.08
单层 15 mm 厚防火石膏板	0.16
其他	0.03
总计	0.87
内墙荷载	
单层 15 mm 厚防火石膏板	0.16
15 mm 厚 OSB 板	0.10
墙骨柱(内填保温层、隔音棉)	0.10
15 mm 厚 OSB 板	0.10
单层 15 mm 厚防火石膏板	0.16
其他	0.03
总计	0.65

(2) 活荷载 L

各类不同功能的楼面、屋面活荷载见表 5.13 所示。

表 5.13 活荷载取值

单位:kN/m^2

办公室、走道、卫生间	屋面(不上人/上人)	活动室	楼梯
2.5	0.5/2.0	4.0	3.5

(3) 风荷载 W

青岛市黄岛区 50 年基本风压 0.6 kN/m^2,场区地面粗糙度类别为 B 类。

(4) 地震作用 E

设计地震分组为第三组,场地设防烈度为 7 度,地面加速度为 0.1g。场地类别为Ⅱ类,特征周期为 0.45 s。

2. 荷载组合

荷载组合见表 5.14 所示。

表 5.14 荷载组合

基本组合	标准组合
$1.3D+1.5L$	$1.0D+1.0L$
$1.3D+1.5L+1.4\times0.6W$	$1.0D+1.0L+0.6W$
$1.3D+1.5\times0.7L+1.4W$	$1.0D+0.7L+1.0W$
$1.2D+1.2\times0.5L+1.3E$	$1.0D+0.5L+1.0E$

5.4.3 主要结构材料

承重墙的墙骨柱木材、楼面搁栅、窗过梁及屋面搁栅等木材达到Ⅲ。及以上。表 5.15 为工程所用材料说明。

表 5.15 工程所用材料说明

材料名称	解释	含水率/%
SPF	进口云杉、松、冷杉结构材,强度等级 TC11	≤18
OSB	木基结构板材	≤16

5.4.4 风荷载与地震作用

1. 风荷载

楼层处等效集中风荷载见表 5.16 所示。图 5.17 为荷载作用简图。

表 5.16 楼层处等效集中风荷载 单位:kN

楼层	二层	三层	四层	五层
X 方向	52.83	52.83	45.20	7.27
Y 方向	142.55	116.63	45.36	22.97

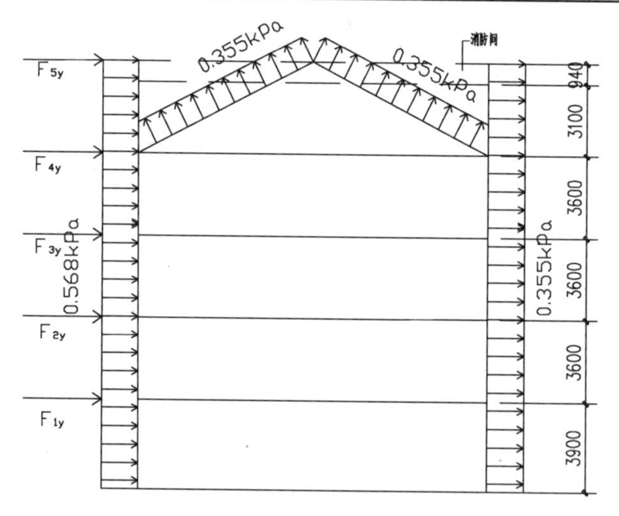

图 5.17 风荷载作用简图

2. 地震作用

考虑到结构规则性,采用底部剪力法计算地震作用。各楼层取一个自由度,第四层的自由度取在坡屋面的檐口高度处。结构水平地震作用的标准值:

$$F_{Ek}=\alpha_1 \cdot G_{eq}$$

$$F_i=\frac{G_i \cdot H_i}{\sum_{j=1}^{n} G_j \cdot H_j} \cdot F_{Ek} \cdot (1-\delta_n)$$

阻尼比 ξ 取 0.05，阻尼调整系数 η_2 取 1.0。结构的基本自振周期按照经验公式 $T_1=0.05H^{0.75}$ 进行估算，其中 H 为基础顶面到建筑物主体部分最高点的高度(m)，得到 T_1 为 0.423 s。场地抗震设防烈度为 7 度，地面加速度取 0.1g，水平地震影响系数最大值 α_{max} 为 0.08。根据《建筑抗震设计规范》(GB 50011)中设计反应谱地震影响系数曲线可知：$\alpha=\eta_2\cdot\alpha_{max}=0.08$。

对于结构等效总重力荷载 G_{eq}，多质点可取总重力荷载代表值的 85%。以首层为例重力荷载代表值为：

$$G_1=G_{roof2}+0.5(G_{1-wall}+G_{2-wall})+0.5Q_1$$

其中，二层楼面自重 G_{roof2}：

$$G_{roof2}=A_{roof}\times D_{roof}=(42.9\times15.9+7.8\times15.6)\times1.5+7.8\times4.02\times1.18=1\,242.69(\text{kN})$$

一层墙体自重 G_{1-wall}：

$$G_{1-wall}=(42.9+23.7)\times2\times3.9\times0.87+(6.6\times8+7.3\times4+7.8\times2+3.9\times22+2.3\times1)\times3.9\times0.65=922.70(\text{kN})$$

二层墙体自重 G_{2-wall}：

$$G_{2-wall}=(42.9+15.9)\times2\times3.6\times0.87+(6.6\times6+7.3\times4+42.9\times2+2.3\times1)\times3.6\times0.65=735.47(\text{kN})$$

$$G_1=1\,242.69+0.5\times(922.70+735.47)+0.5\times2.5\times(42.9\times15.9+7.8\times15.6)=3\,076.51(\text{kN})$$

其他楼层的重力荷载代表值计算结果见下表 5.17 所示：

表 5.17　各层重力荷载代表值

楼层	层高/m	G_i/kN
一层	3.9	3 076.51
二层	3.6	2 658.90
三层	3.6	1 726.98
四层	3.6	1 033.08
五层	2.56	389.26

结构等效总重力荷载：

$$G_{eq}=0.85\times(3\,076.51+2\,658.90+1\,726.98+1\,033.08+389.26)=7\,552.02(\text{kN})$$

$$F_{Ek}=0.08\times G_{eq}=0.08\times7\,552.02=604.16(\text{kN})$$

$$F_{1-eq}=\frac{G_1\cdot H_1}{\sum_{j=1}^{5}G_jH_j}\times F_{Ek}$$

$$=\frac{3\,076.51\times3.9}{3\,076.51\times3.9+2\,658.90\times7.5+1\,726.98\times11.1+1\,033.08\times14.7+389.26\times17.26}\times604.16$$

$$=99.28(\text{kN})$$

同理可得：

$F_{2-eq}=165.01$ kN； $F_{3-eq}=158.62$ kN；

$F_{4-eq}=125.66$ kN； $F_{5-eq}=55.59$ kN；

结构的计算模型如图 5.18 所示。

可见，各层 X，Y 向所受水平剪力均由地震作用控制，各层剪力墙控制剪力分别为：

$$V_5=55.59\ \text{kN}$$

$$V_4=55.59+125.66=181.25\ \text{kN}$$

$$V_3=55.59+125.66+158.62=339.87\ \text{kN}$$

$$V_2=55.59+125.66+158.62+165.01=504.88\ \text{kN}$$

$$V_1=55.59+125.66+158.62+165.01+99.28=604.16\ \text{kN}$$

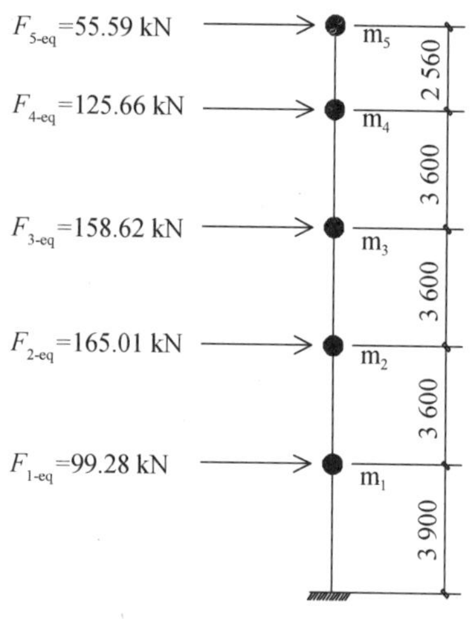

图 5.18 地震作用计算模型

5.4.5 结构构件设计

1. 剪力墙抗侧力计算

(1) 抗剪承载力验算

以② 轴线剪力墙为例，说明剪力墙抗侧力计算过程。首层剪力墙所受的总剪力设计值为：1.3×604.16=785.41 kN；同理，二～五层所受总剪力设计值分别为：656.34 kN、441.83 kN、235.63 kN、72.27 kN，假设侧向力均匀分布，由于实例工程木楼盖为柔性楼盖，故各片剪力墙承担的地震作用按照面积进行分配，主要楼层② 轴线剪力墙所受的剪力为：

$$V_{1-\text{floor}}=\frac{1}{2}\times7.8\times\frac{785.41}{42.9}+\frac{1}{2}\times3.9\times\frac{785.41}{42.9}=107.10(\text{kN})$$

$$V_{2-\text{floor}}=\frac{1}{2}\times7.8\times\frac{656.34}{42.9}+\frac{1}{2}\times3.9\times\frac{656.34}{42.9}=89.50(\text{kN})$$

$$V_{3-\text{floor}}=\frac{1}{2}\times7.8\times\frac{441.83}{42.9}+\frac{1}{2}\times3.9\times\frac{441.83}{42.9}=60.25(\text{kN})$$

$$V_{4-\text{floor}}=\frac{1}{2}\times7.8\times\frac{235.63}{42.9}+\frac{1}{2}\times3.9\times\frac{235.63}{42.9}=32.13(\text{kN})$$

② 轴剪力墙长约 13 m，墙骨柱由 38 mm×184 mm 的 Ⅲ_c 级进口云杉、松、冷杉结构材(SPF)组成，墙骨柱间距 305 mm，墙面板为 12 mm 厚的木基结构板材，面板边缘钉的间距为 100 mm。

首层② 轴线剪力墙双面布置 12 mm 厚 OSB 板，由现行国家标准《木结构设计标准》(GB 50005—2017)附录 N 得出剪力墙的抗剪承载力：

$$V=\sum f_d\cdot l=f_{vd}\cdot k_1\cdot k_2\cdot k_3\cdot l$$

普通钢钉直径 3.66 mm，面板边缘钉间距为 100 mm，查表可得 f_{vd} 为 8.2 kN/m，剪力墙的墙肢长度 l 为 13 m。其他参数查表：$k_1=1.0$；$k_2=0.8$；$k_3=1.0$。此双面覆板剪力墙的抗剪承载力设计值为：

$$V=8.2\times1.0\times0.8\times1.0\times13\times2=170.56(\text{kN})$$

根据现行国家标准《木结构设计标准》(GB 50005—2017)第 4.2.10 的要求,对木基结构板剪力墙进行抗震验算时,取承载力抗震调整系数 $\gamma_{RE}=0.85$。

$$V_{1-floor}=107.10\ \text{kN}<\frac{V}{\gamma_{RE}}=\frac{170.56}{0.85}=200.66(\text{kN})$$

故首层② 轴线剪力墙满足设计要求,其余各层剪力墙验算过程同上,此处不再赘述。

(2) 剪力墙边界构件承载力验算

① 轴剪力墙的边界构件为剪力墙边界墙骨柱,由三根 38 mm×184 mm 的Ⅲ$_c$ 级进口云杉、松、冷杉结构材(SPF)组成。边界杆件承受的设计轴向力为:

$$N_{f1}=\pm\frac{\frac{1.3}{42.9}\times(99.28\times3.9+165.01\times7.5+158.62\times11.1+125.66\times14.7+55.59\times17.26)\times\frac{(7.8+3.9)}{2}}{13}$$

$$=\pm84.44(\text{kN})$$

根据现行国家标准《木结构设计标准》(GB 50005—2017)表 D.2.1 及表 4.3.9-3 可得,38 mm×184 mm 的Ⅲ$_c$ 级进口 SPF 的顺纹抗压及承压强度设计值 $f_c=10.9\ \text{N/mm}^2$,尺寸调整系数为 1.05;顺纹抗拉强度设计值 $f_t=3.2\ \text{N/mm}^2$,尺寸调整系数为 1.2。

② 边缘构件抗拉验算

杆件的抗拉承载力:

$$N_t=3\times38\times184\times3.2\times1.2\times10^{-3}=80.55(\text{kN})$$

根据现行国家标准《木结构设计标准》(GB 50005—2017)中第 4.2.10 的要求,对墙骨柱进行抗震验算时,取承载力抗震调整系数 $\gamma_{RE}=0.8$,则:

$$N_{f1}=84.44\ \text{kN(拉)}<\frac{N_t}{\gamma_{RE}}=\frac{80.55}{0.8}=100.68(\text{kN})(\text{拉})$$

③ 边缘构件抗压计算

按照强度验算,墙骨柱的抗压承载力

$$N_c=3\times38\times184\times10.9\times1.05\times10^{-3}=240.07(\text{kN})$$

则 $N_{f1}=84.44\ \text{kN}<\frac{N_c}{\gamma_{RE}}=\frac{240.07}{0.8}=300.09(\text{kN})$,满足要求。

按照稳定验算,由于墙骨柱侧向有覆面板支撑,一般在平面内不存在失稳问题,我们仅验算边界墙骨柱平面外稳定。边界构件的计算长度为横撑之间的距离,为 1.22 m。

构件全截面的惯性矩:

$$I=\frac{1}{12}\times184\times(38\times3)^3=22\ 717\ 008(\text{mm}^4)$$

构件的全截面面积:

$$A=3\times38\times184=20\ 976(\text{mm}^2)$$

构件截面的回转半径:

$$i=\sqrt{\frac{I}{A}}=\sqrt{\frac{22\ 717\ 008}{20\ 976}}=32.91(\text{mm})$$

构件的长细比:

$$\lambda=\frac{l_0}{i}=\frac{1\ 220}{32.91}=37.07$$

$$\lambda_c=c_c\cdot\sqrt{\frac{\beta\cdot E_k}{f_{ck}}}=3.68\times\sqrt{\frac{1.03\times5\ 600}{15.7}}=70.5$$

当 $\lambda\leqslant\lambda_c$ 时：

$$\varphi=\frac{1}{1+\frac{\lambda^2\times f_{ck}}{b_c\times\pi^2\times\beta\times E_k}}=\frac{1}{1+\frac{37.07^2\times15.7}{2.44\times\pi^2\times1.03\times5\ 600}}=0.866$$

构件的计算面积：

$$A_0=3\times38\times184=20\ 976(\text{mm}^2)$$

则 $\frac{N}{\varphi A_0}=\frac{91.475\times10^3}{0.866\times20\ 976}=5.04\ (\text{N/mm}^2)<k\cdot f_c=10.9\times1.05=11.45\ (\text{N/mm}^2)$

故平面外稳定满足要求。

③ 局部承压计算

查现行国家标准《木结构设计标准》(GB 50005—2017)表 D.2.1 及表 4.3.9-3 可得，38 mm×184 mm 的Ⅲ$_c$ 级进口云杉、松、冷杉结构材(SPF)的横纹承压强度设计值 $f_c=4.9\ \text{N/mm}^2$，尺寸调整系数为 1.0。按照下式进行验算：

$$\frac{N}{A_c}\leqslant f_{c,90}$$

$$A_c=A=3\times38\times184=20\ 976\ (\text{mm}^2)$$

$$\frac{N}{A_c}=\frac{84.44\times10^3}{20\ 976}=4.03(\text{N/mm}^2)\leqslant\frac{f_{c,90}}{0.8}=\frac{4.9}{0.8}=6.125(\text{N/mm}^2)$$

局部承压满足要求。

2. 屋架计算

(1) 屋架尺寸

选取典型屋架 WJ1 进行计算，屋架跨度为 9.9 m，屋面坡度为 20°，采用轻型木结构桁架建造，屋架间距为 610 mm，WJ1 中各杆件的轴线尺寸如图 5.19 所示。

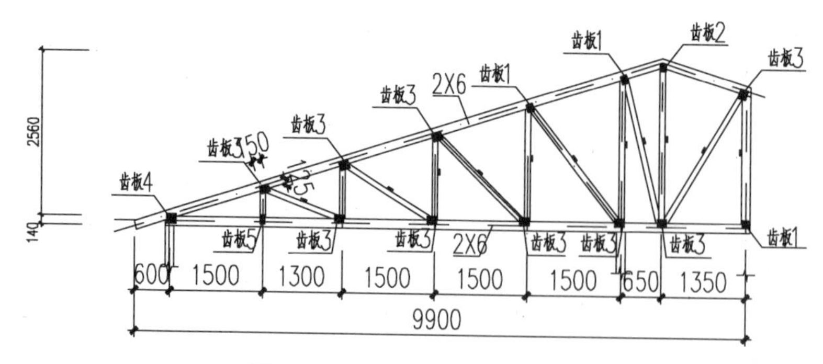

图 5.19 WJ1 尺寸(单位：mm)

(2) 荷载计算

屋面恒荷载标准值为 1.18 kN/m²,屋面活荷载标准值为 0.5 kN/m²,雪荷载为 0.2 kN/m²,基本风压 0.6 kN/m²,计算风压高度取 17.6 m,风压变化系数 μ_z取 1.182,屋面坡度为 20°,风载体型系数迎风面为$\mu_s=-0.4$,背风面为 $\mu_s=-0.5$(图 5.20)。

恒载:

$$1.18\times0.61=0.72(\text{kN/m})(\text{沿斜面})$$

活载:

$$0.5\times0.61=0.305(\text{kN/m})(\text{投影垂直方向})$$

风载

迎风面:

$$\omega_k=\beta_z\cdot\mu_s\cdot\mu_z\cdot\omega_0=1.0\times(-0.4)\times1.182\times0.6=-0.284(\text{kPa})$$

$$\omega=-0.284\times0.61\times\cos20°=-0.163(\text{kN/m})(\text{沿斜面,垂直方向分力})$$

背风面:

$$\omega_k=\beta_z\cdot\mu_s\cdot\mu_z\cdot\omega_0=1.0\times(-0.5)\times1.182\times0.6=-0.355(\text{kPa})$$

$$\omega=-0.355\times0.61\times\cos20°=-0.203(\text{kN/m})(\text{沿斜面,垂直方向分力})$$

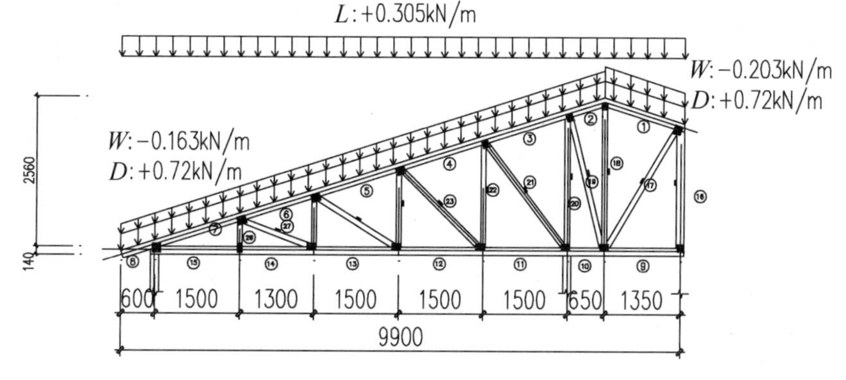

图 5.20　WJ1 外荷载布置图

(3) 杆件内力

采用有限元软件 Midas Gen 计算杆件内力,在各类荷载组合中,1.3 恒载+1.5 活载起控制作用。表 5.18 是屋架各杆件内力计算结果(忽略剪力)。

表 5.18　WJ1 各杆件内力计算结果

	序号	①	②	③	④	⑤	⑥	⑦	⑧
上弦杆	杆长/m	1.486	0.680	1.570	1.570	1.570	1.360	1.570	0.600
	弯矩/(kN·m⁻¹)	0.274 5	−0.256 6	−0.378 3	−0.378 3	−0.316 6	−0.273 3	−0.328 8	−0.313 2
	轴力/kN	0.283 8	0.031 9	1.245 7	0.447 4	−0.580 4	−3.998 7	−6.463 9	0.000 0

续表

	序号	⑨	⑩	⑪	⑫	⑬	⑭	⑮	
下弦杆	杆长/m	1.350	0.650	1.500	1.500	1.500	1.300	1.500	
	弯矩/(kN·m⁻¹)	0.104 6	−0.120 6	−0.120 6	0.007 6	0.007 8	0.113 9	0.113 9	
	轴力/kN	0.041 2	−1.189 3	−6.315 4	−1.542 6	2.433 6	5.429 2	5.429 2	
腹杆	序号	⑯	⑰	⑱	⑲	⑳	㉑	㉒	㉓
	杆长/m	2.122	2.510	2.560	2.436	2.360	2.390	1.897	2.070
	轴力/kN	0.049 8	−1.168 4	−1.642 5	2.264 1	−4.268 3	−2.478 6	−0.283 0	−6.495 5
腹杆	序号	㉔	㉕	㉖	㉗	㉘			
	杆长/m	1.435	1.820	0.972	1.305	0.570			
	轴力/kN	2.383 7	−4.639 1	1.194 6	−3.195 7	−0.472 2			

(4) 构件验算

上弦、下弦杆选用的是 2×6 规格材(38 mm×140 mm),腹杆选用的是 2×4 规格材(38 mm×89 mm)。

对于 2×4 的 SPF 规格材,查现行国家标准《木结构设计标准》(GB 50005—2017)表 D.2.1 知,抗弯强度设计值 f_m=8.7 N/mm^2;查表 4.3.9-3 知,抗弯强度尺寸调整系数为 1.5;顺纹抗压及承压强度设计值 f_c=10.9 N/mm^2,尺寸调整系数为 1.15;顺纹抗拉强度设计值 f_t=3.2 N/mm^2,尺寸调整系数为 1.5,弹性模量为 9 500 N/mm^2。

对于 2×6 的 SPF 规格材,抗弯强度设计值 f_m=8.7 N/mm^2,尺寸调整系数为 1.3;顺纹抗压及承压强度设计值 f_c=10.9 N/mm^2,尺寸调整系数为 1.1;顺纹抗拉强度设计值 f_t=3.2 N/mm^2,尺寸调整系数为 1.3,弹性模量为 9 500 N/mm^2。

表 5.19 列出了 2×4、2×6 两种规格材的截面特性,根据受压腹杆和上弦压弯杆件的长细比限值,验算各杆件的最大计算长度,见表 5.20 所示。

表 5.19　截面特性

类型	尺寸/(mm×mm)		A/mm^2	I_x/mm^4	W_x/mm^3	I_y/mm^4	W_y/mm^3	i_x/mm	i_y/mm
2×4	38	89	3 382	2 232 401.8	50 166.3	406 967.3	21 419.33	25.692 1	10.969 7
2×6	38	140	5 320	8 689 333.3	124 133	640 173.3	33 693.33	40.414 5	10.969 7

表 5.20　长细比限值及杆件最大长度限值

截面类型	受压腹杆			上弦杆	
	长细比限值	面内允许最大长度/m	面外允许最大长度/m	长细比限值	面内允许最大长度/m
2×4	150	3.85	1.65	120	3.08
2×6	150	6.06	1.65	120	4.85

① 轴心受拉腹杆

腹杆截面为 2×4(38 mm×89 mm)，轴拉力 $N=2.3837$ kN 时，强度验算：

$\frac{N_t}{A_n}=\frac{2.3837\times10^3}{38\times89}=0.705(\text{N/mm}^2)<3.2\times1.5=4.8(\text{N/mm}^2)$，满足要求。

② 轴心受压腹杆

杆件截面为 2×4(38 mm×89 mm)，轴压力 $N=6.50$ kN 时，强度验算：

$\frac{N_t}{A_n}=\frac{6.50\times10^3}{38\times89}=1.92(\text{N/mm}^2)<10.9\times1.15=12.5(\text{N/mm}^2)$，满足要求。

受压腹杆⑲(截面 38 mm×89 mm)平面内计算长度 $L_1=2\,360\times0.5=1\,180$(mm)(腹杆中间设有侧向支撑)；平面外计算长度 $L_2=2\,360\times0.8=1\,888$(mm)，轴压力为 $N=6.50$ kN 时，进行稳定性验算。

$$\lambda_c=c_c\cdot\sqrt{\frac{\beta\cdot E_k}{f_{ck}}}=3.68\times\sqrt{\frac{1.03\times5\,600}{15.7}}=70.5$$

稳定性验算：

$$\lambda_{1x}=\frac{1\,180}{10.969\,7}=107.57;\lambda_{1y}=\frac{1\,888}{25.692\,1}=63.58$$

当 $\lambda_{1x}>\lambda_c$ 时：

$$\varphi=\frac{a_c\times\pi^2\times\beta\times E_k}{\lambda_{1x}^2\times f_{ck}}=\frac{0.88\times\pi^2\times1.03\times5600}{107.57^2\times15.7}=0.276$$

当 $\lambda_{1y}\leqslant\lambda_c$ 时：

$$\varphi=\frac{1}{1+\frac{\lambda_{1y}^2\times f_{ck}}{b_c\times\pi^2\times\beta\times E_k}}=\frac{1}{1+\frac{63.58^2\times15.7}{2.44\times\pi^2\times1.03\times5\,600}}=0.686$$

$\frac{N}{\varphi A}=\frac{6.5\times10^3}{0.276\times38\times89}=6.96(\text{N/mm}^2)<10.9\times1.15=12.5(\text{N/mm}^2)$，满足要求。

受压腹杆⑳的稳定验算过程同上，此处不再赘述。

③ 上弦杆验算

上弦杆⑦(截面 38 mm×140 mm)为压弯杆件，由于上弦杆计算弯矩较小，该例题仅按轴心受压杆件验算，杆件平面内的计算长度为 $l_{ox}=1\,570\times0.8=1\,256$(mm)。杆件轴压力 $N=6.463\,9$ kN。平面外由于有檩条作为侧向支撑，无须验算平面外稳定问题。

长细比：

$$\lambda_x=\frac{l_{ox}}{i_x}=\frac{1\,570\times0.8}{40.414\,5}=31.1$$

当 $\lambda_x\leqslant\lambda_c$ 时：

$$\varphi=\frac{1}{1+\frac{\lambda_x^2\times f_{ck}}{b_c\times\pi^2\times\beta\times E_k}}=\frac{1}{1+\frac{31.1^2\times15.7}{2.44\times\pi^2\times1.03\times5\,600}}=0.90$$

$$\frac{N}{\varphi A}=\frac{6.463\,9\times10^3}{0.90\times38\times140}=1.35(\text{N/mm}^2)<10.9\times1.1=12(\text{N/mm}^2)$$

故上弦杆⑦满足要求。

④ 下弦杆验算

屋架下弦杆⑭为拉弯构件，需要验算强度：

$$N_1=5.4292\ \text{kN};\quad M_1=0.1139\ \text{kN}\cdot\text{m}$$

$$\frac{N}{A_n\cdot f_t}+\frac{M}{W_n\cdot f_m}=\frac{5.4292\times10^3}{38\times140\times3.2\times1.3}+\frac{0.1139\times10^6}{124133\times8.7\times1.3}=0.326\leqslant1$$

满足要求。

下弦杆⑪为压弯构件，需验算其强度和稳定：

$$N_2=6.3154\ \text{kN};\quad M_1=0.1206\ \text{kN}\cdot\text{m}$$

强度验算：

$$\frac{N}{A_n\cdot f_c}+\frac{M}{W_n\cdot f_m}=\frac{6.3154\times10^3}{38\times140\times10.9\times1.1}+\frac{0.1206\times10^6}{124133\times8.7\times1.3}=0.185\leqslant1$$

故杆件强度满足要求。

稳定验算：

$$k=\frac{M_0}{W_n\cdot f_m\cdot\left(1+\sqrt{\frac{N}{A\cdot f_c}}\right)}$$

$$=\frac{0.1206\times10^6}{124133\times8.7\times1.3\times\left(1+\sqrt{\frac{6.3154\times10^3}{38\times140\times10.9\times1.1}}\right)}=0.0653$$

$$k_0=0;\quad \varphi_m=(1-k)^2\cdot(1-k_0)=(1-0.0653)^2=0.87$$

$$\lambda_x=\frac{l_{ox}}{i_x}=\frac{1500\times0.8}{40.4145}=29.7;\quad \lambda_x\leqslant\lambda_c$$

$$\frac{N}{\varphi\cdot\varphi_m\cdot A_0}=\frac{6.3154\times10^3}{0.91\times0.87\times38\times140}=1.50(\text{N/mm}^2)\leqslant f_c=10.9\times1.1=12(\text{N/mm}^2)$$

故杆件稳定验算同样满足要求。

6 多高层木结构

根据现行国家标准《多高层木结构建筑技术标准》(GB/T 51226—2017)的规定，住宅建筑按地面上层数分类时，4 层～6 层为多层木结构住宅建筑，7 层～9 层为中高层木结构住宅建筑，大于 9 层的为高层木结构住宅建筑。按高度分类时，建筑高度大于 27 m 的木结构住宅建筑、建筑高度大于 24 m 的非单层木结构公共建筑和其他民用木结构建筑为高层木结构建筑。

多高层木结构在我国可追溯到 1 000 多年前，如应县木塔、正定天宁寺塔、侗族鼓楼等。目前保留较好的当属建于公元 1056 年的山西应县木塔，其高达 67. 31 m，与意大利比萨斜塔、巴黎埃菲尔铁塔并称“世界三大奇塔”，详见本指南第 1 章内容及图 1. 1。

国外也早有多高层木结构的应用，如建于公元 607 年的日本法隆寺五重塔(图 6. 1)据称是世界上现存最古老的木结构建筑，其建筑平面有三进三间，中心设通心柱，木塔主体高度 20. 6 m，顶部九重的相轮高 10. 2 m。再如建于 12 世纪 80 年代的挪威博尔贡木板教堂(Borgund Stave Church)(图 6. 2)，为三层木结构建筑，底层由 14 根原木支撑，建筑高度为 10. 7 m。

图 6. 1　日本法隆寺五重塔

图 6. 2　挪威博尔贡木板教堂

近年来，随着城镇化建设对绿色发展越来越重视，以及木结构建筑的不断深入人心，越来越多工程考虑用可再生的木材资源建造多高层建筑。2012 年在墨尔本建成了一幢名为 Forte 的 10 层 CLT 结构建筑，是澳大利亚第一栋高层木结构建筑。该建筑首层为供商业使用的混凝土结构，上部 9 层为供住宅使用的 CLT 结构。2017 年加拿大魁北克市建成 Origine 项目，该项目高 41 m，首层为混凝土裙楼，上部 12 层为公寓，采用 CLT 结构。2015 年在挪威卑尔根建成一幢 14 层高的公寓楼，名为 Treet，结构用材包括 CLT 和胶合木。2016 年在加拿大温哥华的 UBC 校园内建成一幢 18 层高的学生宿舍(图 6.3)，主体结构为木框架—混凝土核心筒结构。国内方面，2020 年在山东蓬莱建成第一栋多层木结构建筑，该建筑为办公建筑，建筑面积为 4 780 m^2，建筑主体 6 层、局部 4 层，建筑高度 23.55 m，采用了胶合木框架剪力墙体系。

图 6.3　加拿大温哥华的学生宿舍楼 Brock Common

(图片来源：FII 摄)

6.1　结构体系与受力特点

多高层木结构建筑体系主要包括两大类：纯木结构和木混合结构。其中纯木结构又包括轻型木结构、木框架支撑结构、木框架剪力墙结构和正交胶合木剪力墙结构；木混合结构主要包括上下混合木结构和混凝土核心筒木结构。根据结构体系类型和抗震设防烈度等不同，现行国家标准《多高层木结构建筑技术标准》(GB/T 51226—2017)中的表 6.2.1-2 给出了多高层木结构建筑的适用结构类型、总层数和总高度，详见本指南表 4.3 所示。

当然，表 4.3 中所规定的多高层木结构层数和高度主要是从结构设计角度而言提出的，实际在设计多高层木结构时，还需要满足建筑防火设计要求。现行国家标准《多高层木结构建筑技术标准》(GB/T 51226—2017)第 7.1.1 条规定：对于 6 层及 6 层以上的木结构建筑的防火设计应经论证确定。2020 年建成的山东鼎驰木业有限公司研发中心办公楼(图 1.5)为 6 层的木框架剪力墙结构，就是专门经过了防火论证。值得一提的是，《建筑设计防火规范》(GB 50016—2014)局部修订条文(征求意见稿)中已将木结构和木混合结构的层数限值分别放宽为 8 层和 9 层。

多高层木结构的通用设计方法和基本原理可参考本指南第 3 章，多高层木结构地震作用计算方法、抗震抗风及防火设计方法可参考本指南第 4 章。在竖向荷载作用下，多高层木结构建筑的传力体系和设计流程可参考同类的多高层钢结构或钢筋混凝土结构；在水平荷载作用下，多高层纯木结构建筑（多高轻型木结构除外，其设计方法已在本指南第5章介绍）的设计流程如图6.4所示。

表4.3中的轻型木结构设计已在本指南第5章做了介绍，下面将分别对其余几类多高层木结构体系及其适用范围进行简述。

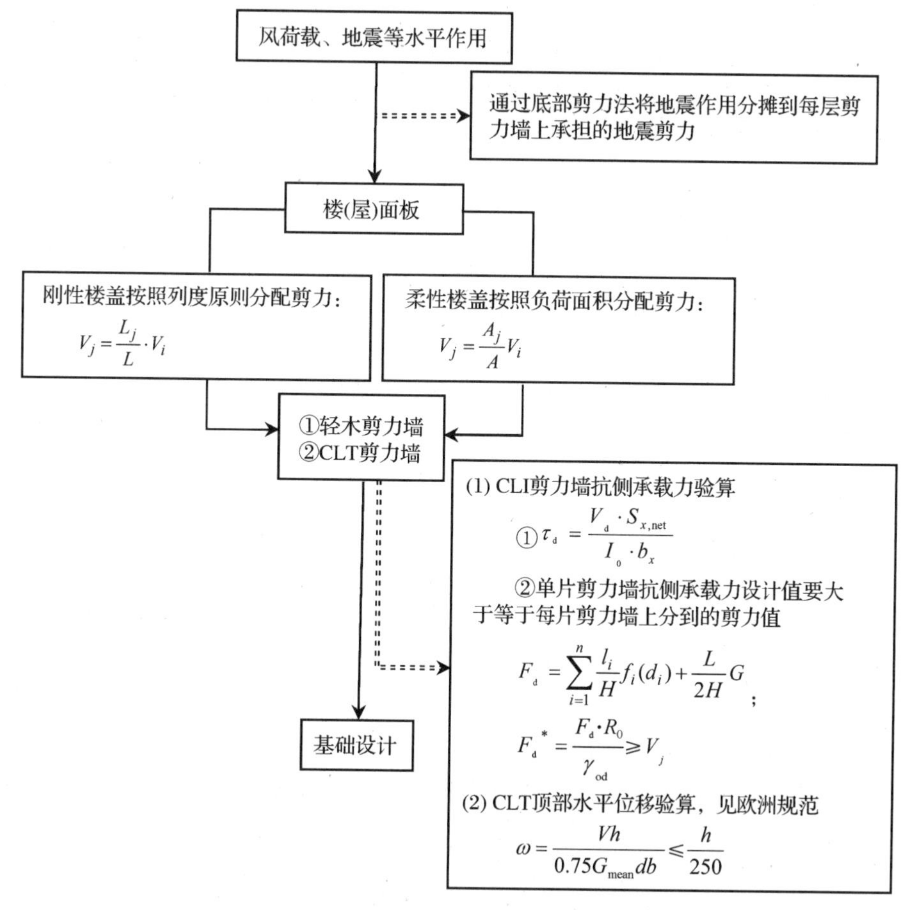

图6.4　多高层纯木结构在水平荷载作用下的设计流程

6.1.1　木框架支撑结构

木框架支撑结构采用木梁柱作为主要竖向承重构件，以钢拉索、钢拉杆或木杆件支撑等为主要抗侧构件，可通过支撑的布置优化结构整体的抗侧性能，是一种经济有效的结构体系。现行国家标准《多高层木结构建筑技术标准》(GB/T 51226—2017)中规定的此类体系的最大层数为6层、最大高度为20 m。

英属哥伦比亚大学(University of British Columbia，简称UBC)在2012年建成的地球科学大楼为木结构建筑，其在木框架中局部设置了木支撑，如图6.5所示。该结构共5层，电梯井和局部楼梯部分采用了混凝土结构，另有一处悬空的楼梯采用了正交胶合木。

(a) 建筑效果图　　(b) 现场施工图

图 6.5　加拿大 UBC 的地球科学大楼

（图片来源：FII 摄）

6.1.2　木框架剪力墙结构

在木框架剪力墙结构体系中，由木梁柱承担主要的竖向荷载，剪力墙承载主要的水平荷载。剪力墙可采用轻型木结构墙体或正交胶合木墙体。该体系同时具备剪力墙体系抗侧性能优越的优势，同时又具备框架结构空间布置灵活的优点，现行国家标准《多高层木结构建筑技术标准》(GB/T 51226—2017)中规定的此类体系的最大层数为 10 层、最大高度为 32 m。

2014 年挪威卑尔根建成的 Treet 大楼是一幢外部采用胶合木框架支撑，内部采用 CLT 剪力墙结构的单元预制式高层木结构，结构共 14 层，总高度为 52.8 m，如图 6.6 所示。建筑共包含 64 个公寓单元，其中第 5 层和第 10 层为结构加强层，进一步提升了结构的整体抗侧性能。

(a) 建筑外观　　(b) 现场施工图

图 6.6　挪威卑尔根的 Treet 大楼

6.1.3　正交胶合木剪力墙结构

正交胶合木剪力墙结构的墙体和楼屋面一般均采用正交胶合木，所形成的板式结构具有抗侧刚度大、装配化程度高、耐火性能及保温性能良好等优势，在多高层木结构的建造中具有一定的前景，现行国家标准《多高层木结构建筑技术标准》(GB/T 51226—2017)中规定的此类体系的最大层数为 12 层、最大高度为 40 m。

利用正交胶合木建造的第一栋高层木结构建筑是2009年在伦敦建造的Stadthaus联排别墅公寓，如图6.7所示。该结构是一栋9层的住宅建筑，除底层采用钢筋混凝土之外，其他墙体、核心筒和楼板均采用正交胶合木。2012年在墨尔本建成了一幢名为Forte的10层正交胶合木结构建筑，也是澳大利亚第一个正交胶合木高层建筑，如图6.8所示。该建筑的首层为供商业使用的混凝土结构，上面9层为供住宅使用的正交胶合木结构。

图6.7 Stadthaus公寓

图6.8 Forte木结构公寓

6.1.4 上下混合木结构

上下混合木结构是指底层采用钢筋混凝土结构或钢结构，其余各层采用纯木结构的木混合结构体系。此类结构中，底层的钢筋混凝土或钢结构可满足建筑下部大空间的要求，上部的木结构可满足办公或住宅的需要，现行国家标准《多高层木结构建筑技术标准》(GB/T 51226—2017)中规定的此类体系的最大层数为13层、最大高度为43 m。

2012年建成于意大利米兰名为Cenni di Cambiamento的住宅建筑群中，所有建筑均采用了正交胶合木剪力墙结构体系，其中最高的一幢住宅为9层28 m，该建筑底层为混凝土结构，上部采用正交胶合木剪力墙结构，如图6.9所示。

图6.9 CLT住宅建筑群

6.1.5 混凝土核心筒木结构

混凝土核心筒木结构以钢筋混凝土核心筒为主要抗侧构件，可弥补木框架抗侧刚度小、变形大的不足，混凝土核心筒可以布置为楼梯、电梯间，而木框架部分空间布置灵活。现行国家标准《多高层木结构建筑技术标准》(GB/T 51226—2017)中规定的此类体系的最大层数为 18 层、最大高度为 56 m。

加拿大英属哥伦比亚大学的 Brock Commons 学生公寓是混凝土核心筒木结构的典型建筑，如图 6.10(a)所示。该公寓共 18 层，高 53 m，首层为混凝土结构，设置了两个核心筒作为主要水平抗侧体系，混凝土核心筒同时用于楼梯、电梯和管道井的布置，框架部分采用胶合木框架和正交胶合木楼板。除此之外，图 6.10(b)所示位于加拿大魁北克城的 6 层木混合结构，同样采用了混凝土核心筒木结构体系。

(a) Brock Commons 学生公寓

(图片来源：FII 摄)

(b) 魁北克城 6 层木结构

图 6.10 典型的混凝土核心筒木结构

6.2 设计要点

6.2.1 总体要求

多高层木结构的平、立面布置宜规则、对称，质量和刚度变化均匀。这里"规则"包含了对建筑的平、立面外形尺寸，抗侧力构件布置、质量分布，以及强度分布等诸多因素的综合要求。建筑的竖向体形宜规则、均匀，避免有过大的外挑或内收。结构的侧向刚度宜下大上小，逐渐均匀变化，不应采用竖向布置严重不规则的结构。国内外多次地震中均有不少震例表明，凡是房屋体型不规则，平面上凸出凹进，立面上高低错落，破坏程度均比较严重；而房屋体型简单整齐的建筑，震害都比较轻。

除此以外，多高层木结构还应满足以下要求：

(1) 应具有明确的计算简图和合理的地震作用传递途径；

(2) 结构应满足承载力、刚度和延性要求；

(3) 结构的竖向布置和水平布置应使结构具有合理的刚度和承载力分布，避免结构因竖向不规则形成薄弱部位，对薄弱部位采取可靠的加强措施；

(4) 应防止个别结构或构件破坏导致整体结构丧失承载能力，设置多道抗倒塌防线；

(5) 应考虑木材干缩、蠕变对结构或构件的影响；

(6) 对于木混合体系，应考虑不同材料的温度变形、基础不均匀沉降等间接作用的影响。

6.2.2 设计指标

(1) 结构用木材的强度设计值和弹性模量的调整

木材区别于其他结构用材，其强度与弹性模量设计时需要考虑多种因素的调整，其中特别需要注意木材的力学性质与荷载作用时间有关，详见第 3 章内容。

(2) 根据现行国家标准《木结构设计标准》(GB 50005—2017)中表 4.3.15 的规定，受弯构件的挠度限值应按表 6.1 的规定采用。

(3) 根据现行国家标准《多高层木结构建筑技术标准》(GB/T 51226—2017)中第 6.1.7 条的规定，多高层木结构建筑弹性状态下的层间位移角和弹塑性层间位移角应符合表 6.2 的规定。

(4) 根据《多高层木结构建筑技术标准》(GB/T 51226—2017)第 4.3.6 条规定，多高层木结构建筑抗震设计时，对于纯木结构，在多遇地震验算时结构的阻尼比可取 0.03，在罕遇地震验算时结构的阻尼比可取 0.05。

(5) 根据《多高层木结构建筑技术标准》(GB/T 51226—2017)第 4.2.2 条规定，考虑到多高层木结构建筑对风荷载的敏感性，对于建筑高度大于 20 m 的木结构建筑，验算承载力时基本风压值应乘以 1.1 倍的增大系数。

表 6.1 受弯构件挠度限值

<table>
<tr><th>项次</th><th colspan="3">构件类别</th><th>挠度限值[w]</th></tr>
<tr><td rowspan="2">1</td><td rowspan="2">檩条</td><td colspan="2">$l \leq 3.3$ m</td><td>无粉刷吊顶</td></tr>
<tr><td colspan="2">$l > 3.3$ m</td><td>$l/250$</td></tr>
<tr><td>2</td><td colspan="3">椽条</td><td>$l/150$</td></tr>
<tr><td>3</td><td colspan="3">吊顶中的受弯构件</td><td>$l/250$</td></tr>
<tr><td>4</td><td colspan="3">楼盖梁和搁栅</td><td>$l/250$</td></tr>
<tr><td rowspan="2">5</td><td rowspan="2">墙骨柱</td><td colspan="2">墙面为刚性贴面</td><td>$l/360$</td></tr>
<tr><td colspan="2">墙面为柔性贴面</td><td>$l/250$</td></tr>
<tr><td rowspan="3">6</td><td rowspan="3">屋盖大梁</td><td colspan="2">工业建筑</td><td>$l/120$</td></tr>
<tr><td rowspan="2">民用建筑</td><td>无粉刷吊顶</td><td>$l/180$</td></tr>
<tr><td>有粉刷吊顶</td><td>$l/240$</td></tr>
<tr><td colspan="5">注：表中 l 为受弯构件的计算跨度。</td></tr>
</table>

表 6.2　多高层木结构建筑层间位移角限值

结构体系		弹性层间位移角	弹塑性层间位移角
纯木结构	轻型木结构	≤1/250	≤1/50
	其他纯木结构	≤1/350	
上下混合木结构	上部纯木结构	按纯木结构采用	≤1/50
	下部的混凝土框架	≤1/550	
	下部的钢框架	≤1/350	
混凝土核心筒木结构		≤1/800	≤1/50

6.2.3　整体分析方法

1. 地震作用计算方法

(1) 宜采用振型分解反应谱法，对质量和刚度不对称、不均匀的木结构建筑应考虑扭转耦联影响；

(2) 高度不超过 20 m、以剪切变形为主且质量和刚度沿高度分布均匀的木结构建筑，可采用底部剪力法的简化方法；

(3) 对于 7 度、8 度和 9 度抗震设防的甲类建筑、木混合建筑、质量沿竖向分布特别不均匀等建筑，宜采用弹性时程分析法进行多遇地震作用的补充计算。

2. 偶然偏心

计算多遇地震下双向水平地震作用效应时，可不考虑偶然偏心的影响。但计算单向地震作用效应时，应考虑偶然偏心的影响。根据现行国家标准《多高层木结构建筑技术标准》(GB/T 51226—2017)第 4.3.5 条，每层质心的偶然偏心可按下列公式计算：

方形或矩形平面：

$$e_i = \pm 0.05 L_{Bi} \tag{6.1}$$

其他形状平面：

$$e_i = \pm 0.172 r_i \tag{6.2}$$

式中：e_i——第 i 层质心的偶然偏心值；

r_i——第 i 层相应质点所在楼层平面的转动半径；

L_{Bi}——第 i 层垂直于地震作用方向的建筑物长度。

3. 抗震设计要点

(1) 木框架剪力墙结构体系

① 抗震设计时，结构的两个主轴方向均应布置剪力墙；

② 梁与柱或柱与剪力墙的中心线宜重合；

(2) 正交胶合木剪力墙体系

① 正交胶合木剪力力的剪力分配可按刚性楼板或柔性楼板假定分配；楼板刚度具体要根据楼板构造确定，也可按照轻型木结构楼板处理剪力墙剪力分配的思路，取不同楼板刚

度情况的包络；

② 针对正交胶合木剪力墙平面内承载力验算，纵横剪力墙宜按承担不同方向的地震作用单独进行。

(3) 木混合结构体系

根据现行国家标准《多高层木结构建筑技术标准》(GB/T 51226—2017)第 4.3.6 条的规定，对于混合木结构可根据位能等效原则计算结构阻尼比：

$$\xi = \frac{\sum_{i=1}^{n} \xi_i W_i}{\sum_{i=1}^{n} W_i} \tag{6.3}$$

式中：ξ_i——第 i 个构件阻尼比，对混凝土结构阻尼比 ξ 取 0.05，对钢结构阻尼比 ξ 取 0.02；

W_i——第 i 个构件的位能；

ξ——整体结构阻尼比。

根据现行国家标准《多高层木结构建筑技术标准》(GB/T 51226—2017)第 6.3.15 条的规定，当下部为混凝土结构，上部为 4 层(包括)及以下的木结构时，应按下列规定计算地震作用：

① 下部平均抗侧刚度与相邻上部木结构的平均抗侧刚度之比 α 不大于 4 时，上下混合木结构可按整体结构采用底部剪力法进行计算；

② 下部平均抗侧刚度与相邻上部木结构的平均抗侧刚度之比 α 大于 4 时，上部木结构和下部混凝土结构可分开单独进行计算，且上部木结构可按底部剪力法计算，但应乘以增大系数 β，β 取为 $\beta=0.035\alpha+2.11$。

6.2.4 构件及节点设计

1. 抗震调整系数

多高层木结构建筑进行构件抗震验算时，承载力抗震调整系数 γ_{RE}应符合表 6.3 的规定。当仅计算竖向地震作用时，各类构件的承载力抗震调整系数取为 1.0。

表 6.3 承载力抗震调整系数

结构构件	受力状态	系数 γ_{RE}
柱、梁	受弯、受拉、受剪	0.90
	轴压或压弯	0.85
剪力墙	—	0.85

注：引自现行国家标准《多高层木结构建筑技术标准》(GB/T 51226—2017)表 6.4.3。

2. 梁、板、柱设计

通过整体分析得到构件的内力，依照现行国家标准进行设计。根据受力性质不同，胶合木构件分为受弯构件、轴心受拉和轴心受压构件、拉弯和压弯构件。通常，屋面檩条、楼面搁栅、次梁、主梁等均属于受弯构件，桁架腹杆、支撑、隅撑等属于轴心受拉或受压构件，外墙柱、屋面桁架弦杆等属于拉弯或压弯杆件。

（1）柱设计

多高层木结构中木柱主要承担负荷面积范围的竖向荷载，内部柱通常按照轴心受压构件设计；对于承受偏心荷载、梁偏轴布置的内部柱或建筑外围柱，木柱应按偏心受压构件设计，角柱应按照双向偏心构件设计。

（2）梁设计

框架木梁通常按照两端简支梁计算，同时考虑楼盖约束、支撑，以及荷载作用方式对受弯构件计算长度的调整。受弯构件的计算长度参考表 6.4 所示。

（3）楼板设计

多高层木结构建筑中楼板通常采用轻型木结构楼盖或 CLT 楼盖。多高层木结构建筑的楼盖宜采用木结构楼盖上覆盖混凝土面层的混合楼盖系统。轻木楼盖设计同前面轻型木结构章节设计方法一致，CLT 作为楼板主要涉及平面外的抗弯承载力、滚剪承载力以及抗弯刚度等力学性能验算，详见 3.2.4 节。

表 6.4　受弯构件的计算长度

梁的类型和荷载作用情况	荷载作用在梁的部位		
	顶部	中部	底部
简支梁，两端相等弯矩	$l_e=1.00\cdot l_u$		
简支梁，均匀分布荷载	$l_e=0.95\cdot l_u$	$l_e=0.90\cdot l_u$	$l_e=0.85\cdot l_u$
简支梁，跨中一个集中荷载	$l_e=0.80\cdot l_u$	$l_e=0.75\cdot l_u$	$l_e=0.70\cdot l_u$
悬臂梁，均匀分布荷载	$l_e=1.20\cdot l_u$		
悬臂梁，在悬端一个集中荷载	$l_e=1.70\cdot l_u$		
悬臂梁，在悬端作用弯矩	$l_e=2.00\cdot l_u$		
注：引自现行国家标准(GB 50005—2017)表 5.2.2-2。			

3. 剪力墙设计

常用的剪力墙形式主要为轻木剪力墙、正交胶合木剪力墙等。木框架—轻木剪力墙结构体系构造如图 6.11(a)所示，其中内填的轻木剪力墙中覆面板与墙骨柱、顶梁板与木梁、端部墙骨柱与木柱均采用钉连接，底梁板与基础采用锚栓进行连接。框架剪力墙中采用 CLT，且 CLT 局部内嵌到框架梁柱中时，CLT 与木梁柱通常采用连接件结合自攻螺钉连接，如图 6.11(b)。

木框架—轻木剪力墙结构中的剪力墙计算方法与轻型木结构剪力墙基本一致。下面重点介绍多高层中 CLT 剪力墙的设计方法，剪力墙同时承担竖向荷载及水平荷载，剪力墙设计也可分为竖向承载力设计与水平抗剪承载力设计两部分。

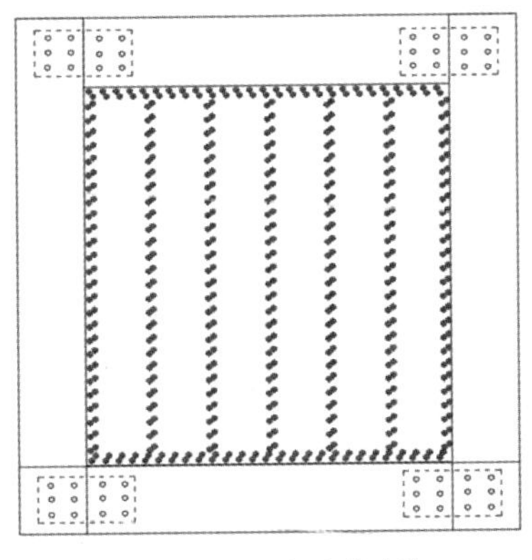
(a) 木框架—轻木剪力墙

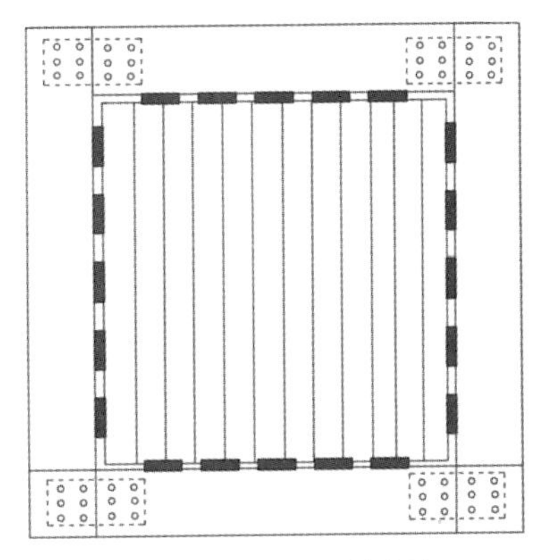
(b) 木框架—CLT 填充墙

图 6.11 木框架—剪力墙构造示意图

(1) CLT 剪力墙竖向承载力设计

CLT 的竖向承载力根据墙体的受力情况可分为轴心抗压承载力以及压弯承载力设计:

① CLT 剪力墙的抗压承载力

CLT 在竖向荷载作用下的轴心抗压承载力可按下式计算:

$$N_p = f'_c A_p \tag{6.4}$$

式中:f'_c——木纹方向与荷载作用方向平行的层板顺纹抗压强度设计值(N/mm²);

A_p——构件木纹方向与荷载作用方向平行的层板截面面积之和(mm²)。

② CLT 剪力墙的压弯承载力

CLT 在平面外弯矩和竖向荷载共同作用下需满足下式要求:

$$\left(\frac{N}{f'_c A_p}\right)^2 + \frac{M + Ne_0\left(1 + 0.234\dfrac{N}{P_{CE}}\right)}{f_m S_{ef}\left(1 - \dfrac{N}{P_{CE}}\right)} \leqslant 1.0 \tag{6.5}$$

$$S_{ef} = \frac{2B_e}{E_1 h} \tag{6.6}$$

$$P_{CE} = \frac{0.518\,4\pi^2 B_e}{l_e^2} \tag{6.7}$$

式中:N——正交胶合木构件平面内的轴向压力设计值(N);

M——作用在正交胶合木构件平面外的弯矩设计值(N/mm²);

e_0——轴向荷载偏心距,为板面在垂直于板面方向的位移(mm);

S_{ef}——构件等效截面抵抗矩(mm³);

P_{CE}——临界屈曲荷载(N);

l_e——等效计算长度(mm);

B_e——构件截面有效抗弯刚度(N · mm²);

E_1——构件最外层层板的弹性模量(N/mm²);

h——构件的截面总高度(mm);

f'_c——木纹方向与荷载作用方向平行的层板顺纹抗压强度设计值(N/mm²);

f_m——构件最外层板抗弯强度设计值(N/mm²)。

(2) CLT剪力墙抗剪承载力设计

地震作用下,CLT结构的整体计算分析建议采用基于承载力的抗震设计方法。此外,进行结构体系内力及位移计算时,可假定楼板在其自身平面内为无限刚性,设计时应采取相应的措施保证楼板平面内的整体刚度。当楼板无法假定为无限刚性时,应考虑楼板的面内变形影响或对采用楼板面内无限刚性假定计算方法的计算结果进行适当调整。

北美规范NBCC提出采用等效静力设计法(Equivalent Static Force Procedure,简称ESFP)计算CLT结构的水平地震作用。

① 各层剪力计算

根据底部剪力法计算出作用于每层楼层的水平地震作用标准值F_i,进而得到每层剪力墙需要承担的地震总剪力V_i。

$$F_i=\frac{G_iH_i}{\sum_{j=1}^{n}G_jH_j}V_D \quad i=1,2,\cdots,n \tag{6.8}$$

$$V_i=\sum_{j=i}^{n}F_j \quad i=1,2,\cdots,n \tag{6.9}$$

式中:F_i——质点i的水平地震作用标准值(kN);

G_i、G_j——集中于质点i、j的重力荷载代表值(kN);

H_i、H_j——质点i、j的计算高度(m);

V_D——利用重力荷载代表值和地震影响系数得到的结构基底剪力(kN)。

② 剪力分配

可根据楼板种类按刚性楼板或柔性楼板的假定,将水平地震作用下楼层所受的总剪力V分配至单面CLT剪力墙,获取单面墙体所受的水平剪力。针对CLT楼板,在设计过程中,可假定楼板在其平面内为无限刚性,并应采取相应措施保证楼板平面内的整体刚度。

按柔性楼板设计时,第i层j轴线上墙体的剪力V_j应按墙体上重力荷载代表值的比例进行分配,按照重力荷载代表值在楼层均匀分布,单片墙剪力也可根据剪力墙的负荷面积A_j,按照下式计算:

$$V_j=\frac{A_j}{A}V_i \tag{6.10}$$

按刚性楼板设计时,第i层j轴线上墙体的剪力V_j应按墙体的抗侧刚度进行分配,若同一楼层CLT剪力墙厚度相同,V_j可按下式计算:

$$V_j=\frac{L_j}{L}V_i \tag{6.11}$$

③ 单片CLT剪力墙承载力验算

北美规范 NBCC 针对具有不同构造特征的 CLT 剪力墙，提出其抗侧承载力特征值 F_d可经过试验或按下列公式(6.12)估算：

$$F_d = \sum_{i=1}^{n} \frac{l_i}{H} f_i(d_i) + \frac{L}{2H} G \tag{6.12}$$

$$d_i = \frac{l_i}{H} D \tag{6.13}$$

式中：L——CLT 墙体的长度(m)；

H——CLT 墙体的高度(m)；

D——墙体顶部的水平位移(m)；

l_i——第 i 个连接件到墙体转动边缘的距离(m)；

d_i——第 i 个连接件由于墙体刚性转动形成的竖向位移(m)；

F_d——墙体抗侧承载力(kN)；

$f_i(d_i)$——第 i 个连接件抗拉承载力(kN)。

CLT 剪力墙典型的抗剪承载力模型如图 6.12 所示。

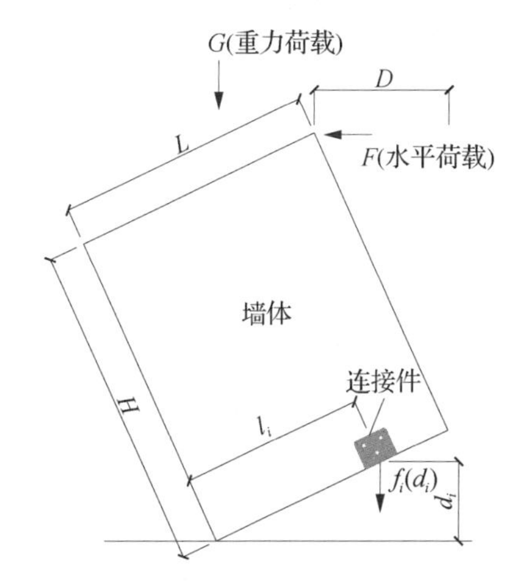

图 6.12　CLT 剪力墙抗剪承载力 Kinematic 模型

抗侧承载力特征值 F_d经相关系数调整后得到 CLT 剪力墙的抗侧承载力设计值(公式 6.14)。基于 CLT 剪力墙的抗侧承载力设计值 F_d^* 不应小于每片剪力墙分配的剪力值 V_j的原则进行墙体选型。

$$F_d^* = \frac{F_d \cdot R_0}{\gamma_{od}} \tag{6.14}$$

式中：F_d^* ——经调整后的 CLT 剪力墙抗侧承载力设计值(kN)；

F_d——CLT 剪力墙的抗侧承载力特征值(kN)；

R_0——考虑结构延性需求的超强系数，取 1.5；

γ_{od}——考虑剪力墙承载力冗余储备的安全系数，取 2.5。

上述计算主要参考了北美的设计方法及相关理论研究成果，尽管还有待于进一步试验研究并验证，但是为 CLT 结构的抗震简化设计提供了可能。

6.3 构造要求

6.3.1 节点构造

多高层木框架支撑结构、木框架剪力墙结构的关键连接包括梁柱连接、柱接长连接以及柱脚连接、支撑的连接、剪力墙与框架连接等，各节点连接示意图见图 6.13 所示。

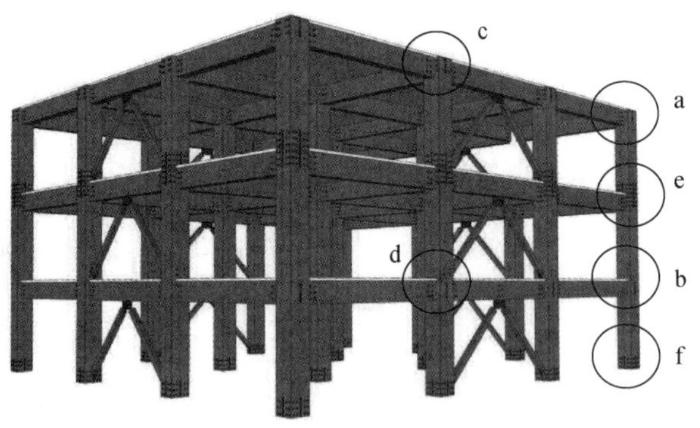

a—柱端梁柱节点　b—柱身梁柱节点　c—支撑与梁的节点
d—支撑与柱的节点　e—柱接长节点　f—柱脚节点

图 6.13　木框架结构典型连接示意图

1. 梁柱连接节点

梁柱节点应确保梁端剪力有效地传递到柱。以钢填板螺栓节点为例，梁、柱上的螺栓孔径通常较螺栓直径大约 1 mm，在进行弹性分析时，常假定梁柱节点为铰接。常用的梁柱连接节点形式包括钢填板连接与钢夹板连接(图 6.14)，其中工程中以钢填板连接为主，外观美观且有利于节点板的防火；而钢夹板连接使钢板外露，需要注意连接件的防火问题。

当柱与两个方向梁同时连接时，对于柱端、柱身的连接形式略有不同。柱端连接常用十字板节点[图 6.15(a)]，柱身连接可采用钢插板与 T 形钢板相结合的形式[图 6.15(b)]，或结合钢销采用双填板的挂式节点[图 6.15(c)]，以及适用于拼格构柱与木梁的连接节点[图 6.15(d)]。

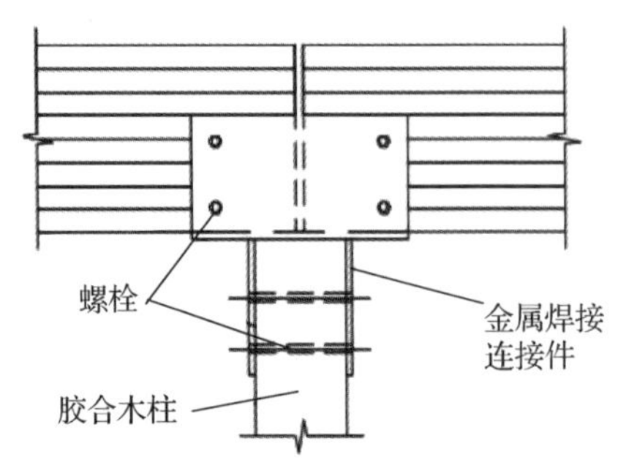

图 6.14　钢夹板连接示意

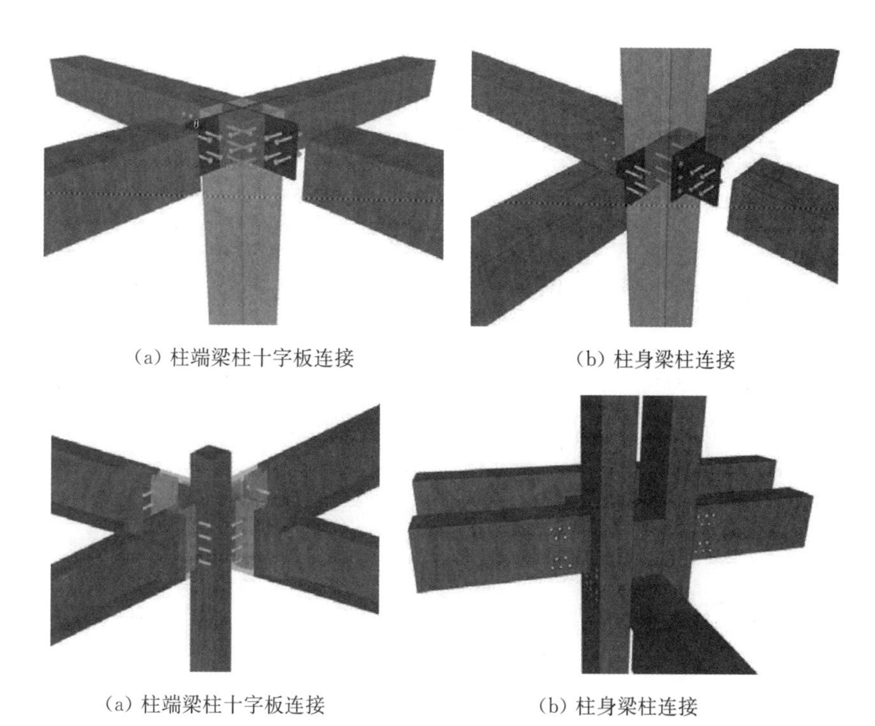

(a) 柱端梁柱十字板连接　　(b) 柱身梁柱连接

(a) 柱端梁柱十字板连接　　(b) 柱身梁柱连接

图 6.15　梁柱连接

2. 柱纵向拼接节点

当单根柱无法满足长度要求时，应在纵向拼接接长，柱接长节点同样是重要的节点。在弹性状态下，这类节点需要可靠传递来自上部柱的轴力和剪力。常用的柱接长节点为十字板节点(图 6.16)，这种节点传力可靠且美观大方；另一方面，柱接长的位置应位于楼层平面，这就要求对接长节点和梁柱节点、支撑节点等其他节点进行统一设计，十字板节点的灵活性和简洁性有利于统一设计。

图 6.16　柱接长节点

3. 柱脚连接节点

柱脚节点主要承担上部结构的轴力和剪力，是连接柱和基础的关键节点。柱与基础的连接可采用 U 形扁钢、角钢和柱靴(图 6.17)，其中柱靴节点可以对木柱起到良好的保护作用，但需要注意密封部位的防潮与防菌。

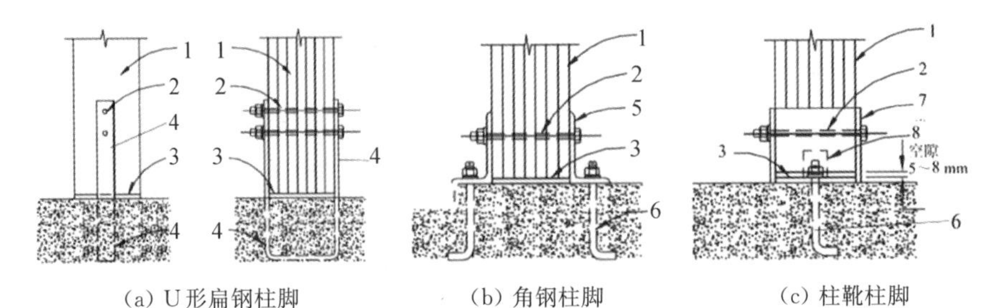

(a) U形扁钢柱脚　　(b) 角钢柱脚　　(c) 柱靴柱脚

1—木柱；2—螺栓；3—金属底板；4—U形扁钢；5—角钢；6—地锚螺栓；7—焊接柱靴；8—嵌入孔洞(用于安装地锚螺栓)

图 6.17　柱脚连接节点形式

当基础表面尺寸较小，柱两侧不能安装外露地锚螺栓时，可采用隐藏式地锚螺栓的连接构造(图 6.18)。

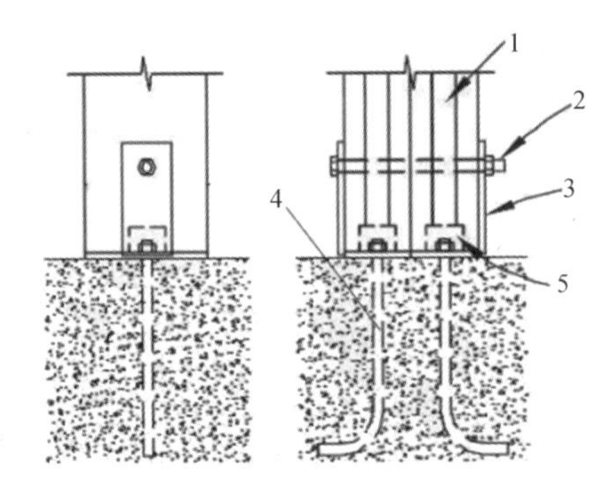

1—木柱；2—螺栓；3—金属侧板；4—地锚螺栓；5—嵌入孔洞

图 6.18　隐藏式地锚螺栓连接构造

当柱截面尺寸较大，或柱底部需要承受一定弯矩作用时，柱脚可采用十字钢插板螺栓连接，如图 6.19 所示，十字钢插板插入木柱底部，通过螺栓与木柱连接，同时十字钢插板底部焊接端板，与基础采用锚栓连接。该节点造型优美且构造简单，但需要注意大量螺栓对柱截面承载力的削弱作用。

图 6.19　十字钢插板螺栓连接柱脚

4. 支撑连接节点

支撑节点需要有效传递支撑杆件的轴力，实际应用中常设计为单铰的形式。支撑节点可分为支撑与横梁的节点、支撑与柱的节点两类。支撑与横梁的节点如图 6.20(a)所示，在设计节点时应使两根支撑杆与横梁三者的轴线交于一点。支撑与柱的节点如图 6.20(b)所示，同样设计时应尽量使支撑、梁、柱三者的轴线交于一点。

(a) 支撑与横梁节点

(b) 支撑与柱节点

图 6.20 支撑节点

5. 框架—剪力墙连接节点

(1) 框架—轻木剪力墙连接节点

轻木剪力墙的顶梁板、端墙骨柱与木柱、木梁通常采用钉连接(图 6.21)，底梁板与基础可采用化学锚栓连接。

(2) 框架—CLT 剪力墙连接节点

CLT 剪力墙与木框架的连接可以沿墙体高度采用自攻螺钉直接斜向打入木柱(图 6.22)；也可在胶合木柱与 CLT 剪力墙接缝处增加硬木或结构复合材垫块，再结合自攻螺钉连接[图 6.23(a)]；或者采用 T 形金属连接件结合自钻式螺钉连接[图 6.23(b)]。

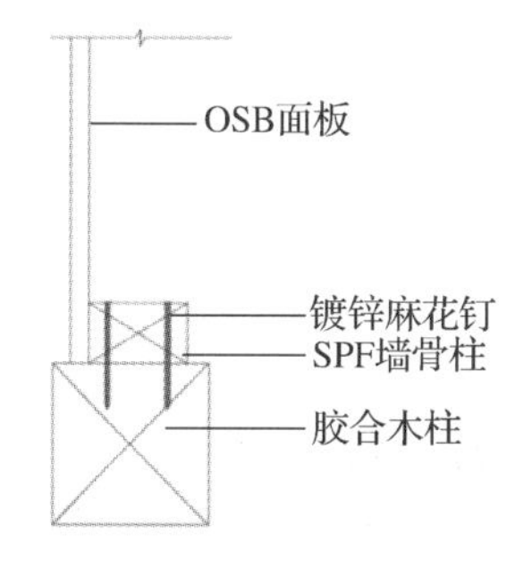

图 6.21 端墙骨柱与木柱连接

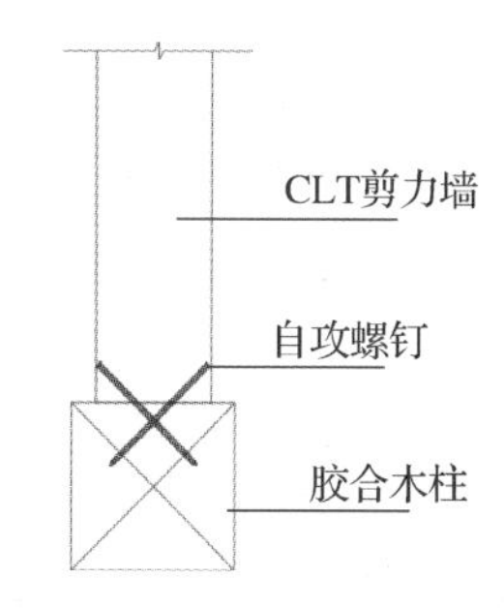

图 6.22 框架—CLT 剪力墙连接

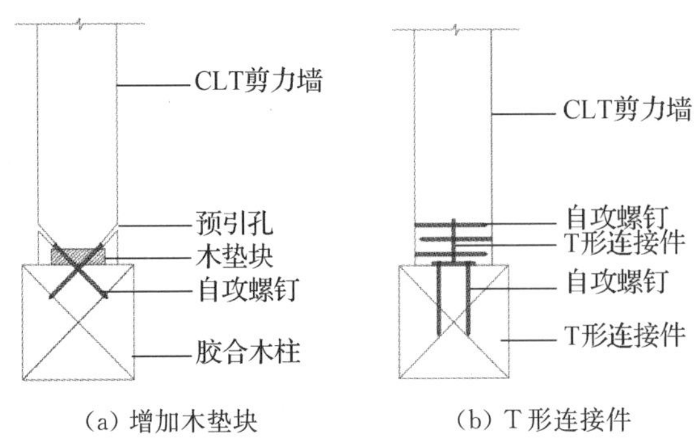

(a) 增加木垫块　　(b) T形连接件

图 6.23　框架—CLT 剪力墙其他连接方式

6.3.2　木构件端部构造

(1) 木柱与混凝土基础接触面应设置金属底板，底板的底面应高于地面，通常室外不小于 300 mm，室内不小于 150 mm。对于长期暴露在室外或经常处于潮湿环境的木柱应做好防腐处理。

(2) 木构件不宜与砌体或混凝土构件直接接触。混凝土基础与木构件之间应设置防潮层和通气层，并应采取防水处理措施。

6.4　工程案例

以建成的实际工程项目——山东鼎驰木业有限公司研发中心大楼(国内首座 6 层木结构大楼)为例，介绍木框架剪力墙结构的基本设计思路和设计过程。

6.4.1　工程案例简介

1. 工程概况

山东鼎驰木业有限公司研发中心(图 6.24)建筑面积 4 830 m^2，主体结构高度 23.55 m，该项目的典型建筑与结构图纸见图 6.25～图 6.30。该项目率先在多高层建筑中采用 CLT 剪力墙，并采用 CLT 墙体作为防火墙，在结构、消防以及信息化技术的应用方面具有重要的指导意义，必将成为行业内重要的示范建筑，为木结构装配式多高层建筑的推广奠定基础。

图 6.24　项目效果图

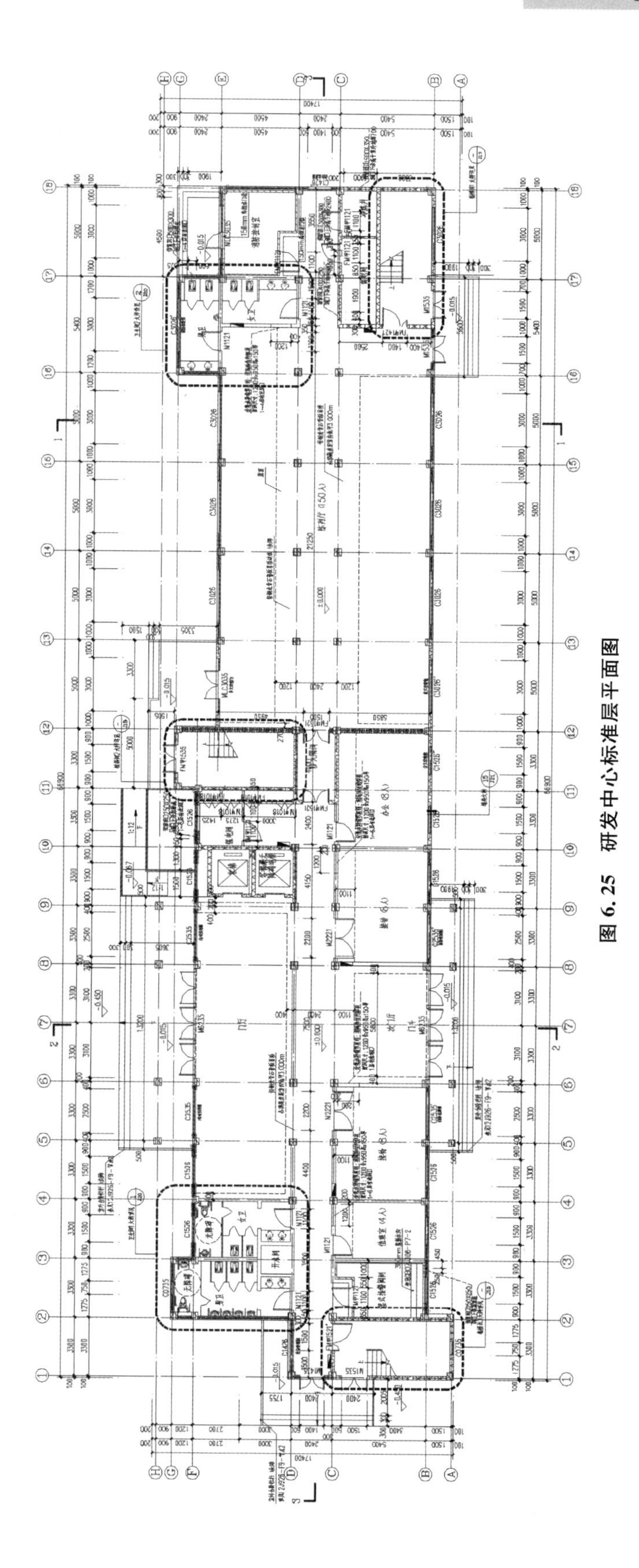

图 6.25　研发中心标准层平面图

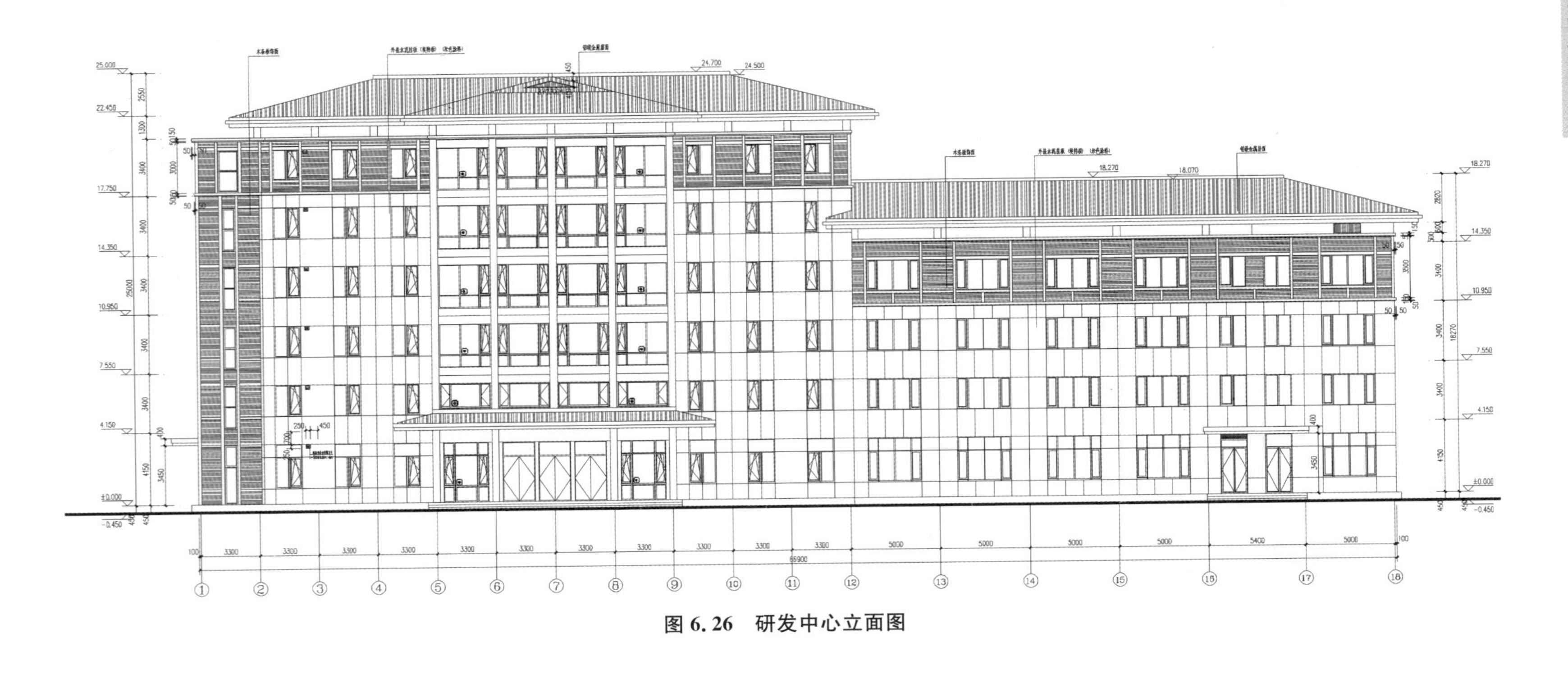

图 6.26　研发中心立面图

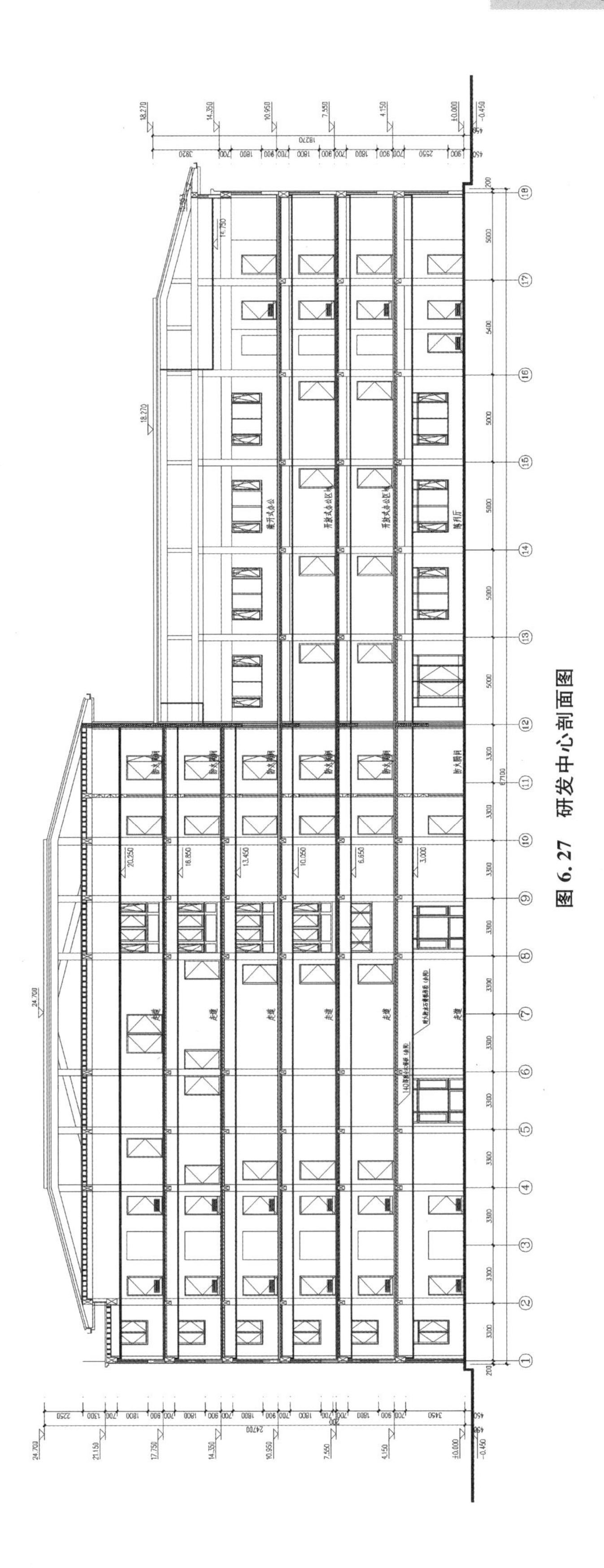

图 6.27 研发中心剖面图

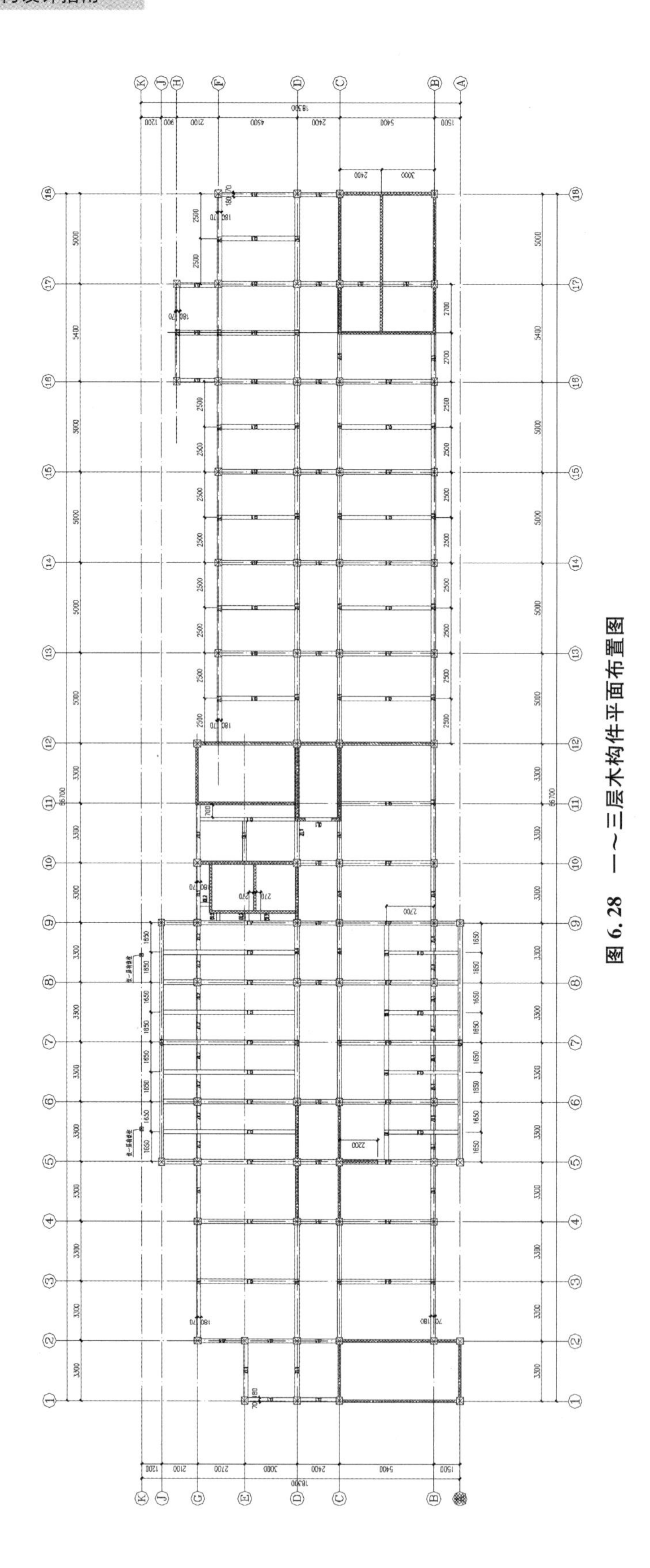

图 6.28　一～三层木构件平面布置图

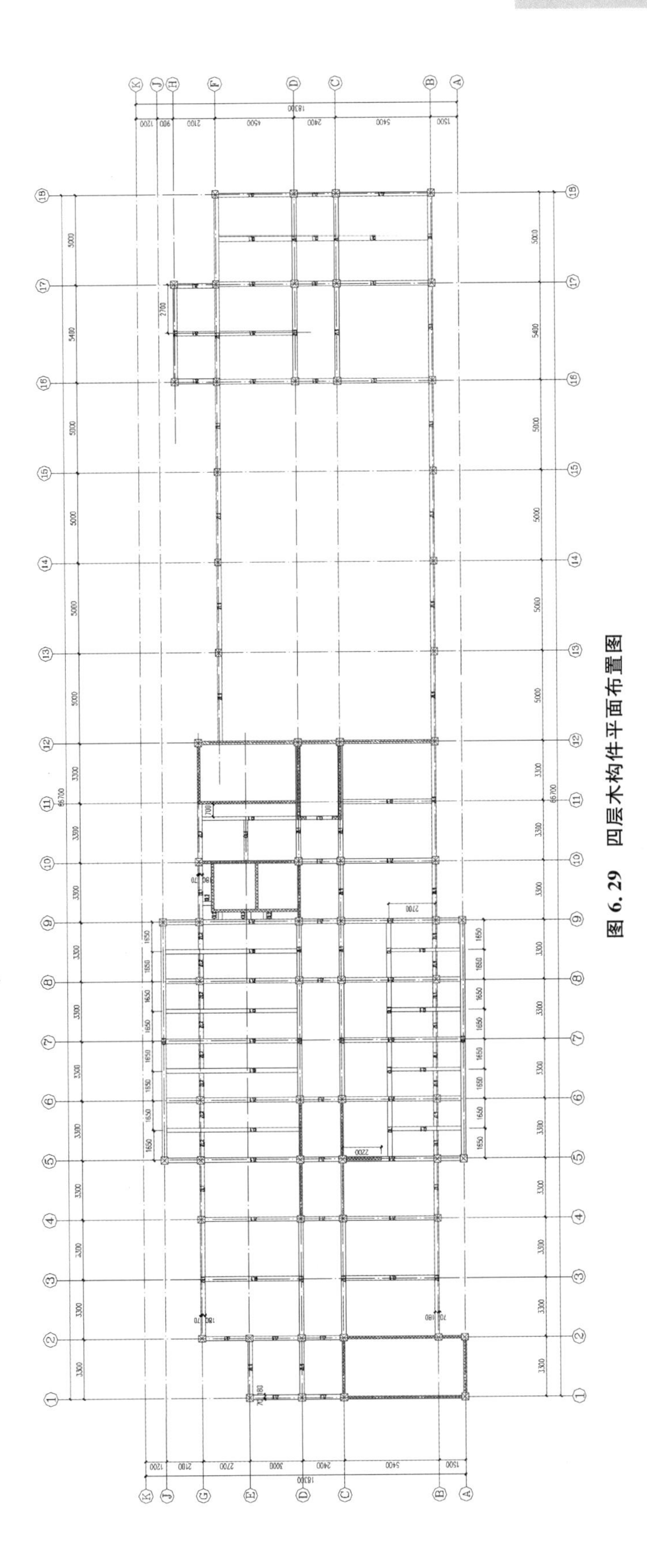

图 6.29 四层木构件平面布置图

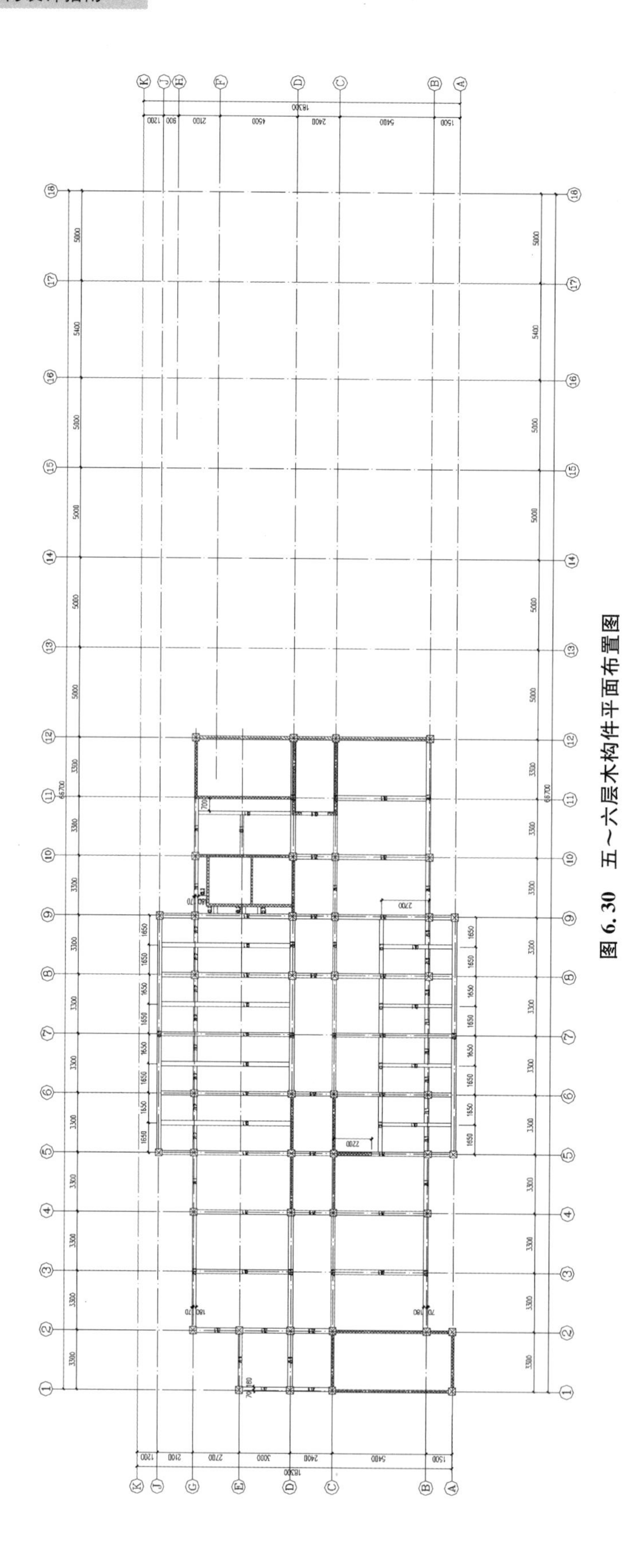

图 6.30　五～六层木构件平面布置图

2. 结构体系与构造

(1) 结构构件

项目采用现代胶合木框架剪力墙结构体系，其中梁柱采用层板胶合木，剪力墙部分根据整体受力状态分别采用 CLT 和轻型木结构剪力墙，CLT 墙板主要厚度为 160 mm，在防火墙位置厚度为 200 mm，以提高墙体的耐火极限。计算分析中，将正交胶合木墙板作为主要抗侧构件，轻木剪力墙仅作为提高结构的抗震多道防线设置。楼板主要采用胶合木楼板，屋盖夹层局部采用轻木搁栅楼板，楼面现浇 50 mm 轻质混凝土层，以提高楼盖刚度，减缓楼面振动。

(2) 连接节点

胶合木柱脚、梁柱节点均采用钢填板螺栓连接(图 6.31)，金属件的连接为节点提供可

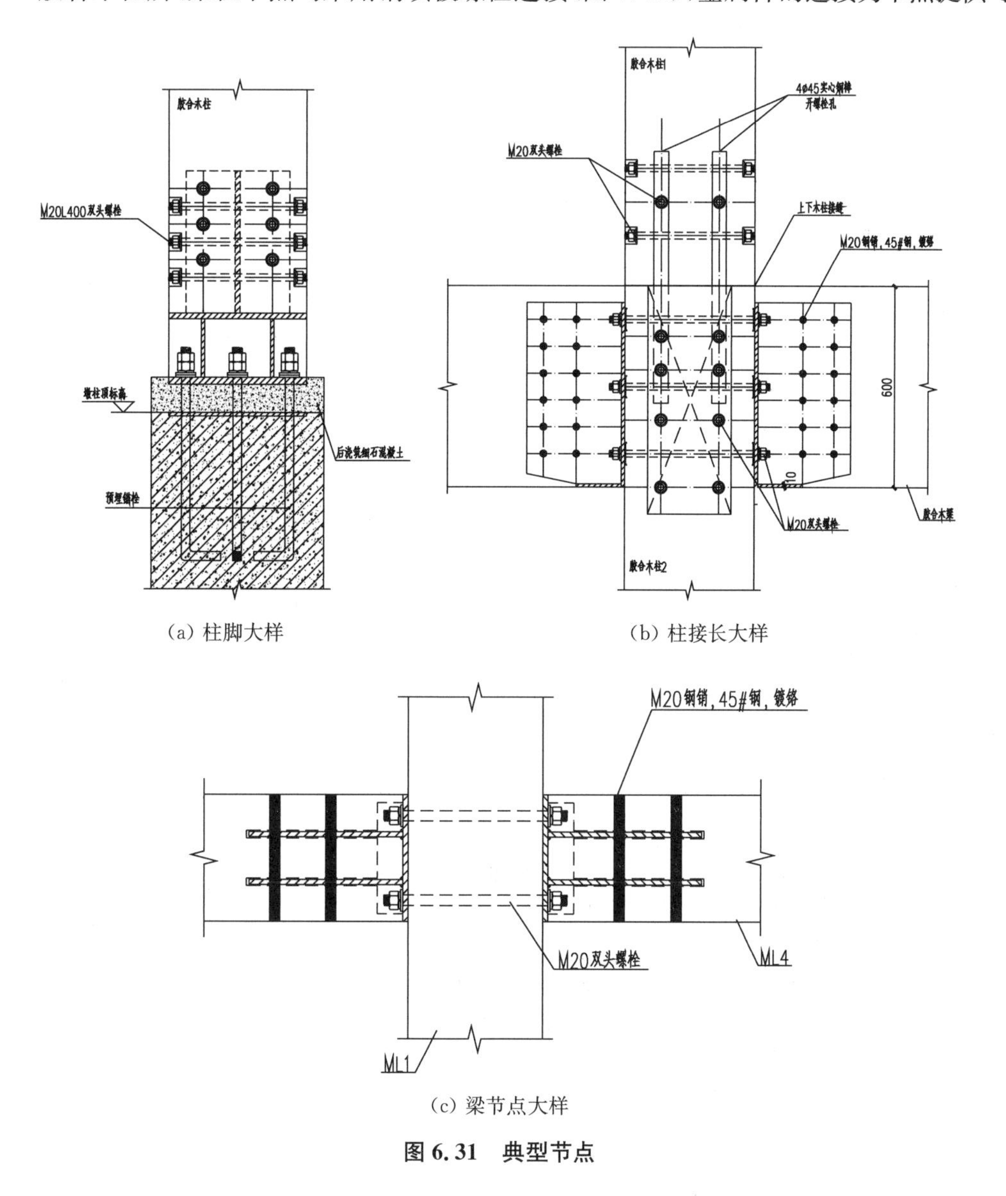

(a) 柱脚大样

(b) 柱接长大样

(c) 梁节点大样

图 6.31 典型节点

靠的强度，同时局部采用自攻螺钉增强，进一步提高节点延性，整个结构具有优越的抗震性能。木柱在整个结构体系中承担的水平力不大，部分楼层之间的接长柱脚采用钢棒配合螺栓插销连接，施工方便，且隐式的连接对防火更加有利。

CLT 墙板保持上下贯通，通过钉板角撑、加肋角撑结合自攻螺钉连接。楼板在 CLT 墙板侧面采用钢托板连接，避免楼板在连接处出现横纹受压情况。其他位置楼板铺设在梁顶，形成多跨连续板，有效降低楼板厚度。

（3）荷载条件

设计时考虑的主要荷载包括恒载、活荷载、雪荷载、风荷载及地震作用。

① 恒载标准值 D

按照楼面、屋面及墙体实际材料计算。

② 活载标准值 L

按现行国家标准《建筑结构荷载规范》(GB 50009—2012)选取，阳台和走廊取 2.5 kN/m^2，办公室、会议室和卫生间取 2.0 kN/m^2，楼梯取 3.5 kN/m^2，不上人屋面取 0.5 kN/m^2。

③ 雪载标准值 S

按现行国家标准《建筑结构荷载规范》(GB 50009—2012)选取，山东蓬莱市取 50 年一遇基本雪压为 0.40 kN/m^2。

④ 风荷载标准值 W

考虑木结构多高层对风荷载的敏感性，按现行国家标准《建筑结构荷载规范》(GB 50009—2012)选取，山东蓬莱市 100 年一遇的基本风压为 0.60 kN/m^2，场地区域地面粗糙度类别为 B 类，风振系数 β_z、体型系数 μ_s、风压高度变化系数 μ_z 等按规范选取。

⑤ 地震作用

地震抗震设防烈度为 7 度(0.15g)，设计地震分组为第二组，场地类别为Ⅱ类。

6.4.2 结构整体分析

1. 分析模型

结构采用有限元软件 MIDAS Gen 进行分析，整体分析模型如图 6.32 所示，胶合木梁、柱采用梁单元模拟，剪力墙采用墙单元模拟，楼板采用板单元模拟。柱脚节点、柱梁节点以及梁梁节点均设置为铰接。

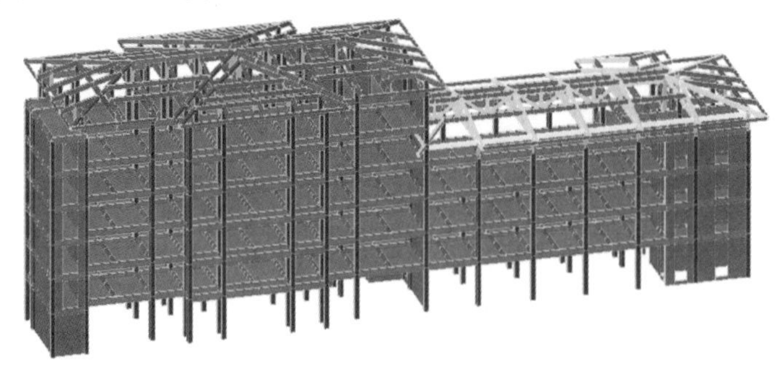

图 6.32　整体分析模型

2. 荷载工况

经比较，屋面雪荷载标准值小于屋面活荷载标准值，不起控制作用。结构分析时考虑荷载工况见表 6.5 所示。

表 6.5 荷载工况

荷载工况	释义	符号
恒荷载	构件自重+恒荷载	D
活荷载	按标准取用	L
风荷载	X	W_x
	Y	W_y
地震作用	X	E_x
	Y	E_y

计算时考虑荷载组合见表 6.6 所示。

表 6.6 荷载组合

计算阶段	组合情况	符号	适用情况
承载能力极限状态	$1.3\times D+1.5\times L$	COMB-1	构件和节点设计验算
	$1.3\times D+1.5\times W_x$	COMB-2	
	$1.3\times D+1.5\times W_y$	COMB-3	
	$1.3\times D+1.5\times L+1.5\times 0.6\times W_x$	COMB-4	
	$1.3\times D+1.5\times L+1.5\times 0.6\times W_y$	COMB-5	
	$1.2\times (D+0.5L)+1.3\times E_x$	COMB-6	
	$1.2\times (D+0.5L)+1.3\times E_y$	COMB-7	
正常使用极限状态	$D+L$	COMB-8	梁竖向挠度验算
	$D+W_x$	COMB-9	水平侧移验算
	$D+W_y$	COMB-10	
	$D+E_x$	COMB-11	
	$D+E_y$	COMB-12	

3. 整体分析结果

结构周期与频率见表 6.7 所示。由表 6.7 可知，$T_3/T_1=0.58$，满足现行国家标准《多高层木结构建筑技术标准》(GB/T 51226—2017)第 6.2.6 条的要求，结构整体抗扭刚度较大。

表 6.7　结构周期与频率

模态号	频率		周期
	/(rad · s^{-1})	/(cycle · s^{-1})	/s
1	7.336 6	1.167 7	0.906 4
2	9.372 6	1.491 7	0.670 4
3	12.522 2	1.99 3	0.501 8
4	15.651 3	2.491	0.401 4
5	19.090 1	3.038 3	0.329 1
6	22.072 1	3.512 9	0.284 7

图 6.33 为结构整体前三阶振型，可以看出结构总体呈现前两阶平动、第三阶扭转的特征，结构规则性初步判定良好。

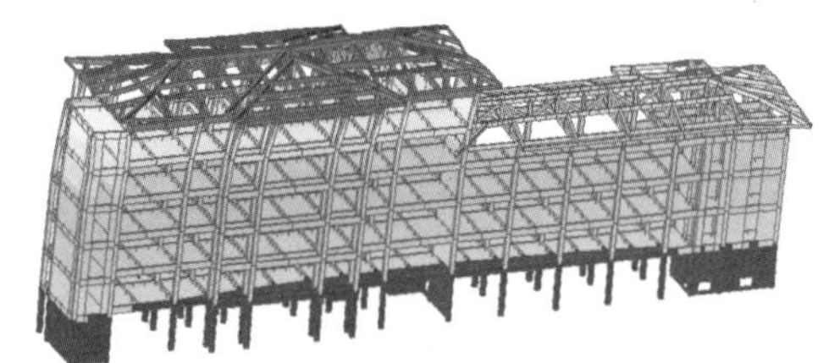

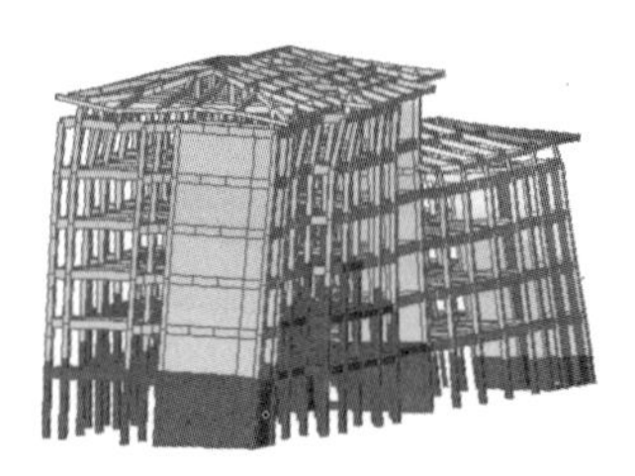

(a) 一阶 X 向平动　(b) 二阶 Y 向平动　(c) 三阶扭转

图 6.33　整体振型

判断层最大位移/层间平均位移小于 1.2，如表 6.8 所示。

表 6.8　层最大位移/层间平均位移(以 E_x 为例)

荷载工况	层	层高度/mm	最大位移/mm	平均位移/mm	最大/平均	验算
E_x(RS)	屋顶	0	21.850 3	21.711 3	1.006 4	OK
E_x(RS)	6F	6 500	14.004 2	13.551 1	1.033 4	OK
E_x(RS)	5F	3 300	10.188 0	9.808 5	1.038 7	OK
E_x(RS)	4F	3 300	7.698 1	7.427 5	1.036 4	OK
E_x(RS)	3F	3 300	5.077 8	4.906 2	1.035 0	OK
E_x(RS)	2F	3 300	2.493 1	2.407 5	1.035 6	OK
E_x(RS)	1F	4 200	0	0	0	OK

6.4.3　构件及节点验算

本工程胶合木梁柱构件采用 TC_T32 等级，依据现行国家标准《木结构设计标准》(GB 50005—2017)(以下简称为国标 GB 50005—2017)，得到胶合木的强度设计值及弹性模量取值见表 6.9 所示。

表 6.9 TC_T32 胶合木强度及弹性模量 单位：N/mm^2

<table>
<tr><td rowspan="2">设计值</td><td>抗弯 f_m</td><td>顺纹抗压 f_c</td><td>顺纹抗拉 f_t</td><td>抗剪 f_v</td><td>弹性模量 E</td></tr>
<tr><td>22.3</td><td>19</td><td>14.2</td><td>2</td><td>9 500</td></tr>
<tr><td rowspan="2">标准值</td><td>抗弯 f_{mk}</td><td>顺纹抗压 f_{ck}</td><td>顺纹抗拉 f_{tk}</td><td colspan="2">弹性模量 E_k</td></tr>
<tr><td>32</td><td>27</td><td>23</td><td colspan="2">7 900</td></tr>
</table>

根据实际情况，考虑不同使用条件下的调整系数以及使用年限下的调整系数。

1. 构件承载力验算

(1) 柱构件验算

以中柱为例说明验算过程。柱截面尺寸为 400 mm×400 mm，按两端铰接的轴心受压构件验算。根据荷载工况包络得到计算柱底部压力设计值 $N=1\ 076$ kN，柱实际长度 4 050 mm。

按照现行国家标准 GB 50005—2017 第 5.1.5 条，$l_0=k_l l=4\ 050$ mm

$A_n=A_0=160\ 000\ \text{mm}^2$；构件截面回转半径 $i=\sqrt{\dfrac{I}{A_0}}=115$ mm

① 轴心受压构件稳定系数 φ

按照国标 GB 50005—2017 表 5.1.4 可知：

$$c_c=3.45;\quad \beta=1.05;\quad b_c=3.69$$

$$\lambda_c=c_c\sqrt{\frac{\beta E_k}{f_{ck}}}=3.45\times\sqrt{\frac{1.05\times 7\ 900}{27}}=60.4$$

$$\lambda=\frac{l_0}{i}=\frac{4\ 050}{115}=35<\lambda_c$$

$$\varphi=\frac{1}{1+\dfrac{\lambda^2 f_{ck}}{b_c\pi^2\beta E_k}}=\frac{1}{1+\dfrac{35^2\times 27}{3.69\times 3.14^2\times 1.05\times 7\ 900}}=0.9$$

② 按强度验算柱受压承载力

$$\frac{N}{A_n}=\frac{1\ 076\times 10^3}{160\ 000}=6.725(\text{N/mm}^2)<f_c$$

③ 按稳定验算柱受压承载力：

$$\frac{N}{\varphi A_0}=\frac{1\ 076\times 10^3}{0.9\times 160\ 000}=7.47(\text{N/mm}^2)<f_c$$

胶合木柱满足承载力要求。

(2) 梁构件验算

以 260 mm×600 mm 胶合木梁为例说明验算过程。由于梁顶覆盖 CLT 楼板，对胶合木梁形成有效支撑，故不考虑梁侧向稳定问题。选取典型梁，得到梁弯矩设计值 $M=150$ kN·m，剪力设计值 $V=77.65$ kN。

① 受弯构件强度验算：

$$W_n=156\times 10^5\ \text{mm}^3$$

$$\frac{M}{W_n}=\frac{150\times 10^6}{156\times 10^5}=9.6(\text{N/mm}^2)<f_m$$

② 构件抗剪强度验算：

$$\frac{VS}{Ib}=\frac{3V}{2A}=\frac{3\times 77.65\times 10^3}{2\times 156\ 000}=0.74(\mathrm{N/mm^2})<f_{\mathrm{v}}$$

③ 挠度验算：

$$\omega=\frac{5Ml^2}{48EI}=\frac{5\times 150\times 10^6\times 5\ 400^2}{48\times 9\ 500\times 4.68\times 10^9}=10.24(\mathrm{mm})<\frac{l}{250}=21.6(\mathrm{mm})$$

2. 连接节点验算

同样以 260 mm×600 mm 胶合木梁为例说明梁柱节点的验算过程，采用 45♯钢销对穿连接，钢填板材质为 Q345B，厚度为 10 mm，螺栓布置如图 6.34 所示。节点按照铰接计算，节点所受剪力 V=77.65 kN。

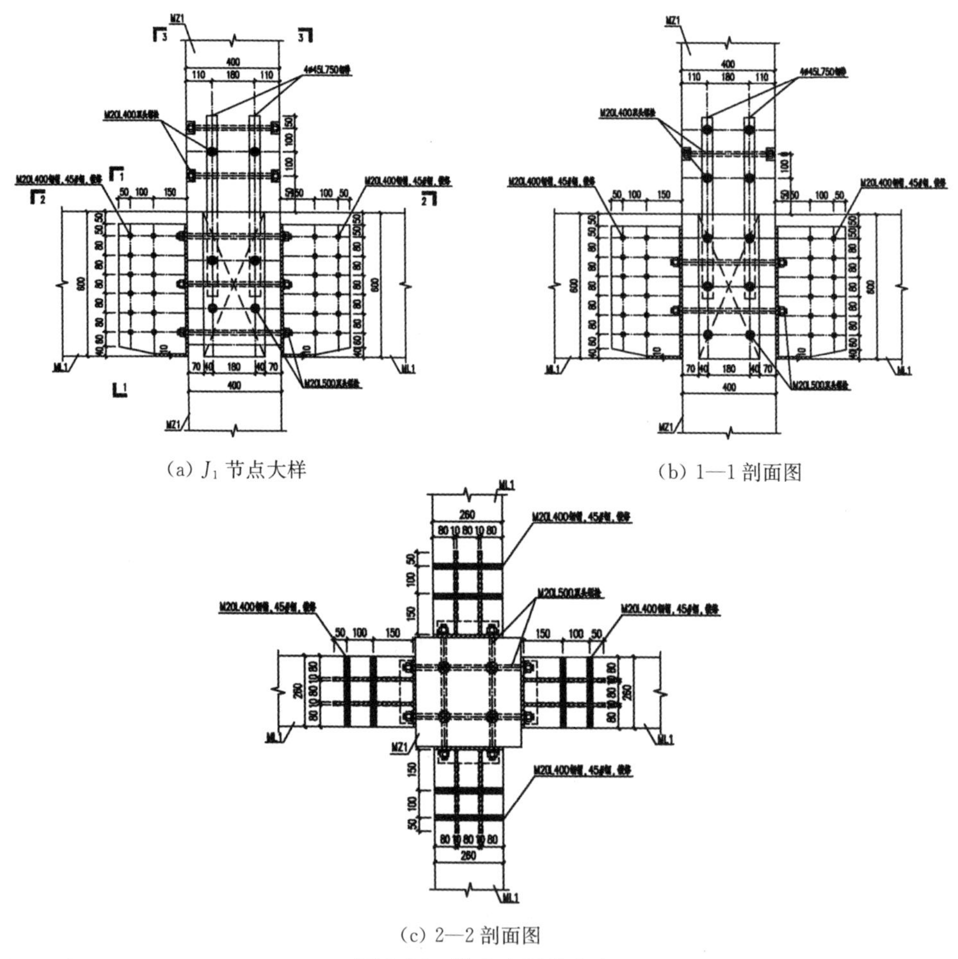

(a) J_1 节点大样 (b) 1—1 剖面图

(c) 2—2 剖面图

图 6.34 胶合木梁柱节点

该节点属于钢填板对称双剪连接，单个螺栓每一剪面承载力设计值 Z 按照现行国家标准 GB 50005—2017 第 6.2.5 条计算，节点计算参数如表 6.10 所示。

表 6.10 梁柱节点相关参数

相关参数	取值
横纹方向剪力设计值 V_{90}/kN	64
木材全干相对密度 G	0.5
销轴直径 d/mm	20
含水率调整系数 C_m	1
使用年限调整系数 C_n	1
温度调整系数 C_t	1
群栓组合系数 k_g	0.8
钢板厚度 t_s/mm	10
单侧木构件厚度 t_m/mm	40
木构件销槽承压强度 $f_{em}=f_{e,90}=\frac{212G^{1.45}}{\sqrt{d}}$/(N·mm^{-2})	17.35
钢板销槽承压强度 f_{es}/(N·mm^{-2})	335.5
销轴屈服强度标准值 f_{yk}	355
$R_e=f_{em}/f_{es}$	0.051
$R_t=t_m/t_s$	4

① 屈服模式Ⅰ

$$k_{\rm I}=\frac{R_eR_t}{\gamma_{\rm I}}=\frac{0.051\times 4}{4.38}=0.046$$

② 屈服模式Ⅲs

$$k_{s\rm III}=\frac{R_e}{2+R_e}\left[\sqrt{\frac{2(1+R_e)}{R_e}+\frac{1.647(2+R_e)k_{ep}f_{yk}d^2}{3R_ef_{es}t_s^2}}-1\right]$$

$$k_{\rm III}=\frac{k_{s\rm III}}{\gamma_{\rm III}}=0.14$$

③ 屈服模式Ⅳ

$$k_{s\rm IV}=\frac{d}{t_s}\sqrt{\frac{1.647R_ek_{ep}f_{yk}}{3(1+R_e)f_{es}}}$$

$$k_{\rm IV}=\frac{k_{s\rm IV}}{\gamma_{\rm IV}}=0.22$$

综上,该节点最小有效长度系数为 0.046,则节点单个剪切面的抗剪承载力可按下式计算:

$$Z_d=C_mC_nC_tk_gZ=C_mC_nC_tk_gk_{\min}t_sdf_{es}=0.8\times 0.046\times 10\times 20\times 335.5=2.469(\text{kN})$$

节点采用双填板,4 个剪切面,故节点处单个螺栓的抗剪承载力为 9.88 kN。节点处剪力设计值为 77.65 kN,至少需要 8 枚 20 mm 直径的钢销,实际配置 10 枚。

3. 剪力墙设计

(1) 抗剪承载力验算

采用底部剪力法计算结构在多遇地震下各层的层间剪力,各楼层取一个自由度,集中在每一层的楼面处,第六层的自由度取在坡屋面的 1/2 高度处。

结构等效总重力荷载代表值:

$$G_{eq}=0.85\sum_{k=i}^{n}G_K=0.85\times(4\,352+4\,311+4\,300+3\,761+3\,334+2\,056)$$
$$=18\,796.9(\text{kN})$$

场地特征周期：

$$T_g=0.4\ \text{s}$$

周期：

$$T_1=1.03\ \text{s}>1.4T_g=1.4\times0.4=0.56\ \text{s}$$
$$T_g<T_1<5T_g$$
$$\alpha_1=\left(\frac{T_g}{T_1}\right)^{\gamma}\eta_2\alpha_{max}=\left(\frac{0.4}{1.03}\right)^{0.9}\times1\times0.12=0.05$$

结构总水平地震作用标准值：

$$F_{Ek}=\alpha_1 G_{eq}=0.05\times18\,796.9=939.8(\text{kN})$$

考虑顶部附加水平地震作用的各层水平地震作用标准值计算公式为：

$$F_i=\frac{G_iH_i}{\sum_{j=1}^{n}G_jH_j}F_{Ek}(1-\delta_n)$$

各层层间剪力设计值为：

$V_1=939.8$ kN， $V_2=872.1$ kN， $V_3=752.4$ kN，

$V_4=580.4$ kN， $V_5=383.9$ kN， $V_6=169.1$ kN。

结构按柔性楼板设计时，楼层单片墙体的剪力应按墙体上重力荷载代表值的比例进行分配，单片墙的剪力按照公式(6.10)获得。

以长度为 7.7 m 的 CLT 剪力墙为例验算其抗侧性能进行。列出首层 CLT 剪力墙的截面参数如表 6.11 所示。

表 6.11　单位长度 CLT 剪力墙截面参数

截面参数	取值
弹性模量 $E_{mean}/(\text{N}\cdot\text{mm}^{-2})$	11 500
剪切模量 $G_{mean}/(\text{N}\cdot\text{mm}^{-2})$	690
剪力墙厚度 d/mm	200
CLT 计算宽度 b/mm	1 000
CLT 计算高度 l/mm	4 150
有效惯性矩 $I_0=\sum_{i=1}^{n_l}\frac{bd_i^3}{12}+\sum_{i=1}^{n_l}bd_ia_i^2/\text{mm}^4$	5.28×10^8
净截面面积 $A_0=b\cdot3t_1/\text{mm}^2$	120 000
顺纹抗剪截面静矩 $S_x=bt_1a_1+b\frac{\left(\frac{t_3-a_3}{2}\right)^2}{2}/\text{mm}^3$	3.4×10^6
顺纹抗剪强度设计值 $f_{v,d}/(\text{N}\cdot\text{mm}^{-2})$	1.7

① 首层 7.7 m 剪力墙，按照底部剪力法以及电算结果，剪力设计值取 405.19 kN，结合剪力墙底部抗拔锚固件参数，CLT 墙体抗侧承载力验算如下：

$$F(D)=\sum_{i=1}^{n}\frac{l_i}{H}f_i(d_i)+\frac{L}{2H}G=564\ \text{kN}>V=405.19\ \text{kN}$$

满足设计要求。

② 顶层 7.7 m 剪力设计值为 87 kN，CLT 墙体的抗侧承载力：

$$F(D)=\sum_{i=1}^{n}\frac{l_i}{H}f_i(d_i)+\frac{L}{2H}G=148\ \text{kN}>87\ \text{kN}$$

满足设计要求。

③ CLT 抗剪承载力验算：

$$\tau_d=\frac{V_d\cdot S_x}{I_0\cdot b}=\frac{120\times10^3\times3.4\times10^6}{5.28\times10^8\times1\ 000}=0.77(\text{MPa})<f_{v,d}=1.7\ \text{MPa}$$

满足设计要求。

④ 剪力墙顶部水平位移验算：

水平力作用下不考虑墙体弯曲变形。由欧洲规范，剪力墙位移为：

$$\omega=\frac{Vh}{0.75G_{mean}db}=\frac{120\times10^3\times4\ 150}{0.75\times690\times200\times1\ 000}=4.8(\text{mm})<\frac{h}{250}=\frac{4\ 150}{250}=16.6(\text{mm})$$

故顶部位移满足要求。

(2) CLT 防火墙抗压承载力验算

CLT 防火墙采用 200 mm 厚度，5 层；CLT 分层：$40l$—$40w$—$40l$—$40w$—$40l$，层板强度为 C24。CLT 1 m 条带内荷载：192 kN/m。CLT 具体参数如表 6.12 所示。

表 6.12 CLT 防火墙截面参数

截面参数	取值
弹性模量 E_{mean}/(N·mm^{-2})	11 500
剪切模量 G_{mean}/(N·mm^{-2})	690
滚剪模量 $G_{R,mean}$/(N·mm^{-2})	50
CLT 计算宽度 b/mm	1 000
CLT 计算高度 l/mm	4 150
有效惯性矩 $I_0=\sum_{i=1}^{n_l}\frac{bd_i^3}{12}+\sum_{i=1}^{n_l}bd_ia_i^2$/mm^4	5.28×10^8
净截面面积 $A_0=b\cdot3t_1$/mm^2	120 000
剪切修正系数	0.231
层板抗弯强度标准值 f_{mk}/(N·mm^{-2})	24
顺纹抗压强度标准值 f_{ck}/(N·mm^{-2})	21
抗弯强度设计值 $f_{md}=f_{mk}\times k_{mod}/\gamma_M$/(N·mm^{-2})	15.4
抗压强度设计值 $f_{cd}=f_{ck}\times k_{mod}/\gamma_M$/(N·mm^{-2})	13.4
回转半径 $i=\sqrt{I/A}$/mm	66.3
长细比 $\lambda=l_0/i$	67.8
构件相关长细比 λ_{ref}	1.01
系数 k_z	1.04
稳定系数 k_c	0.76

① CLT 剪力墙受压承载力验算：

$$\frac{N_d}{k_c A_0 f_{c,d}}=\frac{192\times10^3}{0.76\times120\ 000\times13.4}=0.16\leqslant1$$

满足受压承载力要求。

② CLT 防火墙抗压承载力计算：

通过减小截面对 CLT 单面受火 1 h 进行验算。耐火极限由于两侧有石膏板为 90 min，炭化速率为第一层 0.65 mm/min，其余层 0.86 mm/min，则受火 1 h CLT 截面高度减小：$d_{char}=0.65\times60=39$(mm)，计算时取为 40 mm。

表 6.13　CLT 墙板在火灾持续时间 $t=0\sim120$ min 下的补偿层厚度

	未经防护/mm	经防护/mm
受拉侧	无关	无关
受压侧	$d_0=\frac{b}{15}+10.5$	$d_0=20$ mm

墙板按未经防护考虑，根据表 6.13，补偿层厚度取不利值：

$$d_0=\frac{b}{15}+10.5=\frac{200}{15}+10.5=23.8(\text{mm})$$

故炭化厚度为：

$$d_{ef}=d_{char}+d_0=39+23.8=62.8(\text{mm})$$

偏于保守计算，按炭化后 CLT 分层为 40l—40w—40l 计算截面属性，如表 6.14 所示。

表 6.14　火灾情况下防火墙相关参数

截面参数	计算公式	用于本算例的值
燃烧后顺纹墙板厚度 $d_{0,fi}$/mm		80
燃烧后净截面面积 $A_{0,fi}$/mm²	$A_{0,fi}=b\cdot d_{0,fi}$	8×10
燃烧后截面有效惯性矩 $I_{0,fi}$/mm⁴	$I_{0,fi}=\sum_{i=1}^{n_l}\frac{bd_i^3}{12}+\sum_{i=1}^{n_l}bd_i a_i^2$	1.39×10^8
燃烧后净抗弯截面模量 $W_{x,net,fi}$/mm³	$W_{x,net,fi}=\frac{I_{0,fi}}{\max\{Z_{0,\sigma};Z_{0,u}\}}$	1.80×10^6
层板剪切修正系数 γ		0.245
剪切刚度 G_A/kN	$G_A=\frac{5(d_{0,fi}bG_{mean}+d_{1,fi}bG_{R,mean})}{6}$	4.70×10^4
回转半径 i/mm	$i=\sqrt{\frac{I_{0,fi}}{A_{0,fi}}}$	41.68
系数 k_{cs}	$k_{cs}=\sqrt{1+\frac{5\pi^2E_{mean}I_{0,fi}}{6G_A\gamma h^2}}$	1.05
长细比 λ	$\lambda=\frac{k_{cs}\cdot h}{i}$	82.93
构件相关长细比 λ_{rel}	$\lambda_{rel}=\frac{\lambda}{\pi}\sqrt{\frac{6f_{c,k}}{5E_{mean}}}$	1.05
系数 k_z	$k_z=0.5[1+\beta_c(\lambda_{rel}-0.3)+\lambda_{rel}^2]$	1.09
稳定系数 k_c	$k_c=\frac{1}{k_z+\sqrt{k_z^2-\lambda_{rel}^2}}$	0.72

火灾时荷载分项系数：

$$\Psi_{fi}=0.6$$

轴向压力设计值：

$$N_{fi,d}=0.6\times192=115.2(kN)$$

炭化后 CLT 偏心距：

$$e_{fi}=d_{ef}=62.8\ mm$$

偏心引起的弯矩：

$$M_{fi,d}=115.2\times62.8\div1\,000=7.24(kN\cdot m)$$

火灾条件下荷载持续作用效应和含水率调整系数 $k_{mod,fi}=1.0$；对于 CLT，由 5 分位值到 20 分位值的转换系数 $k_{fi}=1.15$；火灾时材料特性分项系数 $\gamma_{M,fi}=1.0$。

火灾时抗压强度设计值为：

$$f_{c,fi}=k_{fi}k_{mod,fi}\frac{f_{ck}}{\gamma_{M,fi}}=1.15\times1.0\times\frac{21}{1.0}=24.15(N/mm^2)$$

火灾时抗弯强度设计值为：

$$f_{m,fi}=k_{fi}k_{mod,fi}\frac{f_{mk}}{\gamma_{M,fi}}=1.15\times1.0\times\frac{24}{1.0}=27.6(N/mm^2)$$

火灾时构件承载力验算：

$$\frac{N_{fi,d}}{k_cA_{0,fi}f_{c,fi}}+\frac{M_{fi,d}}{W_{x,net,fi}f_{c,fi}}=\frac{115.2\times10^3}{0.73\times8\times10^4\times24.15}+\frac{7.24\times10^6}{1.80\times10^6\times27.6}=0.23<1$$

满足抗火设计要求。

4. 胶合木楼板计算

(1) 楼板强度验算

楼板强度等级为 GL24c，厚度 140 mm，为受弯构件。根据荷载组合取最不利值进行截面验算，单位板宽上的恒荷载 $G_k=3.5$ kN/m，活荷载 $Q_k=2.5$ kN/m，根据荷载组合，跨中弯矩为 11.56 kN·m，截面强度计算如表 6.15 所示。

表 6.15 楼板截面参数

截面参数	取值
弹性模量 $E_{mean}/(N\cdot mm^{-2})$	11 000
楼板计算宽度 b/mm	1 000
楼板计算跨度 l/mm	3 300
主梁抗弯强度标准值 $f_{m,k}/(N\cdot mm^{-2})$	24
构件截面面积矩 W/mm^3	326 667
调整系数 k_t	0.7
抗弯强度设计值 $f_{m,d}=f_{m,k}\times k_t\times k_{mod}/\gamma_M/(N\cdot mm^{-2})$	10.8

楼板跨中弯曲应力：

$$\sigma=\frac{M_d}{W}=3.54\ N/mm^2$$

应力比为 0.33，满足设计要求。

（2）楼板挠度验算

瞬时挠度：

$$\delta_{\text{inst}}=\frac{5(G_k+Q_k)l^4}{384EI}=3.7\ \text{mm}<\frac{l}{350}=9.4\ \text{mm}$$

满足瞬时挠度要求。

最终挠度：

$$\delta_{\text{fin}}=\delta_{\text{fin,G}}+\delta_{\text{fin,Q}}=\delta_{\text{inst,G}}(1+k_{\text{def}})+\delta_{\text{inst,Q}}(1+\psi_2 k_{\text{def}})=5.5\ \text{mm}<\frac{l}{300}=11\ \text{mm}$$

满足要求。

（3）楼板振动验算

① 楼板频率验算

按 HBE 楼板不覆盖混凝土进行计算，楼板阻尼为 0.03，振动要求：楼板等级 1，楼板的抗弯刚度 $EI=2\ 515\ 333.3\ \text{N/m}^2$。

楼板振动频率为：

$$\frac{\pi}{2l^2}\sqrt{\frac{EI}{m}}=12.09\ \text{Hz}>8\ \text{Hz}$$

满足频率要求。

② 楼板刚度准则验算

荷载分布宽度：

$$b_F=\min\left(\frac{l}{1.1}\sqrt[4]{\frac{EI}{EI_w}},1.254\right)=1.254\ \text{m}$$

跨中作用单位荷载时楼板的挠度为：

$$\omega(1\ \text{kN})=\frac{F\cdot l^3}{48\cdot EI\cdot b_F}=0.24\ \text{mm}<0.25\ \text{mm}$$

满足刚度准则要求。

（4）楼板抗火验算

楼板单面受火，炭化速率为 0.71 mm/min，受火时间 1 h。受火后楼板截面尺寸为 90.4 mm，火灾时荷载分项系数 $\Psi_{\text{fi}}=0.6$，火灾时弯矩设计值为：

$$M_{\text{fi,d}}=(G_k+0.6Q_k)l^2/8=6.5\ \text{kN}\cdot\text{m}$$

火灾时的调整系数：

$$k_{\text{mod,fi}}=1.0,\quad k_{\text{fi}}=1.15$$

火灾时材料特性分项系数：

$$\gamma_{\text{M,fi}}=1.0$$

火灾时抗弯强度设计值：

$$f_{\text{m,fi}}=k_{\text{fi}}k_{\text{mod,fi}}\frac{f_{\text{m,k}}}{\gamma_{\text{M,fi}}}=27.6\ \text{N/mm}^2$$

火灾时构件承载力验算：

$$\frac{\sigma_{m,fi}}{f_{m,fi}}=0.17\leqslant 1$$

5. 结构梁柱防火设计

本工程设计要求胶合木梁柱构件耐火极限为 2 h，防火设计时不考虑防火漆耐火极限，只考虑木构件自身的耐火极限。

(1) 有效炭化率和炭化层厚度

参考现行国家标准《胶合木结构技术规范》(GB/T 50708—2012)表 7.1.4 可知，胶合木构件2 h 耐火极限的有效炭化层厚度 $T=80$ mm，$\beta_e=40.1$ mm/h。

矩形截面在三面受火和四面受火情况下，构件燃烧 2 h 后的截面计算简图如图 4.3 所示，以 260 mm×600 mm 胶合木梁燃烧后的截面尺寸为例，$b_0=b-2\beta_e t=100$ mm，$h_0=h-\beta_e t=520$ mm。其中，b 和 h 分别为燃烧前构件截面宽度和高度。

(2) 材料强度调整

现行国家标准《胶合木结构技术规范》(GB/T 50708—2012)第 7.1.5 条，以及现行国家标准《木结构设计标准》(GB 50005—2017)第 10.1.3 条，均提到对胶合木构件火灾设计时的强度值调整方法。以《木结构设计标准》(GB 50005—2017)为例，验算残余木构件的承载力设计值时，构件材料的强度和弹性模量应采用平均值。胶合木材料强度平均值应为材料强度标准值乘以 1.36(表 6.16)。

表 6.16 防火设计时胶合木材料强度 单位：MPa

强度等级	抗弯强度	抗压强度	抗拉强度
TC_T32	30.32	25.84	19.31

6. 构件应力、挠度计算

屋面结构中主要构件考虑四面受火削弱后的截面尺寸见表 6.17 所示。

表 6.17 胶合木构件燃烧截面尺寸

构件类型	原截面尺寸/(mm×mm)	燃烧类型	耐火极限/h	燃烧后截面尺/(mm×mm)
胶合木梁	260×600	三面受火	2	100×520
	260×700	三面受火	2	100×620
	210×400	三面受火	2	50×320
	210×600	三面受火	2	50×520
胶合木柱	400×400	四面受火	2	240×240

对截面削弱后的胶合木构件进行强度验算，在偶然组合作用($D+L+F$)下，胶合木梁最大应力为 30.01 MPa、胶合木柱最大应力为 13.15 MPa，可知，截面削弱后应力满足设计要求。

7 大跨木结构

大跨木结构通常指以工程木为主要结构材料，单跨在 24 m 及以上的木结构。大跨度木结构广泛应用于体育馆、展览馆、影剧院和候机厅等大型公共建筑以及桥梁结构等领域。

1981 年，在美国华盛顿州塔科马市建成了一座大型多用途体育馆——塔科马体育馆（图 7.1），其主体结构即为胶合木结构穹顶。穹顶直径 162 m，穹顶距地面 45.7 m，屋顶共有 414 根高度为 762 mm 的弧形胶合木梁，大厅面积 13 900 m^2，最多可容纳 26 000 名观众，号称为世界上最大的木结构穹顶。当时其方案由于在外观、环保、性能等方面的优势而被采纳。在经济性方面，它可以同钢结构、混凝土结构方案相媲美，这是因为木结构自重轻，相对来说可以大大降低基础造价，同时运输、施工费用也很低。

图 7.1　美国塔科马体育馆

图 7.2　日本大馆市的大馆树海体育馆

1997 年，日本秋田县大馆市建成大馆树海体育馆（图 7.2），是一座能承办棒球、足球等各类比赛的全天候型的多用途体育场馆，自建成以来即成为全球跨度最大的木结构。体育馆平面长轴方向长度为 178 m，短轴方向长度为 157 m，竖向高度为 52 m，建筑面积为 23 219 m^2。屋面结构体系是由双向胶合木杆件和支撑构件组成的空间桁架结构。上、下弦胶合木杆件由 2 根截面尺寸为 210 mm×（420～810） mm 的胶合木并拼组成，短边方向由 2 根 285 mm×（630～1 020） mm 并拼组成。屋面覆面材料为两层四氟乙烯玻璃纤维膜，其内、外层膜厚度分别为 0.35 mm 和 0.8 mm，双层膜的设计可以在积雪时通过升高膜间空气温度加速积雪融化，确保场馆内部的采光。

2020 年，山东滨州建成了飞虹桥（图 7.3），飞虹桥是飞跨黄河故道上的一座独特景观桥，桥梁跨度 99 m，全长 131 m，桥宽 9 m，矢高约 13 m，是目前世界上同类木拱桥中跨度之最。横向设置 4 根主拱，主拱轴心间距 2.86 m，主拱截面为 340 mm×1 200 mm，两主拱间横向设置横梁，横梁截面为 210 mm×600 mm，上拱横梁截面为 210 mm×400 mm。

图 7.3 山东滨州飞虹桥施工现场

7.1 结构体系与受力特点

本指南所阐述的大跨木结构是指以工程木为主要结构材料，单跨在 24 m 及以上的木结构，包括木结构建筑和木结构桥梁。大跨木结构体系主要包括直线形木梁、曲线形木梁、木排架、木张弦梁、木桁架、钢木桁架、木拱、木网架和木网壳等。表 7.1 给出了各类平面结构体系在通常情况下的适用跨度和相应的截面高度。其中的直线形木梁和曲线形木梁相关内容已在本指南第 3.2 节进行了阐述，因此本节内容主要阐述其他几种体系类型。

表 7.1 胶合木结构体系类型

序号	图例	结构体系名称	跨度/m	截面高度
1		直梁或起拱梁	3～36	$h \approx l/(18 \pm 2)$
2		单坡梁	10～36	$h_1 \approx l/30$ $h_2 \leqslant 2\ 000$ mm
3		双坡梁	10～36	$h_1 \approx l/35$ $h_2 \approx l/16$
4		等截面曲梁	5～33	$h \approx l/(18 \pm 2)$

续表

序号	图例	结构体系名称	跨度/m	截面高度
5	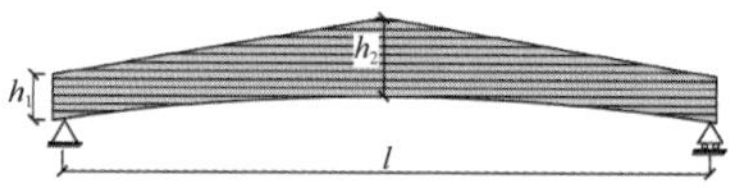	变截面曲梁	10～33	$h_1 \approx l/(28 \pm 4)$ $h_2 \approx l/16$
6	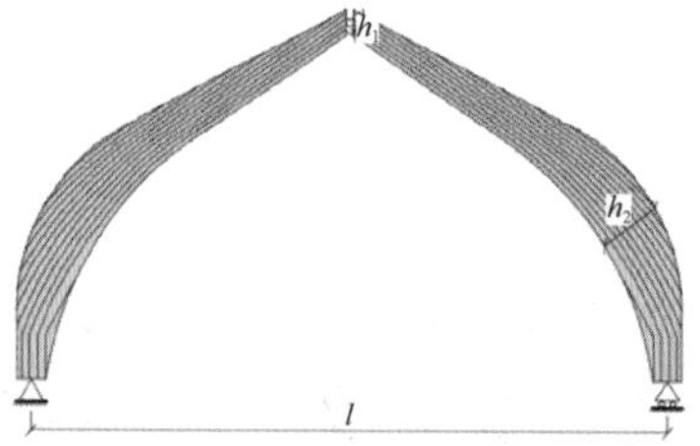	木排架	15～50	$h_1 \approx l/50$ $h_2 \approx l/18$
7	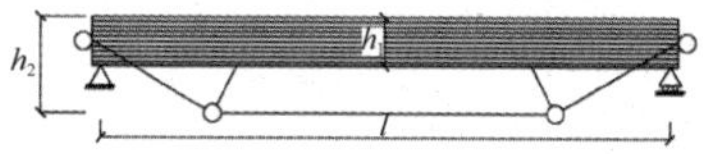	木张弦梁	40～60	$h_1 \approx l/(35 \pm 5)$ $h_2 \approx l/10$
8	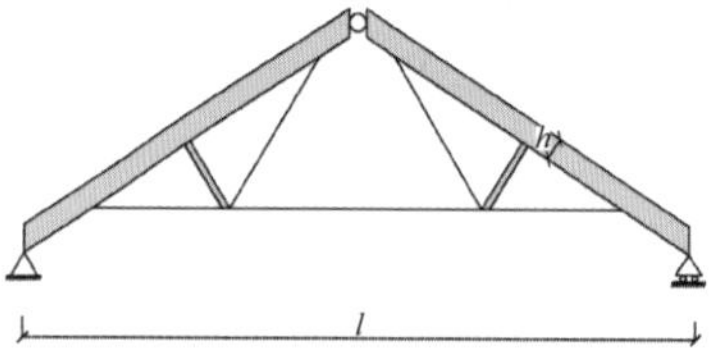	三角形钢木桁架	25～80	$h \approx l/45$
9	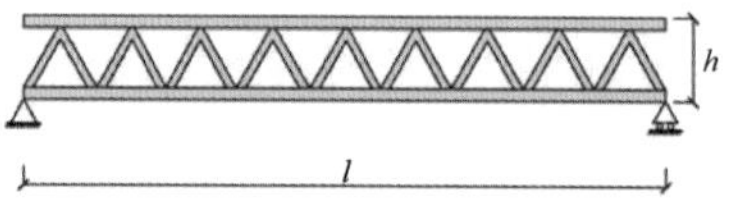	平行弦木桁架	30～85	$h \approx l/12$
10	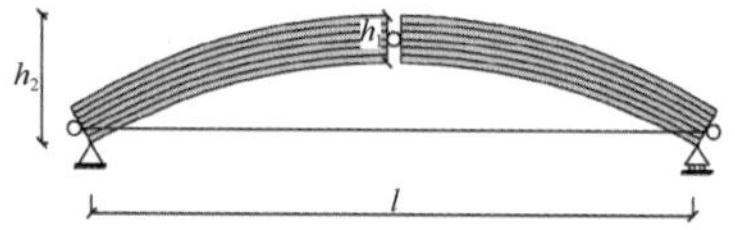	木拱	20～100	$h_1 \approx l/40$ $h_2 > l/7$

大跨木结构的通用设计方法和基本原理可参考本指南第 3 章，抗震抗风及防火设计方法可参考本指南第 4 章。

7.1.1 木排架

1. 结构体系及适用范围

木排架结构在平面内一般由两个工程木构件装配而成(图 7.4)，适用跨度一般为 15～50 m，详见表 7.1。木排架结构中的工程木构件可通过一体化加工成型，从而同时起到梁和柱的作用，形成曲线形木排架[图 7.4(a)]；也可在构件的肘部采用大型指接节点或钢板连接件进行连接，从而形成折线形木排架[图 7.4(b)]；作为一种等效体系形式，上述一体化构件还可以通过梁和类似于 V 形柱的机械连接组合成型[图 7.4(c)]。通常情况下，木排架结构在柱脚和梁端的连接形式为铰接，典型的柱脚和梁端连接形式分别如图 7.5 和图 7.6 所示。

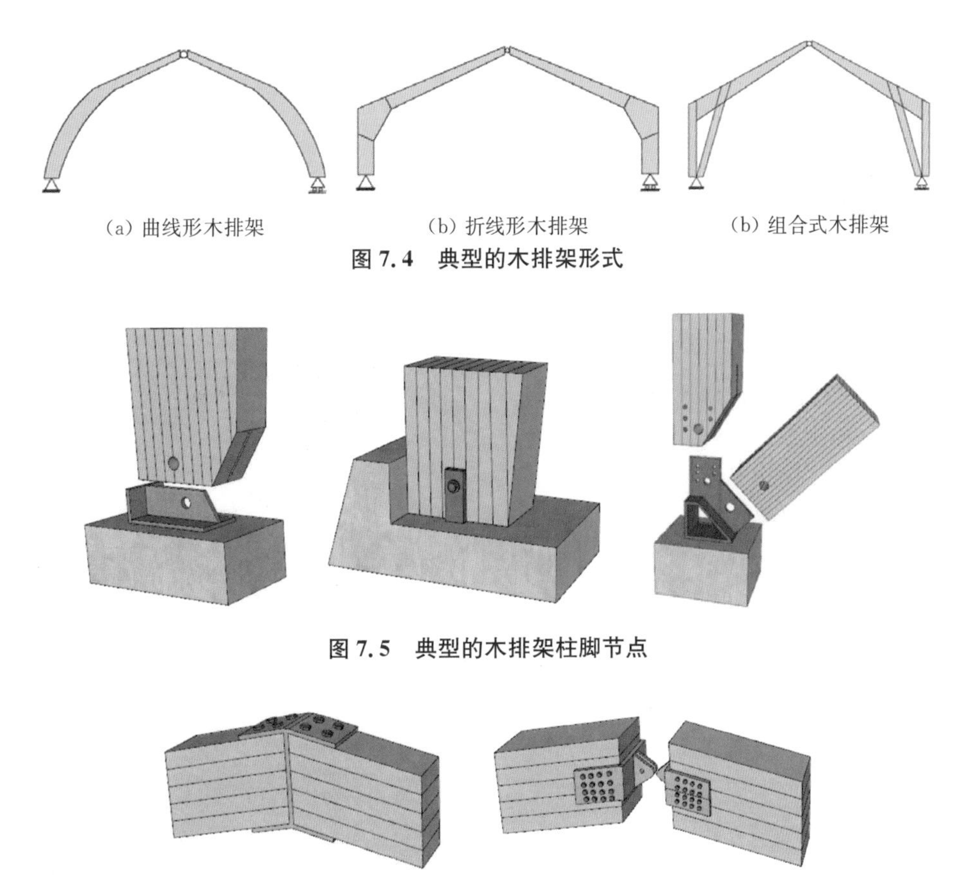

(a) 曲线形木排架　(b) 折线形木排架　(b) 组合式木排架

图 7.4　典型的木排架形式

图 7.5　典型的木排架柱脚节点

图 7.6　典型的木排架梁端节点

2. 受力特点和设计方法

在竖向荷载作用下，木排架结构以受弯为主，木排架弯矩主要集中在肘部，即梁柱转换位置，而跨中弯矩小，结构变形相对较小，一榀木排架的设计方法与木拱类似，具体可参考 7.1.4 节内容，此处不做详述。木排架结构在其纵向采用支撑构件（钢或木）提供整体稳定的体系。位于瑞典 Lyrestad 市的某室内养牛场（图 7.7）即为木排架结构，其建成于 2011 年，跨度为 37.6 m，建筑面积约 2 400 m^2。

图 7.7　瑞典 Lyrestad 市的某室内养牛场

7.1.2 木张弦梁

1. 结构体系及适用范围

木张弦梁结构是一种由柔性索和木梁或木拱再加上钢或木撑杆组成的一种结构体系(图 7.8)。其中木梁或木拱作为结构的上弦部分，索作为结构下弦部分，通过预应力及撑杆的作用形成张弦梁整体结构，预应力锚固在上弦杆两端。木张弦梁广泛适用于公共建筑和桥梁等领域，其适用跨度一般为 40～60 m(详见表 7.1)。

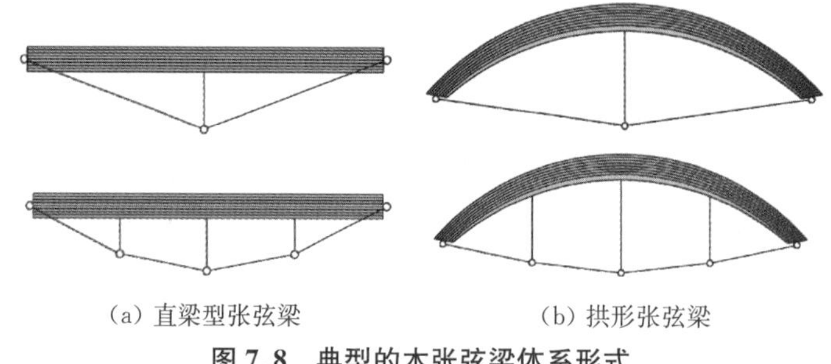

(a) 直梁型张弦梁　　(b) 拱形张弦梁

图 7.8　典型的木张弦梁体系形式

建成于 2016 年的贵州省榕江县室内游泳馆上部屋盖即采用了张弦木拱体系(图 7.9)，张弦木拱跨度为 50.4 m，矢高 4.5 m，矢跨比 1/11.2，下弦拉索垂度为 1.5 m。木拱采用两个截面为 170 mm×1 000 mm 的胶合木构件双拼而成，沿弧长采用三段拼接，拼接节点按照抗弯、压、剪复合受力节点设计。腹杆采用 6 根木撑杆与上拱、下弦主索形成自平衡张弦结构，并与纵向索和屋面索形成完整稳定体系。自平衡的张弦木拱支承于滑移支座，可消除支座水平推力，有效降低工程造价。图 7.10 为 2019 年建成的加拿大素里市的北素里运动和冰上综合体建筑，其屋顶采用了木张弦梁结构，跨度达 43 m，建筑面积为 10 219 m^2。

(a) 整体外观

(b) 内部效果

图 7.9　贵州省榕江县游泳馆木结构

图 7.10 加拿大素里市体育建筑中的木张弦梁结构

2. 受力特点和设计方法

木张弦梁结构受力特点可概括为结构简单、受力明确、轻盈通透、跨越能力强，便于工厂化制造、运输及安装。木张弦结构在结构分析时需考虑三种组成构件自身的结构承载力以及相互的协同作用。通过拉索的张拉，使得撑杆产生向上的分力，从而在上弦产生与外部竖向荷载作用下相反的内力和位移，可有效降低上弦构件的内力，减小结构的变形，且撑杆对上弦压弯构件提供弹性支撑，也有效地改善了梁结构跨度受限的缺陷。相对于梁式构件，张弦梁的节点数量较多，因此对其加工及安装精度要求均较高，节点设计是其重要的设计内容之一。

张弦结构在竖向荷载作用下的整体弯矩由上弦构件内的压力和下弦拉索内的拉力形成的等效力矩承担。由于张弦结构的这种自平衡特性，使得支撑结构的受力也大为减少。

当跨度较大时，上弦杆也可设计为桁架拱，在竖向荷载作用下拱推力由下弦杆内力平衡，从而减轻拱对支座的推力。

在张弦木结构设计过程中，主要考虑撑杆间距、尺寸和张弦预应力设计。预应力张拉控制应力的确定原则是在张弦梁自重和预拉力作用下，张弦梁跨中产生的反向位移能够抵消 1/2 屋面恒载单独作用下张弦梁跨中产生的竖向位移。

7.1.3 木桁架和钢木桁架

1. 结构体系及适用范围

木桁架结构是由木杆件组成的桁架体系，节点形式多为铰接，杆件主要承受轴向力。为充分利用材料，当木桁架跨度较大时，通常将下弦杆用圆钢或型钢替代，形成钢木桁架。这对提高桁架的刚度，减小非弹性变形是有利的。木桁架结构自重轻、形态丰富、材料利用率高，在展览馆、体育馆、游泳馆、桥梁和工业建筑中应用广泛。木桁架及钢木桁架的适用跨度一般为 25～85 m(详见表 7.1)。

木桁架或钢木桁架的外形应根据所采用的屋面材料、桁架的跨度、建筑造型、制造条件和桁架的受力性能等因素来确定，其按外形可分为平行弦桁架、梯形桁架、剪式桁架、三角形桁架、抛物线桁架和鱼腹式桁架等，具体形式见图 7.11～图 7.16。其中，平行弦桁架便于布置双层结构，利于标准化生产，但杆力分布不够均匀；三角形桁架杆力分布不均匀，但斜面符合屋顶排水需要；梯形桁架和三角形桁架相比，杆件受力情况有所改善，稳定性比三角形的好，而且用于屋架中可以更容易满足某些工业厂房的工艺要求；抛物线桁架外形同均布荷载下简支梁的弯矩图，因此杆力分布均匀，材料使用经济，但构造稍复杂。

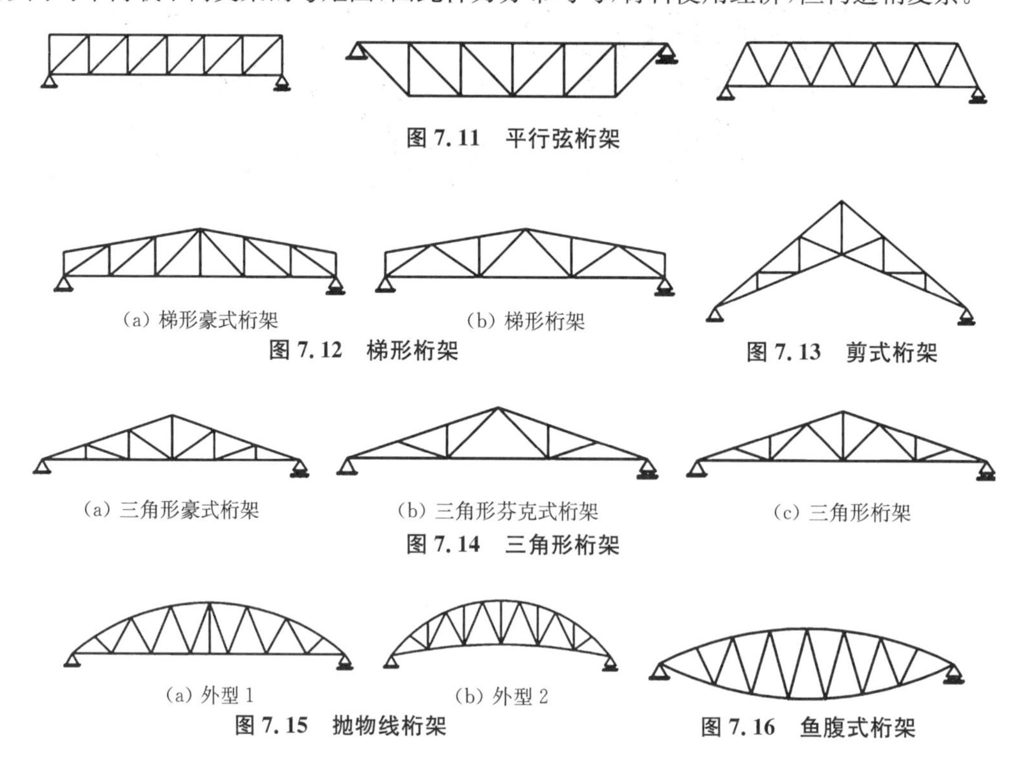

图 7.11 平行弦桁架

图 7.12 梯形桁架

图 7.13 剪式桁架

图 7.14 三角形桁架

图 7.15 抛物线桁架

图 7.16 鱼腹式桁架

木桁架构件之间大多采用钢填板和销栓紧固件进行连接，图 7.17 和图 7.18 分别给出了典型的弦杆—腹杆节点和木桁架支座节点示意图。

1997 年建成的挪威奥斯陆的加勒穆恩(Gardermoen)机场，其屋面采用胶合木平行弦桁架结构体系，其单跨跨度为 54 m，两跨合计 108 m。图 7.19 是在加工厂房内摆放的桁架结构的一个节段。本章前述的日本大馆树海体育馆(图 7.2)则属于一种木结构空间桁架体系。

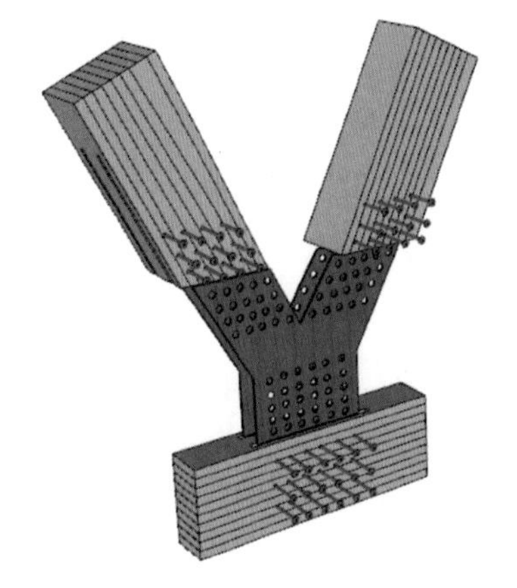

图 7.17 木桁架弦杆—腹杆节点示意图

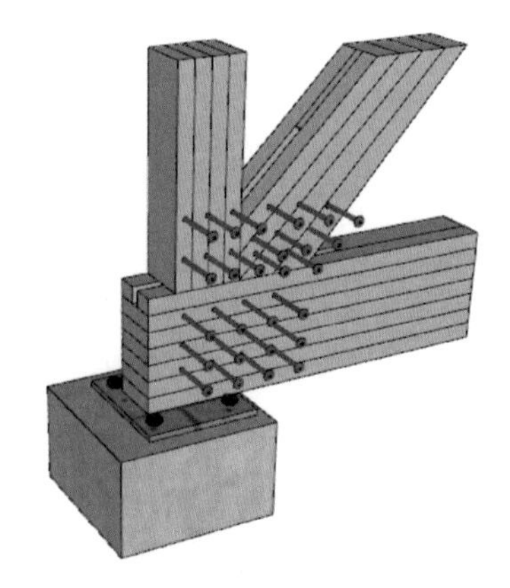

图 7.18 木桁架支座节点示意图

图 7.19 挪威奥斯陆加勒穆恩机场屋面木桁架

2. 受力特点和设计方法

在荷载作用下，木桁架杆件主要承受轴向拉力或压力，从而能够充分利用材料的强度，在跨度较大时可减轻结构自重和增大结构刚度。由于桁架结构水平方向的拉、压内力实现了自身平衡，整个结构不对支座产生水平推力。此外，平行弦桁架弦杆的内力由跨中向两端递减，而三角形桁架弦杆的内力是由跨中向两端递增。此类结构体系的不足之处是构件由于高度较大而占用较大空间，同时木桁架或钢木桁架的节点数量较多，加工及安装精度要求较高。在进行木桁架或钢木桁架结构设计时，需要注意以下问题。

(1) 桁架除应按恒载和全跨可变荷载确定弦杆内力外，还应当考虑以下荷载组合：

① 恒载和半跨可变荷载共同作用，确定中部腹杆内力方向与大小；

② 对于抛物线桁架，按恒载和 3/4 及 1/4 跨可变荷载及 2/3 和 1/3 跨的可变荷载组合，确定腹杆内力方向与大小。

(2) 木桁架结构内力一般可采用弹性分析法或有限单元法，桁架节点简化为铰接或半刚性节点，将荷载作用在节点上来求解构件内力，节点荷载取该节点从属区间的荷载之和。桁架各杆轴线应汇交于节点中心。

(3) 需要注意上弦受压杆件的屈曲，受压弦杆和竖腹杆的长细比不能超过规范限值。同时，需要考虑桁架上弦压杆件及受压腹杆的平面内和出平面的屈曲。对于弦杆和腹杆，其平面内的长度为节点间距，平面外的长度取侧向支撑之间的距离。为减小弦杆和腹杆平面外的计算长度，可以适当增加侧向支撑。

(4) 木桁架节点数量较多，部分节点部位受力较大，设计时需要特别注意弦杆在节点部位的削弱问题，尤其是对于采用钢填板和紧固件进行连接的桁架节点，弦杆在节点部位存在开槽和销栓孔等截面削弱。此时，在进行构件强度设计时，必须考虑其不利影响。

7.1.4 木拱

1. 结构体系及适用范围

按结构组成和支承方式，木拱结构主要分为两铰拱和三铰拱两大类(图 7.20)，木拱的适用跨度一般为 20～100 m，详见表 7.1。为使木拱的几何形状尽可能接近合理拱轴，一般采用圆形或抛物线形拱。由于拱结构水平推力的存在，需要相应的支座反力实现受力平衡，通常可以通过地基平衡水平推力或设置拉杆，以保证拱结构的稳定性。木拱可广泛适用于体育馆、游泳馆、展览馆和桥梁等领域。2008 年建成的加拿大列治文冬奥速滑馆(Richmond Olympic Oval)，胶合木拱形屋顶跨度达到了 100 m(图 7.21)。

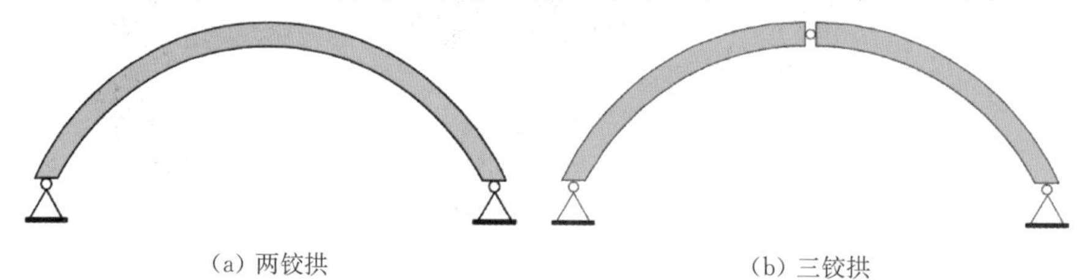

(a) 两铰拱　　(b) 三铰拱

图 7.20　常见的木拱形式

图 7.21　加拿大列治文冬奥速滑馆

(图片来源：FII 摄)

图 7.22　挪威奥斯陆 Tynset 公路桥

当结构跨度较大时，木拱肋还可以变形为桁架拱形式，桁架拱兼具桁架和拱两种结构体系的优点。桁架拱结构在大跨木结构领域的应用屡见不鲜，2001 年建成的挪威奥斯陆 Tynset 公路桥(图 7.22)，其主承重结构即为木桁架拱，除桥面横梁为钢梁外，其余主构件材料均为木材。此桥共三跨，总长 125 m，单跨最大达 70 m，桥宽 10 m，其中车行道 7 m、人行道 3 m，拱顶距桥墩支承处 17.3 m。Tynset 桥的设计卡车荷载高达 60 t，是世界上设计为车辆荷载满载运行的、跨度最长的木桥。本章前述的 99 m 跨度的山东滨州飞虹桥(图 7.3)主承重结构亦为木桁架拱结构。

图 7.23 分别给出了木拱的拱脚节点和拱顶节点的构造示意图，图中节点类型均为铰接节点。

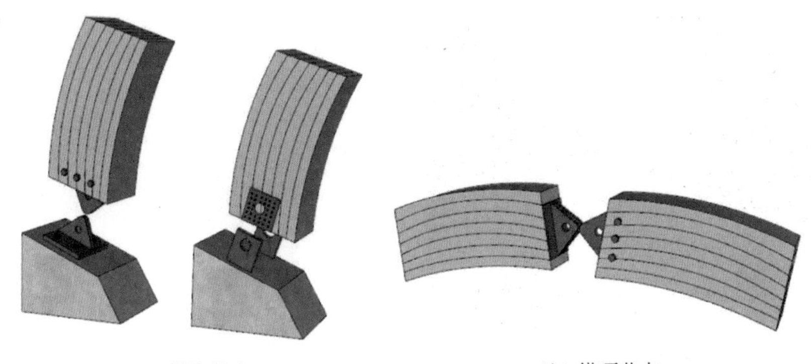

(a) 拱脚节点　　(b) 拱顶节点

图 7.23　木拱的典型节点示意图

2. 受力特点和设计方法

木拱的受力特点是在竖向荷载作用下支座产生水平推力，水平推力的存在有效地降低了构件弯矩，主要内力为轴向压力，从而能充分发挥木材的抗压性能。同时，落地拱的外部荷载作用传递路线较短，从而使其传力高效，结构的经济性能好。此外，构件截面内的竖向压力分量平衡了结构的整体剪力，使结构内部剪应力减小，应力分布均匀，因而木拱结构是大跨建筑的理想形式之一。

木拱的主要设计方法如下：

① 按跨度、矢高结合建筑要求合理确定拱轴线。

② 可按静力平衡法得出拱在不同荷载组合下的支座反力及各截面内力。拱结构支座处水平推力较大，设计时可根据实际情况考虑设置水平拉索、斜桩等抵抗水平推力，减少建造费用。

③ 由于拱结构的几何形状较为简单，通常采用等截面设计，即拱的截面按最大(不利)内力所在截面确定，按弯、压构件验算截面的承载力。考虑平面内稳定性，计算长度按半跨弧长计算；对于出平面的稳定性验算，计算长度根据侧向支撑的设置情况确定。

7.1.5 木网架

木网架结构是一种三维结构体系,它分为上下两层网格平面,中间使用腹杆连接。木网架结构各杆件之间相互支撑,具有较好的空间整体性,木网架结构总体呈平板状,以整体受弯为主,可简化为空间铰接杆系结构进行分析计算。在节点荷载作用下,各杆件主要承受轴力,可充分发挥材料自身特性,节约用材,减轻自重。目前已被广泛运用于体育馆、影剧院、展览厅、候车室、飞机场、工业厂房等建筑。1988 年日本建成的小国町民体育馆的屋盖采用角锥木网架结构(图 7.24),最大跨度 56 m。结构采用由螺栓和钢板组成的球形节点(图 7.25),该节点只传递各杆件轴力,不传递弯矩。

图 7.24 日本小国町民体育馆

图 7.25 球形钢节点示意图

1. 结构体系及适用范围

木网架结构的网格平面是由木杆件按正方形、矩形或三角形等规则的基本几何图形布置而成,根据不同的布置形式,可将木网架结构分为两种不同体系:交叉桁架体系和角锥体系。交叉桁架体系网架以平面桁架为单元,是由两个不同方向的平面桁架相互交叉组合而成。网架中每片桁架的上下弦杆及腹杆位于同一垂直平面内。角锥体系网架以角锥为单元,由角锥单元按照一定规律连接而成。如四角锥网架是由锥尖向下的四角锥体所组成,三角锥网架是由倒置的三角锥角与角相连排列而成,其上下弦杆形成的网格图案均为正三角形,三角锥网架受力比较均匀,整体刚度也较好,一般适用于大中跨度及重屋盖的建筑物。角锥体系网架比交叉桁架体系网架刚度大,受力性能好。锥体单元可在工厂预制完成,其堆放、运输、安装都很方便。

2. 受力特点和设计方法

(1) 结构受力特点

木网架结构的受力特点是空间工作,不同的支承形式具有不同的受力特点。常用的支撑方式有周边支承、点支承和三边支承。

① 周边支承是把周边节点均设计成支座节点搁置在下部的支承结构上,其优点是受力均匀,空间刚度大,可以不设置边桁架,因此用材量较少,是目前应用最为广泛的一种支

承形式。

② 点支承网架的支座可布置在四个或多个支承柱上，支承点多对称布置，并在周边设置悬臂段，以平衡一部分跨中弯矩，减少跨中挠度。点支承网架主要适用于体育馆、展览厅等大跨度公共建筑中。

③ 三边支承是在网架四边的其中三个边上设置支座节点，另一边则为自由边，这种支撑形式布置比较灵活，自由边处可以设置成开敞的大门或通道，适用于厂房等建筑。

(2) 结构设计方法

木网架结构的内力及位移一般利用有限元法借助计算机求解。一般先初选杆件的截面尺寸，然后根据求得的各杆内力，按两端铰支的轴心拉杆或压杆验算其强度及稳定性，并对截面尺寸进行必要的调整。设计节点时，应尽量使杆件的轴线通过节点的中心，从而减少由偏心产生的弯矩。在进行构件设计时，可通过限制构件的长细比来满足刚度的要求，适当的长细比有利于大跨木网架结构获得一个良好的整体刚度。同时偏压构件还会受到因偏心产生的弯矩作用，此类构件不仅有弯矩作用平面内的强度和稳定性问题，还有弯矩作用平面外的稳定性问题。

7.1.6 木网壳

木网壳结构即网状的木壳体结构，其杆件主要承受轴力，结构内力分布比较均匀。网壳结构中网格的杆件可以用直杆代替曲杆，便于现场施工，木网壳结构按网壳层数可分为单层木网壳和双层木网壳。1975 年，德国曼海姆多功能大厅(图 7.26)建成，它的出现标志着木编织网壳结构这种新类型大跨结构的问世。曼海姆多功能大厅的屋顶采用双层木编织网壳结构，跨度达 60 m，高度 20 m，大厅覆盖面积约为 7 400 m^2，屋顶的建筑面积约为 9 500 m^2。结构所选用的材料为西部铁杉，每根杆件的截面仅为 50 mm×50 mm。同一个方向杆件的中心间隔为 500 mm。2020 年建成的太原植物园 3 座展览温室建筑，均为木网壳结构。其中，规模最大温室的跨度为 88 m，建筑高度为 29 m(图 7.27)；其主体结构在纵向为二层双弧曲梁，在横向为一层双弧曲梁，同时设计了后张拉索系统以增加结构的稳定性。

图 7.26 德国曼海姆多功能大厅

图 7.27　太原植物园 1 号温室木网壳
（图片来源：肖昆摄）

本章前述的塔科马体育馆为单层木网壳结构体系(图 7.1)，其跨度达 162 m。

1. 结构体系及适用范围

木网壳结构按曲面形式分类主要有筒网壳和球网壳两种基本的结构体系。筒网壳是单曲面木结构，其横截面常为圆弧形，也可采用椭圆形、抛物线形和双中心圆弧形等。球网壳通常是一个空间半球形状，其受力的关键在于球面的划分。球面划分的基本要求有两点：① 杆件规格尽可能少，以便制作与装配；② 形成的木结构必须是几何不变体。

图 7.28 给出了典型的多层木网壳的连接节点类型，由图可见，多层木网壳节点形式较为简单，一般采用螺栓或螺栓加钢板的形式即可实现。

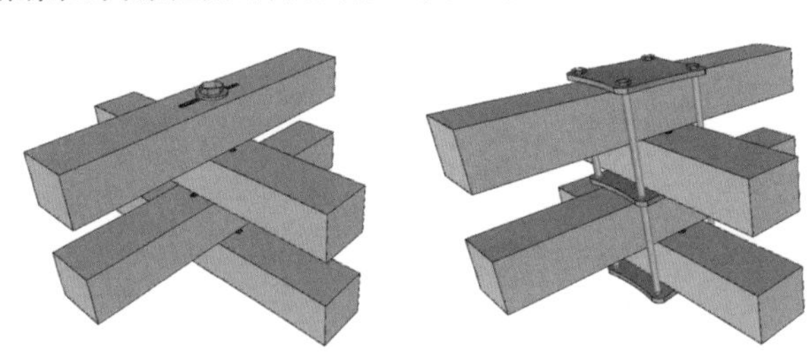

图 7.28　典型的多层木网壳的连接节点类型

2. 受力特点和设计方法

(1) 结构受力特点

筒网壳和球网壳的受力特点有所区别。对于筒网壳而言，一般采用两对边支承方式，此时力的传递分为两个方向：沿跨度方向和沿波长方向。沿波长方向以纵向梁的传递为主，沿跨度方向其作用类似于筒拱，需要注意解决拱脚推力问题。对于球网壳，力的传递可以沿各个方向进行，呈现发散状，且其受力均匀性与球面网格的划分有一定的关系，网格划分均匀，能提高网壳的受力性能。

(2) 结构设计方法

木网壳结构的整体计算分析一般采用有限单元法借助计算机完成。该类计算可按线弹性小变形假设求得内力和变形，更多的是考虑几何非线性及初始几何缺陷的影响，计算分析结构的屈曲承载能力和变形。完成结构的内力分析并在保证其整体稳定性的基础上进行杆件设计。除通过节点的连续杆件外，杆件连接大多设计为铰接，或在计算中假设为铰接，因此网壳中的杆件按承受轴心拉、压力和由节间荷载产生的次弯矩来设计计算。设计节点时应注意使各杆轴线通过节点中心，尽量减小偏心引起的弯矩。

7.2 设计要点

大跨木结构由于尺度和自重均较大，作用于整体结构、构件以及节点的荷载较高，所以在设计过程中更加需要关注一些关键要点，主要如下：

1. 稳定性问题

大跨木结构和其他大跨结构类似，设计中除了进行强度设计和刚度设计之外，还应专门进行稳定性分析，内容主要涉及整体结构或其部分失稳、个别构件失稳和构件的局部失稳、平面内或平面外失稳等情形。

2. 蠕变问题

结构或构件在长期荷载作用下会产生蠕变（在混凝土结构中称之为“徐变”）现象，对于木结构及木构件而言，蠕变相对更加明显。蠕变现象可以简单理解为外部作用荷载不变，但变形持续增加。对于大跨木结构而言，在设计时尤其需要注意蠕变问题，变形计算中需要考虑蠕变的影响；同时，不容忽视的是，蠕变在一定条件下还会引起整体结构的稳定性问题。

3. 横纹应力问题

对于木排架及其他大跨木结构中的曲线形或折线形受弯构件，需要专门开展木构件的横纹拉应力设计，从而避免出现由于横纹开裂导致的一些安全隐患甚至安全事故。横纹拉应力设计方法可参考本指南第 3.2.3 节内容。

4. 节点区的削弱问题

大跨木结构在节点部位通常设置较多的预钻孔或开槽以满足传力需要，这些预钻孔或开槽将会较大削弱木构件本身的受力净截面，因此在大跨木结构尤其是木桁架体系等设计时必须考虑此部分的削弱，从而保障结构的安全性。

5. 振动舒适性问题

大跨木结构的舒适性问题主要集中于大跨木结构桥梁领域。由于木结构桥梁上部结构的刚度相对较低，其振动舒适性问题更为突出。因此，在开展大跨木结构桥梁设计时，需要专门针对人致振动或车致振动等问题进行设计和分析。

7.3 工程案例

7.3.1 设计条件

1. 基本概述

拟设计木结构屋盖中的一榀胶合木梯形桁架，设计使用年限为 50 年；结构安全等级为二级；采用钢填板销栓节点，连接钢板采用 Q235 钢板，厚度 8 mm，销钢材为 Q345，直径为 16 mm；两榀桁架之间的间距为 4 m。桁架的外观尺寸如图 7.29 所示(单位：mm)。

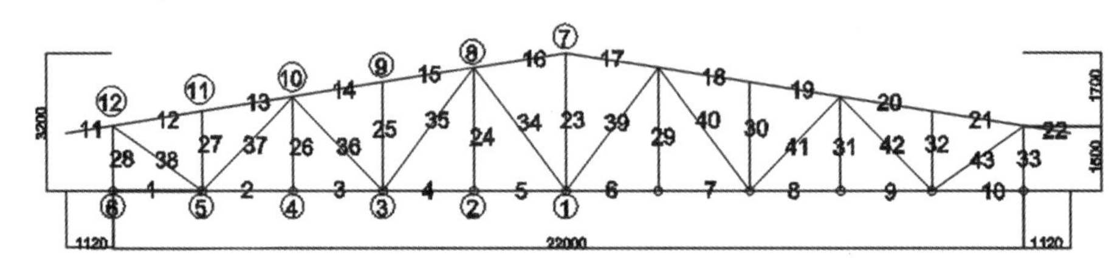

图 7.29 桁架简图

初步确定构件截面：

杆件的截面尺寸根据构件的控制长细比进行初选，由于涉及压杆稳定，故选取正方形截面比较简便。初选时把所有杆件均视为两端铰接的二力杆，暂不考虑杆件的长度系数。

对于截面为 $b\times b$ 的正方形截面：

$$i=\sqrt{\frac{I}{A}}=\sqrt{\frac{b^4}{12b^2}}=\frac{b}{\sqrt{12}};\quad \lambda=\frac{l_0}{i}\leqslant[\lambda]=120$$

当 $l_0=3\ 608$ mm 时：

$$b_{\min}=\frac{3\ 608\times\sqrt{12}}{120}=104.2(\text{mm})$$

桁架腹杆截面尺寸取 170 mm×170 mm，上下弦杆截面尺寸为 210 mm×210 mm。

2. 荷载标准值及材料强度

① 屋面荷载：建筑恒载＝1.5 kN/mm²，桁架自重＝1.8 kN/m；

② 活荷载：0.5 kN/mm²，雪荷载＝0.65 kN/mm²；雪荷载与活荷载不同时考虑；

③ 地震荷载与风荷载在该案例计算过程中暂未体现。

④ 胶合木强度：选用 TC_T28 的胶合木，基本力学参数见表 7.2 所示。

表 7.2 TC_T28 胶合木力学参数 单位：MPa

	抗弯强度	抗压强度	抗拉强度	弹性模量
设计值	19.4	16.8	12.4	8 000
标准值	28.0	24.0	20.0	6 700

强度设计值的调整：

a. 荷载与雪荷载组合，则强度调整系数为 0.83；

b. 受弯构件强度的体积调整系数

$$C_v=\left(\frac{130}{b}\times\frac{305}{h}\times\frac{6\ 400}{l}\right)^{0.05}=\left(\frac{130}{210}\times\frac{305}{210}\times\frac{6\ 400}{22\ 000}\right)^{0.05}=0.935$$

调整后的 TC_T28 强度设计值为

抗弯强度：

$$f_m=19.4\times0.83\times0.935=15.055(\text{MPa})$$

顺纹抗压强度：

$$f_c = 16.8 \times 0.83 = 13.94(\text{MPa})$$

横纹抗压强度：

$$f_{c,90} = 2.5 \times 0.83 = 2.075(\text{MPa})$$

顺纹抗拉强度：

$$f_t = 12.4 \times 0.83 = 10.2(\text{MPa})$$

顺纹抗剪强度：

$$f_v = 2.0 \times 0.83 = 1.66(\text{MPa})$$

横纹抗拉强度：

$$f_{t,90} = \frac{f_v}{3} = 0.55(\text{MPa})$$

3. 计算假定

该梯形桁架的上、下弦由通长的胶合木构件加工，理论上应按连续构件计算，腹杆节点按照铰接计算。利用结构力学求解器或者有限元软件，按照连续的上下弦杆和腹杆的连接均取半铰接连接确定计算结构，并将上弦的荷载全部等效到节点处进行处理，从而确定出计算简图。

7.3.2 荷载计算

1. 等效节点荷载

把所有荷载按下式转换成沿投影长度上的均布荷载：

$$P = \sum \gamma_{(G,Q)} q_{hk} \cdot a \cdot s + \sum \gamma_G (q_{sk}/\cos\alpha) \cdot a \cdot s$$

桁架等效节点荷载计算示意见图 7.30 所示。

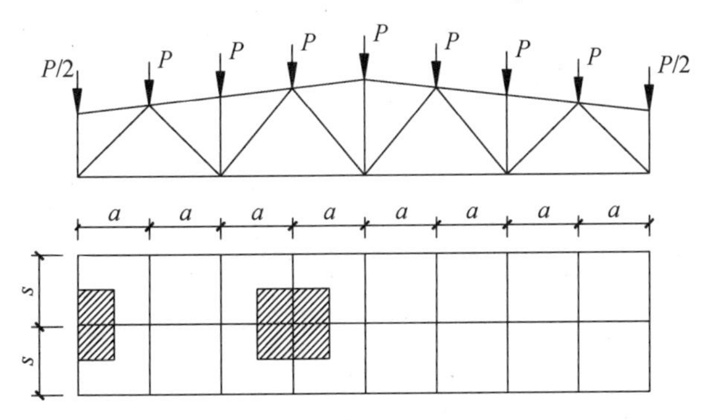

图 7.30 桁架等效节点荷载计算示意

桁架自重：1.8 kN/m

屋面建筑层恒载：$1.5 \times 4 \div \cos\alpha = 6.07$(kN/m)

上弦杆等效均布恒载：$1.8 + 6.07 = 7.87$(kN/m)

雪荷载：$0.65 \times 4 = 2.6$(kN/m)

活荷载：0.5×4=2.0(kN/m)

由恒载引起的上弦杆节点荷载：7.87×2.2=17.32(kN)(↓)

由雪荷载引起的上弦杆节点荷载：2.6×2.2=5.72(kN)(↓)

由活荷载引起的上弦杆节点荷载：2.0×2.2=4.4(kN)(↓)

2. 三种荷载组合

组合1：全跨永久荷载+全跨可变荷载(雪荷载)

组合2：全跨永久荷载+半跨可变荷载(雪荷载)

组合3：全跨屋架自重+半跨屋面板的重量+半跨屋面活荷载(雪荷载)

3. 各组合下等效到上弦杆节点处的节点荷载设计值

组合1：17.32×1.3+5.72×1.5=31.10(kN)(↓)(全跨)

$$\text{组合 2：}\begin{cases}\text{左跨：}17.32\times1.3+5.72\times1.5=31.10(\text{kN})\\ \text{右跨：}17.32\times1.3=22.52(\text{kN})\end{cases}$$

$$\text{组合 3：}\begin{cases}\text{左跨：}17.32\times1.3+5.72\times1.5=31.10(\text{kN})\\ \text{右跨：}1.82\times2.2\times1.3=5.21(\text{kN})\end{cases}$$

7.3.3 桁架在不同组合下的杆件内力

对于不同组合作用下的模型(图7.31)，利用MIDAS计算各杆件内力列于表7.3所示。

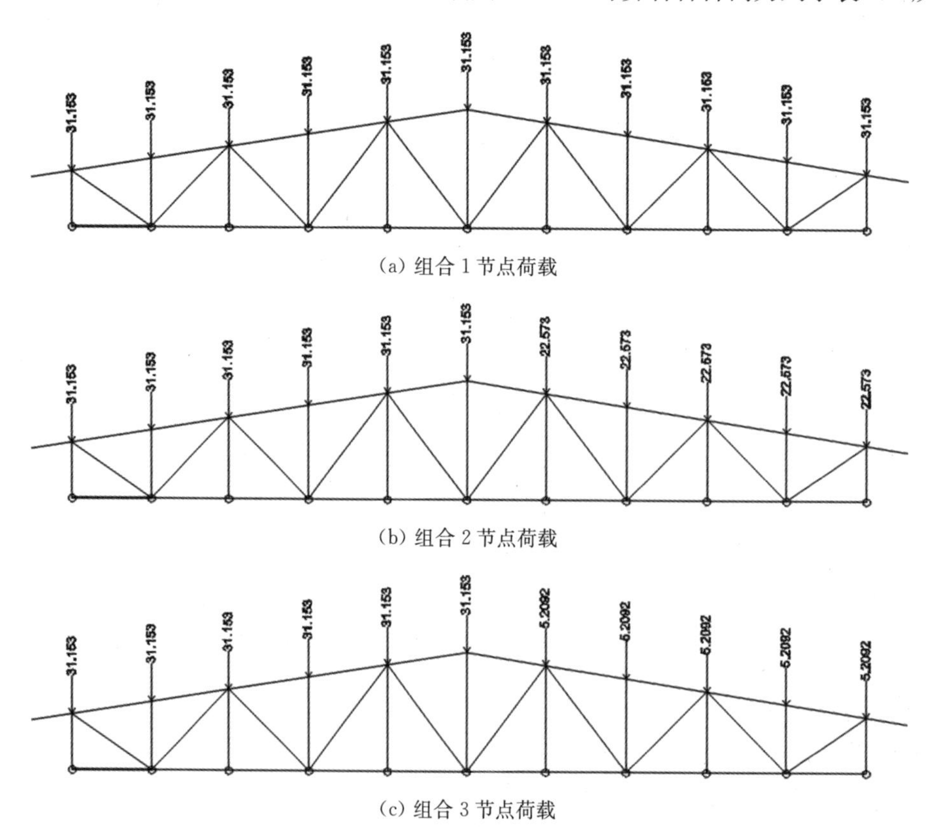

(a) 组合1节点荷载

(b) 组合2节点荷载

(c) 组合3节点荷载

图7.31 桁架不同组合下的节点荷载

表 7.3 不同组合作用下的杆件内力

单元号	杆长/mm	截面/(mm×mm)	组合 1 轴力/kN	组合 1 弯矩/(kN·m)	组合 2 轴力/kN	组合 2 弯矩/(kN·m)	组合 3 轴力/kN	组合 3 弯矩/(kN·m)
1	2 200	210×210	0	1.45	0	1.39	0	1.27
2	2 200	210×210	250.51	1.45	233.28	1.39	198.39	1.27
3	2 200	210×210	250.51	1.19	233.28	1.11	198.39	0.95
4	2 200	210×210	286.69	1.11	260.39	1.01	207.18	0.86
5	2 200	210×210	286.69	1.11	260.39	1.01	207.18	0.80
11	2 226	210×210	0	0	0	0	0	0
12	2 226	210×210	−168.22	1.23	−157.88	1.20	−136.97	1.14
13	2 226	210×210	−168.11	1.23	−157.78	1.20	−136.86	1.14
14	2 226	210×210	−288.08	1.23	−265.37	1.21	−219.42	1.17
15	2 226	210×210	−288.08	1.40	−265.35	1.21	−219.36	1.17
16	2 226	210×210	−271.01	1.40	−241.13	1.20	−180.65	0.83
23	3 200	170×170	49.61	0	40.81	0	23.00	0
24	2 860	170×170	−0.54	0	−0.46	0	−0.31	0
25	2 520	170×170	−31.12	0	−31.00	0	−30.76	0
26	2 180	170×170	0.03	0	0.05	0	0.10	0
27	1 840	170×170	−30.48	0	−30.46	0	−30.43	0
28	1 500	170×170	−170.68	0	−162.13	0	−144.82	0
34	3 608	170×170	−30.67	0	−36.03	0	−46.86	0
35	3 608	170×170	−3.29	0	−11.95	0	−29.45	0
36	3 097	170×170	48.10	0	45.83	0	41.24	0
37	3 097	170×170	−118.75	0	−108.86	0	−88.84	0
38	2 662	170×170	201.11	0	188.75	0	163.74	0

7.3.4 屋架主要构件承载力验算

1. 腹杆验算

(1) 受拉腹杆验算

腹杆截面为 170 mm×170 mm;排两排销,销径为 16 mm;连接钢板厚 8 mm。

腹杆的净截面面积:

$$A_n=(170-2\times16)\times(170-8)=22\ 356(\text{mm}^2)$$

腹杆抗拉承载力:

$$f_t \cdot A_n = 10.29 \times 22\ 356 = 230.09(\text{kN}) > T_{max} = 201.11(\text{kN})$$

(2) 受压腹杆验算

不利的腹杆及压力值有：

① $l_1 = 1\ 500$ mm, $N_1 = 170.68$ kN; ② $l_2 = 3\ 608$ mm, $N_2 = 46.86$ kN; ③ $l_3 = 3\ 097$ mm, $N_3 = 118.75$ kN，对以上杆件及内力验算考虑稳定的承载力。

对于① 杆件及内力：

$$\lambda_1 = \frac{\mu \cdot l_1}{i} = \frac{1\ 500}{\frac{170}{\sqrt{12}}} = 30.57 < \lambda_c = c_c \cdot \sqrt{\frac{\beta \cdot E_k}{f_{ck}}} = 3.45 \times \sqrt{\frac{1.05 \times 6\ 700}{24}} = 59.07$$

$$\varphi_1 = \frac{1}{1 + \frac{\lambda_1^2 \cdot f_{ck}}{b_c \cdot \pi^2 \cdot \beta \cdot E_k}} = \frac{1}{1 + \frac{30.57^2 \times 24}{3.69 \times \pi^2 \times 1.05 \times 6\ 700}} = 0.92$$

$$\frac{N_1}{\varphi_1 \cdot A_0} = \frac{170.68 \times 10^3}{0.92 \times 170 \times 170} = 6.42(\text{MPa}) < f_c = 13.94\ \text{MPa}$$

满足设计要求。

对于②杆件及内力：

$$\lambda_2 = \frac{\mu \cdot l_2}{i} = \frac{3\ 608}{\frac{170}{\sqrt{12}}} = 73.52 > \lambda_c = c_c \cdot \sqrt{\frac{\beta \cdot E_k}{f_{ck}}} = 3.45 \times \sqrt{\frac{1.05 \times 6\ 700}{24}} = 59.07$$

$$\varphi_2 = \frac{\alpha_c \cdot \pi^2 \cdot \beta \cdot E_k}{\lambda^2 \cdot f_{ck}} = \frac{0.91 \times \pi^2 \times 1.05 \times 6\ 700}{73.52^2 \times 24} = 0.487$$

$$\frac{N_2}{\varphi_2 \cdot A_0} = \frac{46.86 \times 10^3}{0.487 \times 170 \times 170} = 3.33(\text{MPa}) < f_c = 13.94\ \text{MPa}$$

满足设计要求。

对于③杆件及内力：

$$\lambda_3 = \frac{\mu \cdot l_3}{i} = \frac{3\ 097}{\frac{170}{\sqrt{12}}} = 63.11 > \lambda_c = c_c \cdot \sqrt{\frac{\beta \cdot E_k}{f_{ck}}} = 3.45 \times \sqrt{\frac{1.05 \times 6\ 700}{24}} = 59.07$$

$$\varphi_3 = \frac{\alpha_c \cdot \pi^2 \cdot \beta \cdot E_k}{\lambda^2 \cdot f_{ck}} = \frac{0.91 \times \pi^2 \times 1.05 \times 6\ 700}{63.11^2 \times 24} = 0.66$$

$$\frac{N_3}{\varphi_3 \cdot A_0} = \frac{118.75 \times 10^3}{0.66 \times 170 \times 170} = 6.23(\text{MPa}) < f_c = 13.94\ \text{MPa},$$

满足设计要求。

2. 下弦杆承载力验算

下弦杆截面尺寸为 210 mm×210 mm，内置钢板厚 8 mm，两行销，销径 16 mm。

则下弦杆净截面面积：

$$A_n = (210 - 16 \times 2) \times (210 - 8) = 35\ 956(\text{mm}^2)$$

需要进行下弦杆拉弯验算的内力组合存在以下情况：

$$N = 250.51\ \text{kN}, \quad M = 1.45\ \text{kN} \cdot \text{m}$$

$$N=286.69\ \text{kN},\quad M=1.11\ \text{kN}\cdot\text{m}$$

对于①杆件及内力：

$$\frac{N}{A_n\cdot f_t}+\frac{M}{W_n\cdot f_m}=\frac{250.51\times10^3}{35\,956\times10.292}+\frac{1.45\times10^6}{15.055\times(210-8)\times\dfrac{210^2}{6}}=0.74<1$$

满足要求。

对于②杆件及内力：

$$\frac{N}{A_n\cdot f_t}+\frac{M}{W_n\cdot f_m}=\frac{286.69\times10^3}{35\,956\times10.292}+\frac{1.11\times10^6}{15.055\times(210-8)\times\dfrac{210^2}{6}}=0.82<1$$

满足要求。

3. 上弦杆承载力验算

上弦杆截面尺寸为 210 mm×210 mm，内置钢板厚 8 mm，两行销，销径 16 mm。

需要进行压弯验算的内力组合为：

$$N=288.08\ \text{kN(压)},\quad M=1.40\ \text{kN}\cdot\text{m},\quad l=2\,226\ \text{mm}$$

(1) 按强度验算

$$\frac{N}{A_n\cdot f_c}+\frac{M}{W_n\cdot f_m}=\frac{288.08\times10^3}{35\,956\times10.292}+\frac{1.40\times10^6}{15.055\times(210-8)\times\dfrac{210^2}{6}}=0.84<1$$

(2) 按稳定验算(平面内)

$$\lambda=\frac{\mu\cdot l}{i}=\frac{2\,226}{\dfrac{210}{\sqrt{12}}}=36.72<\lambda_c=59.07$$

$$\varphi=\frac{1}{1+\dfrac{\lambda^2\cdot f_{ck}}{b_c\cdot\pi^2\cdot\beta\cdot E_k}}=\frac{1}{1+\dfrac{36.72^2\times24}{3.69\times\pi^2\times1.05\times6\,700}}=0.888$$

$$K=\frac{M}{W\cdot f_m\cdot\left(1+\sqrt{\dfrac{N}{A\cdot f_c}}\right)}=\frac{1.40\times10^6}{\dfrac{210\times210^2}{6}\times15.055\times\left(1+\sqrt{\dfrac{288.08\times10^3}{210^2\times10\,292}}\right)}=0.033\,5$$

$$K_0=0$$

$$\varphi_m=(1-K)^2\cdot(1-K_0)=(1-0.033\,5)^2\times1=0.934$$

$$\frac{N}{\varphi\cdot\varphi_m\cdot A_0}=\frac{288.08\times10^3}{0.888\times0.934\times210\times210}=7.88(\text{MPa})<13.94\ \text{MPa}$$

满足设计要求。

(3) 按稳定验算(平面外)

上弦杆每根梁单元的节间设置 2 根檩条。

$$\lambda_y=\frac{\mu\cdot l_y}{i}=\frac{\dfrac{2\,226}{3}}{\dfrac{210}{\sqrt{12}}}=12.24<\lambda_c$$

此长细比很小,故上弦杆平面外稳定满足条件,验算如下:

$$\varphi_y=\frac{1}{1+\dfrac{\lambda_y^2\cdot f_{ck}}{b_c\cdot\pi^2\cdot\beta\cdot E_k}}=\frac{1}{1+\dfrac{12.24^2\times 24}{3.69\times\pi^2\times 1.05\times 6\,700}}=0.986$$

$$\varphi_c=1.0$$

$$\frac{N}{\varphi_y\cdot A_0\cdot f_c}+\left(\frac{M}{\varphi_c\cdot w\cdot f_m}\right)^2=\frac{288.08\times 10^3}{0.986\times 210^2\times 10.292}+\left(\frac{1.40\times 10^6}{1.0\times\dfrac{210^3}{6}\times 15.055}\right)^2=0.647<1$$

7.3.5 节点连接设计

由于杆件上的弯矩值相当小,故在进行节点设计时不考虑弯矩的影响,仅按照顺纹拉压设计。采用钢填板的销栓节点,内置钢板Q235B,厚8 mm,钢板的销槽承压强度 f_{nc} 取336 MPa;采用Q345的钢销,销直径16 mm;f_{yk} 取345 MPa,$f_{na}=77\times G=77\times 0.5=38.5$(MPa)。

1. 不同木杆件厚度抗剪承载力

(1) 210 mm边长杆件的连接节点(双剪)

$$\alpha=\frac{c}{a}=\frac{8}{105-4}=0.079\,2;\quad \beta=\frac{f_{nc}}{f_{na}}=\frac{336}{38.5}=8.727;\quad \eta=\frac{a}{d}=\frac{105-4}{16}=6.312\,5$$

$$k_{aI}=\frac{\alpha\cdot\beta}{2}=0.079\,2\times 8.727\div 2=0.345\,6<1.0$$

$$k_{aIIIs}=\frac{\beta}{2+\beta}\cdot\left[\sqrt{\frac{2\cdot(1+\beta)}{\beta}+\frac{1.647\cdot(2+\beta)\cdot k_{ep}\cdot f_{yk}}{3\cdot\beta\cdot f_{na}\cdot\eta^2}}-1\right]$$

$$=\frac{8.727}{8.727+2}\times\left[\sqrt{\frac{2\times(1+8.727)}{8.727}+\frac{1.674\times(2+8.727)\times 1.0\times 345}{3\times 8.727\times 38.5\times 6.312\,5^2}}-1\right]$$

$$=0.441\,8$$

$$k_{aIv}=\frac{1}{\eta}\cdot\sqrt{\frac{1.647\cdot\beta\cdot k_{ep}\cdot f_{yk}}{3\cdot(1+\beta)\cdot f_{na}}}=\frac{1}{6.312\,5}\times\sqrt{\frac{1.647\times 8.727\times 1.0\times 345}{3\times(1+8.727)\times 38.5}}=0.332\,8$$

$$k_{ad,min}=\min\left\{\frac{k_{aI}}{\gamma_I},\frac{k_{aIIIs}}{\gamma_{III}},\frac{k_{aIv}}{\gamma_{Iv}}\right\}=\min\left\{\frac{0.345\,6}{1.1},\frac{0.441\,8}{2.22},\frac{0.332\,8}{1.88}\right\}=0.177\,0$$

每剪切面的承载力为:

$$R_d=k_{ad,min}\cdot a\cdot d\cdot f_{na}=0.177\,0\times(105-4)\times 16\times 38.5\times 10^{-3}=11.012(\text{kN})$$

(2) 170 mm边长杆件的连接节点(双剪)

$$\alpha=\frac{c}{a}=\frac{8}{85-4}=0.098\,765;\quad \beta=\frac{f_{nc}}{f_{na}}=\frac{336}{38.5}=8.727;\quad \eta=\frac{a}{d}=\frac{85-4}{16}=5.062\,5$$

$$k_{aI}=\frac{\alpha\cdot\beta}{2}=0.098\,765\times 8.727\div 2=0.431<1.0$$

$$k_{aIIIs}=\frac{\beta}{2+\beta}\cdot\left[\sqrt{\frac{2\cdot(1+\beta)}{\beta}+\frac{1.647\cdot(2+\beta)\cdot k_{ep}\cdot f_{yk}}{3\cdot\beta\cdot f_{na}\cdot\eta^2}}-1\right]$$

$$=\frac{8.727}{8.727+2}\times\left[\sqrt{\frac{2\times(1+8.727)}{8.727}+\frac{1.674\times(2+8.727)\times 1.0\times 345}{3\times 8.727\times 38.5\times 5.062\,5^2}}-1\right]$$

$$=0.463\,78$$

$$k_{aIv}=\frac{1}{\eta}\cdot\sqrt{\frac{1.647\cdot\beta\cdot k_{ep}\cdot f_{yk}}{3\cdot(1+\beta)\cdot f_{na}}}=\frac{1}{5.0625}\times\sqrt{\frac{1.647\times8.727\times1.0\times345}{3\times(1+8.727)\times38.5}}=0.4150$$

$$k_{ad,min}=\min\left\{\frac{k_{aI}}{\gamma_{I}},\frac{k_{aIIIs}}{\gamma_{III}},\frac{k_{aIv}}{\gamma_{Iv}}\right\}=\min\left\{\frac{0.431}{1.1},\frac{0.46378}{2.22},\frac{0.4150}{1.88}\right\}=0.209$$

每剪切面的承载力为：

$$R_{d}=k_{ad,min}\cdot a\cdot d\cdot f_{na}=0.209\times(85-4)\times16\times38.5\times10^{-3}=10.428(\text{kN})$$

2. 典型节点螺栓布置计算

下面选两个典型的节点连接为例进行螺栓(销)布置。

(1) 节点①的连接设计

节点①的各杆内力大小如图 7.32 所示(单位：kN)。

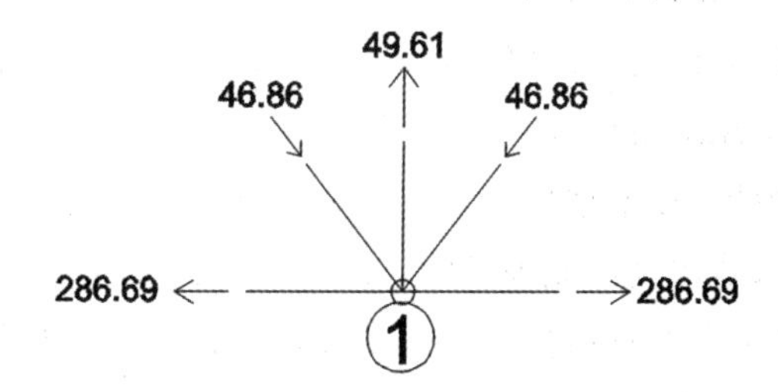

图 7.32 节点①杆件轴力设计值

① 下弦杆拉力大小为 286.69 kN,则理论上 $n\cdot m=286.69\div11.012=26.034$,双剪作用下销轴数量 n 取 14,但考虑到通常下弦杆在节点处通长,节点销轴数量大大降低；

② 竖腹杆拉力大小为 49.61 kN,则理论上 $n\cdot m=49.61\div10.428=1.76$,双剪作用下销轴数量 n 取 3；

③ 斜腹杆压力大小为 46.86 kN,则理论上 $n\cdot m=46.86\div10.428=4.49$,双剪作用下销轴数量 n 取 3。

(2) 节点⑦的连接设计

节点⑦的各杆内力大小如图 7.33 所示(单位：kN)。

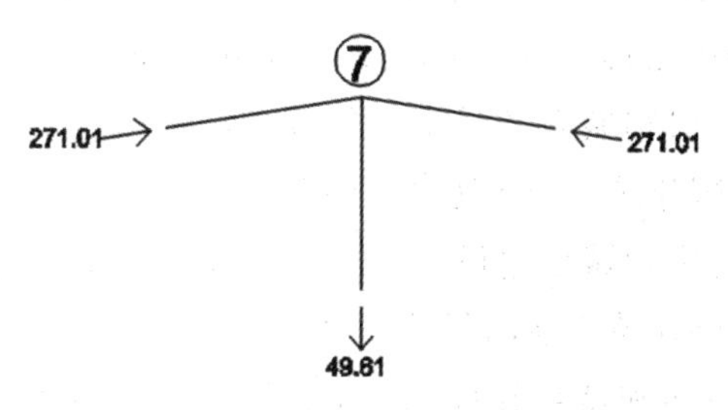

图 7.33 节点⑦杆件轴力设计值

① 采用上述类似的计算方法,节点两侧的上弦杆(杆 16—17)对接,故上弦杆 $n=271.01\div11.012\div2=12.3$,取 $n=13$ 根螺栓(销)；

② 中竖杆设 $n=49.61\div10.428\div2=2.38$,取 $n=3$ 根螺栓(销)。

参 考 文 献

[1] Crocetti R, Danielsson H, Frühwald Hansson E, et al. Glulam handbook (Part 2) [M]. Stockholm: Swedish Wood, 2016.

[2] Thelandersson S, Johansson M, Johnsson H, et al. Design of timber structures [M]. Stockholm: Swedish Wood, 2011.

[3] 樊承谋,王永维,潘景龙. 木结构[M]. 北京:高等教育出版社,2009.

[4] 潘景龙,祝恩淳. 木结构设计原理[M]. 2 版. 北京:中国建筑工业出版社,2019.

[5] 马炳坚. 中国古建筑木作营造技术[M]. 2 版. 北京:科学出版社,2003.

[6] 刘伟庆,杨会峰. 现代木结构研究进展[J]. 建筑结构学报,2019,40(2):16 - 43.

[7]《木结构设计手册》编辑委员会. 木结构设计手册[M]. 3 版. 北京:中国建筑工业出版社,2005.

[8] 杨学兵. 中国《木结构设计标准》发展历程及木结构建筑发展趋势[J]. 建筑结构,2018,48(10):1 - 6.

[9] 中华人民共和国住房和城乡建设部. 木结构设计标准:GB 50005—2017[S]. 北京:中国建筑工业出版社,2018.

[10] 中华人民共和国住房和城乡建设部. 胶合木结构技术规范:GB/T 50708—2012[S]. 北京:中国建筑工业出版社,2012.

[11] European Co mmittee for Standardization. Eurocode 5: Design of timber structures Part 1—1: General rules and rules for buildings [S]. Brussels, Belgium, 2004.

[12] 中华人民共和国住房和城乡建设部. 多高层木结构建筑技术标准:GB/T 51226—2017[S]. 北京:中国建筑工业出版社,2017.

[13] 中华人民共和国住房和城乡建设部. 建筑抗震设计规范(2016 年版):GB 50011—2010[S]. 北京:中国建筑工业出版社,2016.

[14] 中华人民共和国住房和城乡建设部. 建筑设计防火规范:GB 50016—2014[S]. 北京:中国建筑工业出版社,2014.

[15] 中华人民共和国住房和城乡建设部. 工程结构可靠性设计统一标准:GB 50153—2008[S]. 北京:中国建筑工业出版社,2009.

[16] 中华人民共和国住房和城乡建设部. 建筑结构可靠性设计统一标准:GB 50068—2018[S]. 北京:中国建筑工业出版社,2019.